高等职业教育**烹饪工艺与营养专业**规划教材

筵席设计与制作

主　　编　许文广
副主编　谢海玲　李心芯

重庆大学出版社

内容提要

筵席设计与制作是一门综合性较强的专业课程，也是烹饪专业学生必修的核心课程。本课程通过对中西餐筵席的设计与制作的教学，对学生职业能力的培养和职业素质的养成有明显的促进作用，与前期开设的烹饪专业理论、实训课程及后期的专业课程提高和社会实习衔接得当，形成了一个"课程链"综合体。

本书以中西餐筵席上菜顺序为主线，以任务模块为导向，分4个项目、18个任务介绍中西餐筵席的基础理论知识与实践技能，在兼顾中西餐筵席相关基础知识的同时，注重实际操作能力的培养。全书文字简练、内容紧凑、结构灵活、好学易懂，适合中、高职烹饪专业的学生使用，也适合烹饪专业其他层次的学生参考使用。

图书在版编目（CIP）数据

筵席设计与制作 / 许文广主编. -- 重庆：重庆大学出版社，2019.1（2022.1重印）
高等职业教育烹饪工艺与营养专业规划教材
ISBN 978-7-5689-1062-0

Ⅰ. ①筵… Ⅱ. ①许… Ⅲ. ①宴会—设计—高等职业教育—教材②烹饪—方法—高等职业教育—教材 Ⅳ. ①TS972.32②TS972.1

中国版本图书馆CIP数据核字（2018）第067004号

高等职业教育烹饪工艺与营养专业规划教材
筵席设计与制作
主　编　许文广
副主编　谢海玲　李心芯
策划编辑：顾丽萍

责任编辑：文　鹏　邓桂华　　版式设计：顾丽萍
责任校对：关德强　　　　　　　责任印制：张　策

*

重庆大学出版社出版发行
出版人：饶帮华
社址：重庆市沙坪坝区大学城西路21号
邮编：401331
电话：（023）88617190　88617185（中小学）
传真：（023）88617186　88617166
网址：http://www.cqup.com.cn
邮箱：fxk@cqup.com.cn（营销中心）
全国新华书店经销
重庆升光电力印务有限公司印刷

*

开本：787mm×1092mm　1/16　印张：16.5　字数：403千
2019年1月第1版　　2022年1月第3次印刷
印数：4 001—7 000
ISBN 978-7-5689-1062-0　定价：59.50元

前 言

PREFACE

　　随着人们生活水平的提高，餐饮业得到了快速发展，中西餐筵席已普遍存在于人们日常的筵饮活动中。将中西餐筵席巧妙地进行融合已成为烹饪专业教师值得研究的课题。职业教育教学改革的核心是课程改革，而课程改革的中心又是教材的改革。教材的内容与编写体例基本上决定了学生从该门课程中能学到什么样的知识、技能，形成什么样的逻辑思维习惯。目前，与烹饪专业相关的很多教材的编写多数是沿袭传统的学科教材模式，教材的内容与体例按章节设计，理论性强，没有与餐饮业产品、岗位紧密联系在一起，缺乏针对性。

　　本书是编者在多年教学与实践经验和调研现代餐饮筵席的基础上，根据中西餐饮食文化的背景，将中西餐筵席的内容进行整合编写而成，使学习者熟悉中西餐筵席构成和发展的同时，能正确掌握中西餐的筵席设计与制作。

　　本书的特点是在烹饪项目课程开发的基础上，以任务为载体，以职业技术能力为基础，以学生素质与现代餐饮企业烹饪岗位相适应的技术实践能力为主要内容，以实训活动和实习为主要形式，多种课程形态相结合，融学习过程与实践、训练为一体，每项任务完成后，及时填写烹饪双百分评价表。本书强调理论够用，重"点"不重"面"，简化了学习者的学习过程，降低了学习难度，凸显实用性、创新性、逻辑性和多样性。

　　本书由江苏旅游职业学院许文广担任主编，江苏旅游职业学院谢海玲、江苏旅游职业学院李心芯担任副主编，江苏旅游职业学院邹骅、山东旅游职业学院崔刚、扬州大学旅游烹饪学院何小龙、山东商业职业技术学院顾兴兴、山东青岛烹饪学校李竞赛、浙江农业商贸职业学院顾沈超等老师参与了编写工作。在编写过程中，编者走访了许多餐饮企业的专家和社会知名人士，如廖友军、谢海涛、许广平、岳伟忠、卢瑞致等；同时，还参阅了很多烹饪类书籍，在此不一一列出，谨表示衷心的感谢。

　　由于编者水平有限，书中难免存在错误或不当之处，敬请专家和读者批评指正。

许文广

2018年1月

目 录

项目1　中餐筵席基础知识

任务1.1　中餐筵席概述 …………………………………………………………………… 2
任务1.2　中餐筵席菜单的编制 …………………………………………………………… 9
任务1.3　中餐筵席的酒水与餐具设计 …………………………………………………… 22
任务1.4　中餐筵席的场景与台型设计 …………………………………………………… 32

项目2　中餐筵席菜肴设计与制作

任务2.1　中餐筵席菜品设计 ……………………………………………………………… 46
任务2.2　中餐筵席冷菜的设计与制作 …………………………………………………… 55
任务2.3　中餐筵席热菜的设计与制作 …………………………………………………… 75
任务2.4　中餐筵席汤菜的设计与制作 …………………………………………………… 105
任务2.5　中餐筵席面点的设计与制作 …………………………………………………… 117

项目3　西餐筵席基础知识

任务3.1　西餐筵席概述 …………………………………………………………………… 144
任务3.2　西餐筵席的历史沿革 …………………………………………………………… 151
任务3.3　西餐筵席的菜单设计 …………………………………………………………… 160
任务3.4　西餐筵席的摆台设计 …………………………………………………………… 176

项目4　西餐筵席菜肴设计与制作

任务4.1　西餐筵席开胃菜的设计与制作 ………………………………………………… 195
任务4.2　西餐筵席汤菜的设计与制作 …………………………………………………… 206
任务4.3　西餐筵席主菜的设计与制作 …………………………………………………… 217
任务4.4　西餐筵席配菜的设计与制作 …………………………………………………… 235
任务4.5　西餐筵席沙拉的设计与制作 …………………………………………………… 246

参考文献 …………………………………………………………………………………… 256

项目1
中餐筵席基础知识

　　中国自古有"民以食为天、食以礼为先、礼以筵为尊、筵以乐为变"的说法，筵席蕴涵着文化、科学、艺术与技能，是中华饮食文化的主旋律之一。通过本项目的教学，让学生了解中餐筵席的基础知识，贯穿中餐筵席菜单的编制、酒水与餐具设计、场景与台型设计，让学生感悟中餐筵席历史沿革的同时，对筵席的菜单、酒水餐具、场景等有一定的了解。

任务1.1　中餐筵席概述

[学习目标]

1. 了解中餐筵席及特征。
2. 掌握中餐筵席的作用、规格及种类。
3. 熟知中餐筵席的历史沿革。

[学习要点]

1. 中餐筵席的特征、规格和种类。
2. 中餐筵席的起源与发展。

[相关知识]

1.1.1　广义上的筵席

筵席，是指筵饮活动时食用的成套肴馔及台面的统称，古称为酒席。古人席地而坐，筵和席都是筵饮时铺在地上的坐具，筵长、席短。《礼记·乐记》《史记·乐书》都曾记述古代"铺筵席，陈尊俎"的设筵情况。此后，筵席一词逐渐由筵饮的坐具演变为酒席的专称。由祭祀、礼仪、习俗等活动而兴起的筵饮聚会，大多都要设酒席。中国筵饮历史及历代经典、正史、野史、笔记、诗赋多有古代筵席以酒为中心的记载和描述，而以酒为中心安排的筵席菜肴、点心、饭粥、果品、饮料，其组合对质量和数量都有严格的要求，现代已有许多变化。筵饮的对象、筵席档次与种类的不同，其菜点质量、数量、烹调水平有明显差异。古今筵席种类十分繁多，著名的筵席有用一种或一类原料为主制成各种菜肴的全席，有用某种珍贵原料烹制的头道菜命名的筵席，也有以展示某一时代民族风味水平的筵席，还有以地方饮食习俗为名的筵席。在中国历史上，还出现过只供观赏、不供食用的看席。

关于筵席的释义有以下3种：

（1）铺地藉坐的垫子

古时制度，筵铺在下面，席加在上面。《周礼·春官·序官》："司几筵下士二人。"郑玄注："铺陈曰筵，藉之曰席。"贾公彦疏："设席之法，先设者皆言筵，后加者为席。"孙诒让正义："筵长席短，筵铺陈于下，席在上，为人所坐藉。"《礼记·乐记》："铺筵席，陈尊俎，列笾豆，以升降为礼者，礼之末节也。"唐柳宗元《石涧记》："亘石为底，达于两涯，若牀若堂，若陈筵席。"

（2）特指祭祀为鬼神所设的席位

《南史·隐逸传下·臧荣绪》："母丧后，乃著《嫡寝论》，扫洒堂宇，置筵席，朔望辄拜荐焉，甘珍未尝先食。"唐罗隐《谗书·荆巫》："有巫颇闻于乡间，其初为人祀也，筵席寻常，歌迎舞将。"

（3）酒席、宴会

酒席、宴会也指酒筵时的座位和陈设。五代王定保《唐摭言·散序》："曲江大会比为下第举人，其筵席简率，器皿皆隔山抛之。"清刘献廷《广阳杂记》卷四："天下无不散之筵席，安能郁郁久居此耶！"

1.1.2 筵席的特点

筵席不同于一般的日常饮食，它具有聚餐性、规格性、社交性、礼仪性和艺术性5大特点。

1）聚餐性

中国筵席历来是在多人围坐、亲密交谈的欢乐气氛中进餐。它习惯于8人、10人或12人一桌，其中，以10人一桌的形式为主，因为这象征着"十全十美"的吉祥寓意。至于桌面，通常以大圆桌居多，这又意味着"团团圆圆""和和美美"。赴筵者通常由4种身份的人组成，即主宾、随从、陪客和主人。

2）规格性

筵席之所以不同于便餐，还在于它的档次和规格。它要求全桌菜品配套，应时当令，制作精美，调配均衡，食具雅丽，仪程井然，服务周到热情。冷碟、热炒、大菜、甜品、汤品、饭菜、点心、茶酒、水果、蜜脯等，均按一定质量和比例，分类组合，前后衔接，依次推进，宛如一个严整的军阵。

3）社交性

筵席既可以怡神甘口，强身健体，满足口腹之欲，又能够启迪思维，陶冶情操，给人精神上的欢愉。尤其在社会交际方面也显示了它的重要作用，可以聚集宾朋，敦亲睦谊；可以纪念节日，欢庆盛典；可以洽谈事务，开展公关；可以活跃市场，繁荣经济。《礼记》有云："酒食所以合欢也。"实际上，人们也常在品佳肴饮琼浆、促膝谈心交朋友的过程中，疏通关系，增进了解，加深情谊，解决某些场合不容易解决的问题，从而实现社交的目的。

4）礼仪性

中国筵席又是礼席、仪席。我国注重礼仪由来已久，世代传承，因为"夫礼之初，始诸饮食"，还因为礼俗是中国筵席的重要成因，通过筵席可以达到宣扬教化、陶冶性灵的目的。古代许多大筵，都有钟鼓奏乐、诗歌答奉、仕女献舞和艺人助兴，这均是礼的表示，是对客人的尊重。现代筵席在继承过程中仍保留了许多健康、合理的礼节与仪式，如发送请柬，车马迎宾，门前恭候，问安致意，献烟敬茶，专人陪伴；入席彼此让座，斟酒杯盏高举，布菜"请"自当先，退席"谢"字出口；还有仪容的得宜、衣冠的整洁、表情的谦恭、谈吐的文雅、气氛的融洽、相处的真诚等。

5）艺术性

筵席的艺术性体现在多个方面，其中，有席单的设计艺术、菜肴在组配方面的艺术性、原料加工的艺术性、色调协调与搭配艺术、盛器与菜肴形色的配合艺术、冷拼雕刻的造型与装饰艺术、餐室美化和台面点缀艺术、服务的语言艺术技巧、着装艺术等多个方面的内容。古往今来，我国筵席场面典雅而隆重，菜品丰富而精美，充分体现了中国饮食的博大精深。

1.1.3　筵席的作用

1）促进交流，繁荣经济

筵席是一种特殊的交际场合。人们在日常交际活动中，除了用电话、书信等常用工具进行交流之外，筵席便是最重要的一种交际工具之一。筵席是酒店创收的重要来源，是所有进餐方式中人均消费最高的一种，也是餐饮经营项目中利润最高的一项。在一些酒楼、餐馆，筵席收入往往超过了其他经营项目的总和，占营业收入的90%以上。

2）发展烹调技术，提高技术水平

很多食品生产由于受成本、菜单等限制，平时厨师没有锻炼机会，而筵席由于档次高、花色品种多，为他们提供了这种机会，使其可以创制新产品，发展烹调艺术，提高厨艺水平。

3）提高饭店声誉，增强企业竞争力

筵席管理复杂，要求较高，涉及面较广。特别是大中型筵席，需要一系列专业能力，管理人员平时缺少这种机会，通过筵席管理可以提高他们的组织指挥能力，训练服务员队伍，以提供优质服务，从而提高企业的形象和声誉，增强企业竞争力。

1.1.4　筵席的规格

筵席的规格是指筵席的档次，一般按不同等级划分。目前，饮食行业和相关部门通常依据不同的情况，将筵席分为普通筵席、中档筵席、高级筵席和特等筵席。而衡量筵席等级的主要依据，一是看菜点的质量、用料的优劣、做工的精细程度、餐具的风格档次；二是看筵席接待礼仪的高低，就餐环境与设备的配置。

1）普通筵席

普通筵席也称为大众筵席，用料多以普通家禽、家畜、水产和四季果蔬为主，也可配置少量的山珍海味充当头菜。制作简单易行，装饰大众化，菜品以经济实惠、朴实应时为主。普通筵席常见于民间的婚、喜、寿、丧及一般的社团活动，如一些地区的便席即为此类。

2）中档筵席

中档筵席取用质量较好的家禽、家畜、水产、蛋、奶及时令果蔬，配置的山珍海味占整个筵席的两成。菜品多由地方菜和一些传统名菜组成，讲究菜点、盛具和装饰。中档筵席席面丰满、格局讲究，常用于较隆重的庆典和公关宴会。

3）高级筵席

高级筵席取料上以质优的动物原料为主，配置适量精细的植物原料，其中，山珍海味、名优特产原料占较大比重，货真价实，体现出不凡的档次。制作菜点的重点在工艺造型菜、名菜名点、特色菜，讲究工艺精致、餐具华贵。席面命名雅致，文化气息浓郁，礼仪隆重。高级筵席多用于接待贵宾、华侨、外宾及举办重要商务活动。

4）特等筵席

特等筵席用料以山珍海味、著名土特产为主，且选用其上品。制作过程充分体现技术性和艺术性，集全国知名佳肴于一体，也有厨师创制的新款菜。满汉全席、乾隆筵、鲍翅席、红楼筵等，形式典雅，盛器以金银及特色器皿为主。特等筵席席面跌宕多姿、雄伟壮观，是筵席形式的顶峰，常用于顾客有特别要求或接待贵宾，礼仪隆重。

1.1.5 筵席的种类

筵席的分类方法很多，受社会传统的历史、地域、习俗、宗教、民族等多种因素的影响形成了今天筵席的各种形式。目前，常见的分类方法有以下7种：

①按地方风味分类，有广式筵席、川式筵席、苏式筵席、鲁式筵席等。其内部又可再划分，如浙菜筵席中又可分为杭式筵席、甬式筵席、绍式筵席、瓯式筵席等。地方风味本身就是以风味特征独树一帜，这样分类，能与不少餐馆的经营特色结合，使名店、名师、名菜点、名席及优质服务一体化，乡土风情浓郁，便于顾客选用。

②按菜品数量分类，有四双拼、四热炒、六大件、六冷碟、八大件等，也有传统的四六席、六六大顺席、八仙过海席、九九长寿席等。这种分类法，可以从数量上体现筵席规格，便于计价和调配品种，满足大众期求丰盛的心理，兼顾了民族习惯，在普通筵席和民间广为应用。

③按主要用料分类，有全鱼席、全羊席、全蟹席、全素席、烤鸭席、全鳝席、全藕席等。主料只取一种，配以不同的配料，使用不同的烹调技法，形成不同风味。全席制作时主料单一，变化难度大，体现出很高的技艺。但从营养角度看，整席主料营养成分过于单调，不利于人体的膳食平衡。

④按时令季节分类，有年夜饭（除夕筵席）、端午筵、重阳筵、中秋筵等。这类筵席以我国农历时节为线，重在时令。选用的原料和菜品时令性很强，给人耳目一新的感觉。

⑤按目的分类，有结婚筵、祝寿筵、庆功筵、乔迁喜筵、高考中榜筵、团贺筵等。这类筵席在编排菜单时要与主题贴近。如结婚喜筵，从形式和内容上均要体现喜庆、热烈、欢快的热闹气氛。通常菜品数量喜事逢双、丧事排单、庆婚要八、祝寿重九。菜肴的起名上典雅吉祥，像双喜临门、龙凤呈祥、福如东海、恭喜发财、富贵满堂、一帆风顺、五谷丰登等经常被使用。这类筵席承办的桌数往往从几桌到几十桌不等。

⑥按主宾身份分类，有国筵、招待会、酒会等。这类筵席特别讲究形式和礼仪。不仅要求菜点质优量少，而且特别讲究菜点的美化造型，以达到相应的气氛。

⑦按筵席特征划分，可分为中国传统筵席和中西结合筵席两大类。

a. 中国传统筵席。这是我国常见的筵席，它按照中华民族的聚餐方式、筵饮礼仪和审美观念编成。使用中国菜点、餐具，摆中国式台面，反映中国饮食风俗习惯，展示中国饮食文化。中国传统筵席按规格和运用场所的不同，又可分为宴会席和便餐席。

宴会席是我国民族形式的正宗筵席，其特点是形式典雅、气氛浓重、注重档次、突出礼仪。开筵前先发请柬，席上有菜单，讲究上菜程序，重视节奏，服务强调规范；每桌安排10人左右，席位多由主人事先排定，也可由宾客相互推让就座，适用于举办喜事、欢庆节日、洽谈贸易、款待宾客等社交场合，国筵为其最高形式。

便餐席是宴会席的简化形式，其特点是菜品不多、宾客有限、不拘形式、灵活自由。菜肴不要求配套成龙，根据宾主爱好确定（如临时换菜、加菜、点菜），经济实惠、轻松活泼，适合于接待至亲好友。

b. 中西结合筵席。中西结合筵席是在中国传统筵席基础上，吸取西式筵席的长处融汇而成。有招待会、茶会、自动餐宴会、冷餐酒会、鸡尾酒会等不同形式。其特点是气氛活泼，用餐时间可长可短，主宾客人可任意走动交谈，服务员巡回服务。筵席上以冷菜为主，热菜、点心、水果为辅。形式上通常是将各式菜点集中放置在长方桌上，席位则散置餐厅各处（有时不设座椅），宾客可随意走动、自由攀谈，取食喜爱的菜点或饮料。

此外，还有以其他不同依据进行分类的，如按人名分类，如孔府家筵、北京谭家筵、大千筵、包公筵等；按特殊地名分类，如西湖十景筵、太湖船筵等。

1.1.6　筵席的起源

筵席萌芽于虞舜时代，距今有4 000多年，经过夏、商、周三代的孕育，到春秋战国时期，已粗具规模。从推进速度看，步伐是比较快的。若探寻其始因，则与古代的祭祀、礼俗和宫室、起居密切相关。

新石器时代，生产力水平低下，缺乏科学常识，先民对许多自然现象和社会现象无法理解，认为周围的一切好像有种无形的力量在支配。于是，天神旨意、祖宗魂灵等观念逐步在头脑中形成。为了五谷丰登、老少康泰、战胜外侮、安居乐业，先民顶礼神明、虔敬考妣，产生原始的祭祀活动。嗣后，奴隶主阶级为了巩固政权，极力宣扬"君权神授"的唯心史观，加剧了先民对神鬼的崇拜，祭祀活动逐步升级，日渐成习。

要祭祀，先得有物品表示心意，祭品和陈列祭品的礼器应运而生，于是出现木制的豆，瓦制的登。古代最隆重的祭品是牛、羊、豕三牲组成的"太牢"，其次是羊和豕组成的"少牢"，这都是祭祀天神或祖宗用的。如果单祭田神，求赐丰收，一只猪蹄便可；如果单祭战神，保佑胜利，杀条狗也就行了。至于礼器，有豆、登、尊、俎、笾、盘。每逢大祀，还要击鼓奏乐，吟诗跳舞，宾朋云集，礼仪颇为隆重。祭仪完毕，若是国祭，君王则将祭品分赐大臣；若是家祭，亲朋好友就将祭品共享。这些都称为"纳福"。从纳福的形式看，祭品转化为菜品，礼器演变成餐具，已经具有筵席的某些特征了。除去祭祀，古代礼俗也是筵席的成因之一。

在国事方面，据《周礼》记载，先秦有敬事鬼神的"吉礼"、丧葬凶荒的"凶礼"，朝聘过从的"宾礼"、征讨不服的"军礼"，以及婚嫁喜庆的"嘉礼"等。在通常情况下，行礼必奏乐，乐起要摆筵，欢筵需饮酒，饮酒需备菜，备菜则成席。如果没有丰盛的肴馔款待嘉宾，便是礼节上的不恭。

在家事方面，自春秋以来，男子成年要举行"冠礼"，女子成年要举行"笄礼"，嫁娶要举行"婚礼"，添丁要举行"洗礼"，寿诞要举行"寿礼"，辞世要举行"丧礼"。这些红白喜庆都少不了置酒备菜接待至爱亲朋，这种聚餐，实质上就是筵席。

先秦时期，无论何种房屋，不分贵贱，一律称为"宫"。先民修筑住所，大多坐北朝南。前面是行礼的"堂"，后面是住人的"室"，两侧是堆放杂物的"房"。由于宫室一般建在高台之上，因此，屋前有阶。古时筵席中，"降阶而迎""登堂入室"等礼节的出现，与这种房屋设计不无关联。

夏、商、周三代还秉承石器时代的穴居遗风，把芦苇或竹片编织的席子铺在地上，供人就座。"堂"上的座位以南为尊，"室"内的座位以东为上。古书中常有"面南""东向"设座待客的提法。后世筵席安排主宾席，不是向东，便是朝南，根源即在于此。

古人席地而坐，登堂必先脱鞋。那时的席大小不一，有的可坐数人，有的仅坐一人。

由于一般人家短席为多，因此，先民治筵，最早为一人一席，也是取决于起居条件。这种筵客情况，《梁鸿传》《项羽本纪》《魏其武安侯列传》均有记载，京剧《黄鹤楼》《金沙滩》《鸿门筵》也有反映。

除席之外，古时还有筵。《周礼》说："设筵之法，先设者皆言筵，后加者曰席。"《周礼》注疏说："铺陈曰筵，藉之曰席。"由是观之，筵与席是同义词。两者的区别是：筵长席短，筵粗席细，筵铺地面，席铺筵上。时间长了，筵席两字便合二为一。究其本义，乃是最早的坐垫。

先秦时还未出现桌椅，只有床、几。那时的"床"很矮，信阳长台关楚墓出土的木床，长2.18 m，宽1.39 m，高仅0.19 m，可卧可坐。古人的坐有3种姿势：一是两脚向前伸平而坐，舒展自如，称为"箕踞"；二是盘腿大坐，如同和尚参禅，称为"跏趺坐"；三是双膝着地，臀部落在脚跟，显得庄重，名曰"跪"，这是会客赴筵时的礼貌坐法。甲骨文中的"人"字就是按照人跪坐形态而创造的象形字。那时的"几"字类似今天的茶几，也较矮小，仅供老人跪坐时依凭。受此制约，古代吃饭的场所，就得另找出路。出路在哪里呢？就在筵和席上。先秦的餐具往往就是炊具，多为陶罐铜鼎，形似香炉，体积颇大，很占位置。古时端放食物的托盘称为"案"，一般为长方形，案下有足，搁放地上，一案只能放一鼎。

汉代，西域的坐具——"马扎子（两木相交，中间穿绳，可张可合，类似现今的小折合椅）"传入中原。在其启发下，制成桌椅，将人从跪坐中解放出来。从此，筵席失去铺陈的作用，便充当酒筵的专有名词。《清稗类钞》说："古人席地而坐，食品咸置之筵间，后人因有筵席之称。"这便是"席次""席面""席位""席菜"等称谓的来龙去脉。

从筵席含义的演变来看，它先由竹草编成的坐垫引申为筵饮场所，再由筵饮场所转化成酒菜的代称，最后专指筵席。可以说，在间接渊源上，筵席又是由古人宫室和起居条件发展演化而来的。

1.1.7　筵席的发展

筵席自诞生以来，好似黄河跃出龙门一泻千里，景象万千。关于它的腾挪变化，主要表现在席位、陈设、规模和食序方面。

第一，从席位看，它是不断递增的。先秦时期是一人一席，间或也有两三人一席，罗列几样菜品蹲着或围坐就餐。这可从龙山文化遗址的出土文物中得到证实。当时的餐具除了个人专用的碗、勺杯之外，多为共用。其大小与组合，也是按1～3人进餐要求来设计；盘、豆、盆、钵的圈足与器座高度，正同席地而坐或蹲着就餐的位置相适应；餐具装饰采用对称手法，从任何角度都可欣赏，花纹带的位置也与视线平行。显然，这都是服从设置席位的需要。从《韩熙载夜筵图》《清明上河图》《春夜宴桃李园图》《水浒传》《儒林外史》等古代书画中，都不难看出从汉唐到明清的席位变化情况。清末民初，筵客多用八仙桌，常坐4人或8人。除了热闹和亲近，它似乎还与"四喜四全""要得发，不离八"等吉祥俚语有关。

近年来，上海出现12人一桌的婚席；至于国筵的主宾席，则可坐16人乃至20人。但在这种情况下，得配用特制的大转台或组合式长台，而且台面中央常有花卉果品装饰、填充部分空间。席位的变化，对筵席格局有直接影响。

第二，从陈设看，它是不断美化的。春秋时期是"司几筵，掌五几（即王和神所凭的玉几，以及雕几、彤几、漆几、素几）；五席（即莞席、藻席、次席、蒲席和熊席）之名物，辨其用与其位"，等级界线分明。唐宋时期，又从餐室装潢、餐桌布局、台面装饰和餐具组合上予以变化，形成新的格局。如北宋的皇帝寿筵在集英殿举行。皇帝、权臣和外国使节坐殿上，其他官员坐两廊；红木桌面围着青色桌布，配上黑漆坐凳；皇帝用形似菜盘、一带有弯柄的玉杯，高级官员用金杯，其他人用银杯；餐桌的陈放是以御座为中心，由高而低呈扇面展开，很有气势。

到了清代，乾隆的除夕家筵陈设就更讲究了。它共分为8路，头路是迎春牙牌松棚果罩四座，花瓶一对，青白玉盘点心五品；二路是青白玉碗一字高头点心九品；三路是青白玉碗圆肩高头点心九品，四路是红色雕漆看果盒二副，小青白玉碗装苏糕鲍螺四座；五、六、七、八路则用青白玉碗摆设膳食40品。此外，有些大筵还附设专供观赏的"看席"或"香盘"，配置花碟彩拼、造型点心和工艺大菜，流光溢彩，富丽堂皇。

第三，从规模看，总趋势在不断扩大，至清代发展到顶峰，进入民国逐步缩减，现在稳定到一个较为合适的水平上。最早的祭筵，高级的只有牛、羊、豕三牲。有名的"周代八珍"，也不过六菜二饭而已。春秋时期"礼崩乐坏"，士大夫搞起"味列九鼎"。发展到动荡的战国，楚王大筵就增加到20多种佳肴了。唐中宗时期韦巨源的"烧尾筵"，主要菜品就有58道；南宋佞臣张俊为了接驾，居然创造出一天摆筵250种菜点的纪录。唐宋御筵，不仅菜多，桌次也多，赴筵者常是数百，还有多种歌舞杂技助兴，服务人员往往数千。元朝时期，相对来说，筵席要简单些，但这只是暂时现象。明朝朱元璋一统天下，歌舞升平，筵席再度膨胀。《明史食货》记载：帝王专用餐具便是三十万零七千件，五十八座御窑日夜生产其燕饮，规模不言而喻了。清太祖登基后"继承"并大大地"发扬"了历代王室的享乐传统。畅游江南的乾隆不论走到哪里，每餐都是百十道珍馐。慈禧太后更是个珍爱口福之人，生鲜制美，异名巧样，把中国的名菜美点都尝遍了。

中华人民共和国成立后，在周恩来的指导下，对国筵进行了大胆改革。一方面减少数量，缩短时间；另一方面改进工艺，提高质量，做到了精致典雅，形质并茂，确切表现出中国筵席的精粹。

第四，从食序看，古今基本相同，都是一酒二菜三汤四饭，不过，荤素菜式的组合，走菜程序的编排，以及进餐节奏的掌握，可谓变化万千。既有官场上的十六碟八簋四点心，也有民间的三蒸九扣十大件，还有令人眼花缭乱的各式全席、各地名席、各族酒筵和四时席单等。其类别之多，拼配之巧，变化之奇，完全可与乐曲、绘画、服饰、建筑媲美。不论如何变，都突出酒的地位，形成"无酒不成席"的传统，"菜跟酒走"也被奉为筵席制作的法规。

根据资料，我国现有菜肴5万多种（其中，名菜5 000多种，历史名菜1 000多种），点心1万多种（其中，名点1 000多种，历史名点200余种）。如果以20道菜点组成一个席面计算，那么，这6万多种菜点排列出来的席面，将是一个天文数字。

[实施和建议]

本任务重点学习中餐筵席的特征、规格和种类，以及中餐筵席的起源与发展。

建议课时：6课时。

[学习评价]

本任务的学习评价见表1.1。

表1.1　学习评价表

学生本人	量化标准（20分）	自评得分
成果	学习目标达成，侧重于"应知""应会" （优秀：16～20分；良好：12～15分）	
学生个人	量化标准（30分）	互评得分
成果	协助组长开展活动，合作完成任务，代表小组汇报	
学习小组	量化标准（50分）	师评得分
成果	完成任务的质量，成果展示的内容与表达 （优秀：40～50分；良好：30～39分）	
总分		

[巩固与提高]

1. 中餐筵席的特征有哪些？
2. 中餐筵席中有哪些常见的分类方法？
3. 根据所学中餐筵席的基础知识，试述中餐筵席的历史沿革。

 任务1.2　中餐筵席菜单的编制

[学习目标]

1. 了解筵席菜单的作用和种类。
2. 掌握筵席菜单编制的原则和注意事项。
3. 熟知菜肴命名的原则和方法。
4. 了解筵席成本的分配和菜单装帧。

[学习要点]

1. 中餐筵席中菜单编制的原则和注意事项。
2. 菜肴命名的原则和方法。

[相关知识]

菜单是餐厅提供的商品目录和介绍书,是餐厅的消费指南,也是餐厅最重要的名片。它通常为书面形式,包括各项食品、饮料的名称及价格。"菜单"一词来自拉丁语,原意为"指示的备忘录",本是厨师为了备忘的记录单子。现代餐厅的菜单,不仅要给厨师看,还要给客人看。

随着餐饮业的发展,菜单的种类日趋繁多,其内容和作用也相应得到扩大。菜单在现代餐馆经营管理中不再是一张简单的产品目录,有人甚至把餐厅经营管理的成功归结为餐厅菜单设计的成功。不仅如此,一家餐厅的菜单对整个饭店的作用也是不可低估的。因此,菜单是餐饮经营的精髓所在。

1.2.1 筵席菜单的作用

菜单对于餐厅的经营之所以如此重要就在于菜单反映了餐厅的经营方针,标志着餐厅商品的特色和水准。筵席菜单是沟通消费者与经营者的桥梁,是研究菜肴是否受欢迎以便改进工作的重要资料。筵席菜单既是一种艺术品,又是一种宣传片。此外,筵席菜单也是餐饮企业一切业务活动的总纲。

1)菜单反映了餐饮经营的方针和策略

餐饮企业要在激烈的市场竞争中立于不败之地,需要确立自己正确的经营方针和经营策略。一份合适的菜单,是菜单制作人根据餐厅的经营方针,经过认真分析客源和市场需求,对消费者的类型及需求特点进行分类研究后制订出来的。菜单一旦制订成功,其提供的菜肴品种及价格可以说是企业经营方针和经营策略集中、具体的体现,它直接关系到企业经营业绩的好坏和经营活动的成败。

2)菜单是餐饮企业一切业务活动的总纲

餐饮经营工作包括设备原料的选择购置,厨师、服务员、管理人员的配备,食品的烹调制作,餐饮成本的控制,这些都要以菜单为依据。

(1)菜单是餐饮企业购置设备用品和选址、装潢的指南

餐饮企业在购置设备、炊具、餐具及各种服务用品时,需要根据菜单上的菜式品种、档次、特色来决定各种设备和用品的种类、数量、规格等。如菜单上有北京烤鸭,就应购置挂炉。因为每种菜肴需要相应的烹饪设备和服务用品,所以餐饮企业添置的设备用品必须以菜单为依据。菜单上菜肴品种越丰富,餐饮企业所需的设备及餐饮用品也越多。餐饮业除了采购设备用品时离不开菜单的指导外,餐厅的地址、装潢及布局同样要以菜单为依据。

(2)菜单决定食品原料的采购和储藏

菜单的内容决定了企业采购食品原料的种类、数量、质量和规格等,也决定了采购时间、地点及食品原料的储藏方法和要求。如菜单上有鱼类菜肴,在采购和储藏时就要按其原料要求进行采购和保存,采用合理的方法去对待。

(3)菜单规定了菜肴的烹制和服务要求

菜单一经确定,每道菜原料、配料、调辅料的使用,烹饪方法及步骤,菜肴的分量

和质量乃至菜肴的盛器等都随之确定，厨师要严格按照菜单要求的标准从事菜点制作。同样，菜单也使餐厅服务的程序及方法标准化，服务员根据菜单的不同内容提供不同类型、不同程序、不同规格、不同方式及风格的服务。

（4）菜单的内容规定了厨师、服务员、管理人员的配备

菜单的内容实际上对厨师、服务员、管理人员的合理配备作出了一定的要求，对其技术等级、业务能力也有明确的要求。要切实履行菜单内容，需要拥有一支与之相适应的员工队伍，如不符合要求，要加强考核、培训，提高员工的素质。

3）菜单是沟通消费者与服务人员的桥梁

由于餐饮产品存在质量性状上的脆弱性，从而决定了大多数餐饮产品只能在顾客购买时，于消费前很短的时间内进行生产。顾客如何感性地认知产品，只有根据菜单，以菜单来选购他们所需要的食品和饮料，从中不难看出菜单在其中发挥的作用，它如同商店的柜台，通过诱人的菜名、精妙的文字介绍、精美的照片展示、明了的价格向客人进行全面展示，以引起顾客消费餐饮产品的兴趣，服务人员有责任和义务向客人推荐菜肴和饮品，顾客和服务人员通过菜单开始交流，信息得到沟通。

4）菜单是餐饮销售控制的工具

菜单是管理人员分析菜品销售状况的基础资料。菜单分析是餐饮经营管理工作的重要内容之一，经营管理者要不时地从市场消费与销售着眼，对菜单加以审视、分析、修改和完善，才能从根本上保证经营的成效。通过对菜单的分析，菜肴研究人员根据客人订菜的情况，了解客人的口味、爱好，以及客人对本餐厅菜点的欢迎程度等，从而帮助管理人员更换菜单品种，改进生产计划和烹调技术，改善菜肴的促销方法和定价方法。一份新制订的菜单，需要通过测试分析、修改和完善后方可启用。

5）菜单是餐饮促销的有力手段

菜单通过提供信息向顾客进行促销，餐厅通过菜单的艺术设计衬托餐厅的形象。菜单上不仅配有文字，还往往附有食品和菜肴的图例。菜单美观的艺术设计，给人以感性的认识和对味觉的刺激。设计完美的菜单可以体现餐厅高雅的服务和经营特色，同时还能反映餐厅的整体风格。

1.2.2　筵席菜单的种类

一家餐饮企业往往根据不同的餐别、不同的场合和不同的市场配用不同的菜单。对于同类型的餐饮企业来说，其菜单往往差别很大。菜单的特点也总是根据餐厅的不同、餐别的不同、餐饮场合的差别和市场需求的多样而有所不同，因此，有必要掌握餐饮企业常用菜单的类别及各类不同菜单的特点，以对菜单的设计起到指导性的作用。

1）点菜菜单

点菜菜单，又称为零点菜单，是餐厅的基本菜单。其特点是：菜单上所列菜肴种类较多，许多还是图文并茂。中式点菜菜单通常按内容分门别类，如冷菜、鸡、鸭、鱼、肉、蔬菜、汤、饭、面点等，并按菜点之大、中、小份定价。点菜菜单还可分为早、午、晚餐菜单，早餐点菜菜单的内容一般比午、晚餐简单，但要求简便快捷、服务迅速、品质较高。午、晚餐点菜菜单上的菜品、酒水品种较多，除了固定菜肴外，还常常备一些时令菜

和特色菜，给客人一种新鲜感，增强促销效果。点菜菜单的适用范围较广，咖啡厅、各种风味餐厅、客房、送餐部、外卖部等服务项目都使用点菜菜单。

2）套菜菜单

许多餐馆为了促销的需要，推出各种套菜菜单。这些套餐一是为了迎合顾客的种种需求；二是为了增加餐馆的收入。套菜菜单的特点是：具有固定顺序的菜道，菜点种类比点菜菜单要少，整套菜的价格是固定的，但相对而言它比点菜便宜。中餐在冷盘、热炒、汤、主食饮料各个组成部分中配选若干菜品组合在一起以包价的形式进行销售。

（1）普通套菜

普通套菜通常是将一个人或几个人吃一餐饭需要的几种主食、菜肴或者饮料组合在一起以包价的形式进行销售。这种套菜的包价往往比顾客单独点菜总合起来经济，此类套菜多见于快餐厅、风味餐厅，如午、晚餐的两菜一汤一饭、三菜一汤一饭等快餐，以及以整桌筵席形式出现的风味餐厅。普通套餐因其种类较少，应选用大众习惯使用、制作简单、方便快捷的菜肴产品。推出的套菜除了要迎合人们追求实惠的心理，还要适应不同的推销场合，尽量能够拓宽产品的销售渠道。

（2）团体套菜

团体套菜是为旅游团体、各类会议等客源所设计的菜单。菜单上的菜式品种较少，但每一种菜品需要大量生产和同时服务，菜单上不宜选用需要做工精细的菜品以及价格昂贵罕见的原料，因此，团体套餐价格较为经济。团体套菜通常根据旅行社或者会议主办单位规定的用餐标准来制订，要考虑团体宾客的年龄、消费水平、饮食偏好和习惯，做到有针对性和多样性。要根据宾客的具体情况来设计菜单，对于不同的用餐标准要在产品数量、质量上区别对待，保证质价相符。

3）筵席菜单

筵席菜单是具有一定规格质量的由一整套菜品组成的菜单。因为筵席是一种融筵饮、娱乐、社交、会谈于一体的聚会形式，所以，筵席菜单也在其规格、要求等方面与其他套菜单区别开来。筵席的菜单要根据设筵目的、规格档次、季节时令、筵请对象及地点的不同而不同，但总体上说，筵席大多隆重而热烈，典雅而丰盛，其菜单在设计规格和要求上要比其他种类的菜单高出一筹。

编制筵席菜单时应注意以下两点：

①筵席菜单要选择外形美观、做工精细、切合时令的菜点，为了装饰席面和烘托气氛，还需要穿插一些艳美的工艺菜。选择切合时令的优质原料并且要避免重复雷同，通过科学合理的搭配组合，使各种菜点、饮品成为一个有机统一的整体。要根据筵席主题、目的，配有食雕工艺，并注意餐具和盛器的选择配备，通过装饰点缀起到烘托筵席主题的目的。筵席菜单上的菜点，名称要吉祥悦耳，给筵席增添情趣和品位。要避免求怪求异、词不达意及不雅的菜名出现在菜单上。

②筵席菜单的设计编排，要根据消费水平和用餐标准的不同而设计出不同档次，还要根据具体情况和要求进行具体调整，既要照顾到不同消费层次客人的不同要求，又要照顾到同一消费层次客人的不同要求，给客人充分的选择余地。筵席菜单的外观设计要漂亮精致、艺术化，它的色彩设计要与餐厅风格、台面造型相协调。

4）快餐店菜单

由于当代家庭结构发生变化，小家庭增加，家庭就业人员增加，人们收入水平提高，并且家中缺乏专司烹调的人员，因此，在外就餐人员的比例增加。近年来，快餐业在餐饮竞争中迅速崛起，几乎占领了餐饮业的半壁江山，各国饮食界都在大力发展快餐业，其发展呈现一种强劲的势头，而快餐厅菜单就是这种趋势的产物。

快餐厅菜单编制的要求如下：

① 产品简单，标准化、系列化。选用快餐店或连锁店特色的各类标准食品或者将其组合成套餐。菜品品种少，固定，具有系列性。例如，麦当劳、肯德基就是分别将以汉堡包、炸鸡、薯条为主的标准系列产品推广于世界各地的快餐店。

②烹调简单、迅速快捷。快餐店讲究一个"快"字，菜单要选用加工烹调简单、能大批量迅速加工烹调的食品，并且食用方便，既可以在餐厅吃，也可以携带出店外用手拿着吃，为人们加快生活节奏提供了方便。

③价格经济实惠。快餐菜单的制订通常以薄利多销为原则，菜品价格比较低廉。由于快餐店基本上不提供桌边服务，由客人自助取食，自我服务，因此，客人可以很快用完餐，餐厅座位周转快，原料占用资金少，劳动成本低，若经营得法仍然能以量大获利。

5）风味餐厅菜单

风味餐厅是提供特色菜点的餐厅，它力求与众不同，突出某种风味。慕名而来的客人往往都带着探新求异的心理，他们不但会认真品尝具有特色的风味食品，往往还希望能更多地了解它，从中获得知识和乐趣。在设计菜单时，首先，要以餐厅的主要特色菜为中心，再据此选择搭配一些辅助菜点。菜点品种不要过多，否则，容易喧宾夺主。其次，为了突出餐厅的风味特色，餐厅的装饰装潢、服务、促销活动都要与餐厅的主题相吻合，如拉面店可以在餐厅现场表演拉面，以引起顾客的进餐乐趣。

6）自助餐菜单

自助餐是一种由客人自己到主桌餐台上自由选择食品，然后到小餐桌上用餐的自我服务的就餐形式。自助餐对于顾客来说，可自由选菜，不需要具体的餐桌服务，因此，受到大众的欢迎。自助餐客人不一定占用固定座位，便于客人间进行社交性活动。对于餐厅管理者来说，自助餐灵活性较强，座位周转率高，即使对客人人数预计不准，一般餐桌、餐具供应的数量，餐厅空间和座位数的影响也不大。尤其是在客源足、工作人员紧张的情况下更为适用。

7）客房送餐菜单

客房送餐是为由于某些原因不能或不愿到餐厅就餐，而要求在客房中用餐的宾客提供的服务。客房送餐菜单应选用质量较高但加工不太复杂，品质性状较为稳定，便于运送服务的菜点，并配置必要的保温、清洁设备，以确保安全、卫生。

客房送餐菜单的制订应方便顾客并列出适应他们需要的早餐、便餐、正餐品种，菜单还应按时令进行变动。一般来讲，三星级饭店客房内，要备有饮料单和菜单，18 h向客人提供送餐服务。四星级饭店要有24 h为客人提供房内用餐服务。正式菜不少于10种，饮料不少于8种，甜食不少于6种。菜单设计成门把式，以便客人填好后挂在门外，次日清晨由服务员收走，按客人要求的时间准备和送餐。

8）儿童菜单

专家统计，儿童是影响就餐决策的重要因素，许多家庭到餐厅就餐常常是儿童要求的结果，不少餐饮业开始重视儿童菜单的设计工作。儿童菜单是针对和家人一同到餐厅就餐的儿童设计的菜单。

儿童菜单的设计特点如下：

①菜单设计要有趣味。最好选择儿童感兴趣的卡通画面作为菜单封面，适当用汉语拼音代替文字，以迎合孩子的兴趣。如果餐厅的装潢布置也能与此配套，效果往往更好。

②菜单可附带赠品。礼物对儿童的影响很大，如果儿童菜单上附带一份可以带走的礼品，是让每个孩子很兴奋的事，同时也可以起到良好的推销效果。赠品可以选择新颖的橡皮、印有餐厅名称的气球、滑稽的卡通人物等，虽然价值不大，却能深深吸引孩子，使他们成为餐厅的忠实客人。

③菜单上的菜点要让父母放心。随着社会的发展和生活水平的提高，父母越来越关心孩子的饮食营养及身体健康。儿童菜单提供的菜点除应迎合儿童口味外，更应注意饮食的科学性，荤素搭配，营养平衡，适合孩子生长发育的需要。

1.2.3　筵席菜单编制的原则

筵席菜单在整个筵席菜点制作中起着重要的指导性作用，筵席的一切工作都是围绕菜单去进行的，因此，筵席菜单的制订不是各类菜点的简单拼凑，而是如同文学家构思一样，具有整体性。筵席菜单的编制应遵循以下6个原则：

1）根据就餐对象、筵席标准、物价情况及就餐人数制订菜单

就餐对象是餐厅服务的对象，制订菜单，应对客源作一番了解，如国籍、民族、宗教信仰等。要充分尊重客人的饮食习惯，不同的国家有着不同的饮食习惯。如日本人偏爱清淡、爽脆的菜肴；俄罗斯人因气候条件偏爱浓香辣的菜肴。不同的年龄，对菜肴也有不同的要求。如老年人较偏爱酥烂、软嫩、清淡的菜肴；青年人偏爱香脆酥松的菜肴。制订菜单还要根据宾客的具体要求，如设筵目的、筵饮要求、用餐环境，进行合理设计，只有这样，才能真正满足宾客的需要。筵席标准的高低是筵席内容的依据，标准高低只能在原料上进行选择，但筵席的效果不能受影响。高档原料要细菜精做，低档原料也要做到粗菜细做，标准高的菜品不宜过多，要体现精而细的效果。标准低的筵席菜品也应注意分量，要体现丰满大方的要求，同时，还要注意原料价格。

2）根据季节变化、地方特色、风味特点制订菜单

筵席菜单要突出季节性，力求将时令菜肴搬上餐桌，其中包括两个方面：一是选料讲究季节；二是菜肴口味、色彩、盛器等要适合季节。夏冬两季的菜肴必须有所区别，夏季清淡爽脆、色彩淡雅，冬季口味浓厚、色泽要深，盛器用保温性能好的火锅、煲、砂锅之类的器皿。同时，在制订菜单时要突出地方风味，突出本单位的特色菜肴，这是制订菜单应遵循的一项原则。筵席菜肴应尽量利用当地的名特原料，充分显示当地的饮食习惯和风土人情，施展本地、本单位的技术专长，运用独创技法，力求新颖别致，显现风格。

3）根据厨房设备及厨师的技术力量制订菜单

一份好的筵席菜单需要厨师付诸实施，没有良好的厨房设备，没有过硬的厨师队伍，

筵席菜单设计得再好，也是没有意义的。在制订菜单时要掌握以下3个关键性问题：

①突出主题，命名雅致。筵席主题一是反映在菜单上，二是反映在环境布置上，筵席菜单决定菜肴的制作。

②用料多样，富于变化。筵席菜肴无论在用料、刀法、烹调技法、口味、质感、色泽等方面都应有所变化。如果一桌筵席中有好几种菜品是同一料制作的，就会使宾客感到重复、乏味。

③讲究营养，注意卫生。制订筵席菜单既要考虑到色、香、味、形、质感、盛器的合理搭配，还要注意营养成分的均衡，做到荤素搭配合理、恰当，并注重食品及环境的卫生。

4）善变，适应饮食新形势

设计菜单要灵活，注意各类花色品种的搭配，菜肴要经常更换、推陈出新，能给客人新的感觉，还要考虑季节气候因素，安排时令菜肴，同时，还要顾及客人对营养的要求，顾及节食者和素食客人的营养充足度，充分考虑食物对人体身心健康的作用。

5）讲究艺术美

一份合格的菜单除了内容应合理、科学、可行外，菜单的形式、色彩、字体、版面安排都要从艺术的角度去考虑，使菜单的形式、内容有机地结合，要方便客人翻阅，简单明了，对客人有吸引力，使菜单成为餐厅美化的一部分。

6）考虑筵席的消费金额

筵席的消费金额关系消费者的利益和企业的经济效益，大多数的客人都想用较少的钱办较好的筵席，而酒家又想通过客人的筵席，争取更多的经济效益。作为筵席的设计者，既要看筵席的利润，又要履行在照顾客人利益的基础上争取企业的经济效益的宗旨，对筵席的消费金额应从低往高走，计算的金额最好能在顾客要求的范围内。只有这样，顾客对企业才有信心。参加筵席的客人是最好的营销广告，只要坚持以质取胜，价格上灵活掌握，筵席档次高低并举，企业在社会上就会有口碑，客人自然会来惠顾。

1.2.4 菜单编制的注意事项

零餐菜单的编排方式很多，有的按烹饪技法分类排列，有的按原材料类别排列，有的按价格档次排列，无论怎么排列，以下4个问题值得重视：

①必须突出招牌菜的地位。餐厅应该将自己最有特色、最拿手的几道菜品放在菜谱的首页，并用彩照和简练的文字予以着力的推荐。

②菜单上的菜品一般为80～100道（包括小吃、凉菜），太多反而不利于客人点菜，不利于厨师的加工制作。如果是快餐厅，菜单上的菜品还应大大减少。

③菜名既要做到艺术化，又应该做到通俗易懂。像"早生贵子""老少平安""年年有余""推纱望月"等菜名虽然艺术，但很难让顾客明白其菜品的用料、制作方法和味道。因此，可以采取加注的办法使之明朗化。如"推纱望月"，可以在其后面加上"竹荪烧鸽蛋"作为注释。

④注意例份、大份、小份的标注。许多餐厅的菜谱都不太注意通过分量标准来满足不同数量食客的点菜需要。例如，2～3个人到餐厅用餐，如果餐厅菜谱上的菜品全部是供10个人吃的例份，会增加客人点菜的难度。如果有小份的安排，客人就会多点几个菜。

1.2.5　筵席菜单的编制

1）菜肴命名的原则

（1）菜肴的命名要力求通俗易懂，不可莫测高深

通常情况下，大多数顾客不是烹饪方面的专家，即使是文学水平很高的人，也很难将引申文字的含义与相关菜肴所要表达的原料、烹饪方法、特色联系起来。而作为零点经营的餐馆也很难要求服务员去对每一位顾客作详尽的解释。难以理解的菜名既影响顾客的心情，也影响饭店的效益。由于顾客自尊心的原因或其他客观条件，经常看到顾客对于难理解的菜肴常常一带而过，不再问津。

（2）充分体现菜肴风格特色，不可千篇一律

烹饪中不管有多少个流派，多少个地方菜系，所用的烹饪原料和烹饪方法基本是相同或相似的。同一种原料之所以能被不同的流派制成不同的菜肴，关键在于其具有某种特定的"风格和特色"，在将其推向市场时，也是基于其具有某种特定的"风格和特色"。

（3）名副其实，不可生搬硬套

菜肴的称谓要与菜肴的主辅料相关，不可将食品雕刻、菜肴围边的用料加入名称中。比如，"游龙戏凤"，"龙"用鳗鱼所制，而"凤"却是盘中雕刻的萝卜。另外，在一些情况下要指明菜肴用料的性质，如素菜荤做，即"仿荤菜"，通常要注明，如"赛螃蟹""素卷肘"等。

（4）力求雅致，不可庸俗

名称雅致是人们对菜肴的一个重要要求。庸俗、低级的称谓只能令人大倒胃口。如"横财到手""渔人得利"便不符合人们对"真、善、美"的追求，而将牛鞭类的菜肴命名为"太太乐"，就更为低级。

（5）筵席菜肴命名原则要与筵席主题相符，多用比喻、祝愿语命名

由于筵席具有很强烈的目的性，或为结婚，或为祝寿，或为团圆，或为庆贺，或为会友，或为升迁等，需要有符合该种筵席主题或气氛的特定菜肴名称来增强筵席的气氛，筵席一般都具有特定的服务程序，通常有专人服务，对菜肴进行讲解，符合筵席性质的、贴切的、寓意深远的菜肴名称在生动的解说之下会带动筵席气氛，诱人食欲。

（6）引经据典要可靠，不可牵强附会

比如，某地推出"十大元帅筵"，在菜肴名称前冠以十大元帅之名便极为不妥；又如，将"鸳鸯火锅"取名为"一国两制"也过于牵强附会。至于历史传承下来的已经公认的以人名或以官衔为名的菜肴则是可以的，如"宫保"系列菜，"东坡"系列菜，"太白"系列菜等。

2）菜肴命名的方法

（1）烹调方法与主料配合命名

这种命名方法是中国菜中使用最广、应用最普遍的方法。用这种方法命名的菜肴最多，约占菜肴总数的18%，四大菜系中鲁菜使用最多，其次是苏菜与川菜，粤菜较少。

鲁菜：红扒鱼翅、软炸鲜贝、葱烧海参、清蒸加吉鱼、煎蒸黄鱼、焅大虾、油爆双脆、锅烧鸡、拔丝山药等。

川菜：干烧鱼翅、干煸鱿鱼丝、烟熏排骨、清炖牛尾、叉烧乳猪、小煎鸡、鲜溜鸡丝等。

苏菜：扒鲜翅、爆海贝、扒烧整猪头、清炖狼山鸡、水油浸鳊鱼、火靠鳝、大煮干丝等。

粤菜：红烧大裙翅、红焖海参、油泡肾球、酥炸西湖鱼、生炒明蚝、烘焖三冬等。

这种命名方法多数情况下烹调方法在前，主料在后。但也有个别情况与之相反，如川菜中的"鸡里爆"，苏菜中的"山鸡踏"等。

（2）辅料与主料配合命名

这种命名方法纯朴、直观，使用较广。用这种方法命名的菜肴数量约占菜肴总数的14%。这种命名方法有两种不同的顺序：

①辅料+主料形式

鲁菜：蟹黄蹄筋、芝麻鱼球、鸡汁牛蛙仔、杏仁豆腐、八宝原壳鲍鱼、虾籽茭白等。

川菜：酸菜鱿鱼、三鲜鹿掌、人参贝母鸡、竹荪肝膏汤、虫草鸭片、锅巴肉片等。

苏菜：三丝燕菜、鲜奶鲜鱼唇、虾子明玉参、西瓜童鸡、豆苗山鸡片、五丁鱼圆、八宝鼋鱼等。

粤菜：鸡茸鱼肚、蒜子瑶柱脯、子罗鸭片、冬笋鹌鹑松、瑶柱玉米羹、八宝刀鱼、雪耳蟹黄虾仁、鸡粒粟米羹等。

这里将清汤、奶汤作为一种辅料，因此，与此相关的菜肴如奶汤鱼皮、清汤火方、清汤鱼肚、清汤蟹底翅、清汤燕盏鸽蛋等菜肴归入这种命名方法。

②主料+辅料形式

这种顺序命名的菜肴不是很常见，个别的菜肴采用这种方法命名，如"鱿鱼松子"。

（3）主料或辅料与其造型配合命名

注重菜肴造型是中国菜的重要特征，原料造型的方法很多，既可以用刀工造型，也可以采用拼摆、扣、酿、蒙等多种手法组合成形，或经过加热后也可形成一定形状，既对主料进行造型，又对辅料进行造型。采用这种命名方法的菜肴约占菜肴总量的9%。

刀工造型类：松鼠鱼、荔枝鱿鱼卷、菊花鱼、八宝葫芦鸭、灯笼鸡、牦牛肉、萝卜鱼、蛙式黄鱼、樱桃肉等。

多种原料组合成型类（主要以使用各种茸泥原料造型为主）：百花大虾、绣球干贝、荷包鱿鱼、菊花鲍鱼、金钱鸡塔、如意鳝卷、玉簪带子、太极山楂奶、蝴蝶鱼、凤尾大虾、镜箱豆腐等。

加热之后成型类：芙蓉鸡片、雏纱肉、什锦蜂窝豆腐、熊掌豆腐、鸡豆花等。

辅料造型类这种方法运用较少，常见菜肴有荷花鱼翅、菊花全蝎、蝴蝶海参、芙蓉鲜贝、玉兔葵菜尖、知了白菜等。

（4）烹调方法与主料及其造型配合命名

采用这种方法命名的菜肴不是很多，约占菜肴总量的2%。

鲁菜：锅塌腰盒、煎烹虾饼、炸豆腐丸子等。

苏菜：溜松子牛卷、清蒸鸭饺、煎塘鱼饼、蜜汁牛方等。

粤菜：煎芙蓉蛋、白灼响螺片、油泡虾球、酥炸蟹盒等。

川菜几乎不用这种方法命名。

（5）主要调味品与主辅料配合命名

这也是一种比较常见的命名方式，菜肴总量中约有5%采用这种方法命名，有两种形式：

①主要调味品+主料。

鲁菜：豆豉肉、醋椒鳜鱼、冰糖肘子等。

川菜：陈皮牛肉、辣子鸡丁、花椒鸡丁、樟茶鸭子等。

苏菜：酱油嫩蛋、糟鸭、鸡油菜心、酱汁肉、腐乳汁肉等。

粤菜：蚝油网鲍片、蚝油牛肉、沙茶牛肉、花雕鸡、汾酒鱼头汤、豉汁盘龙鳝等。

②主要调味品+烹调方法+主料。

鲁菜：糖溜鲤鱼、糟炒厚鱼片等。

川菜：醋溜墨鱼花、盐煎肉、醋溜凤脯等。

苏菜：百花酒焖鸡、糟煎鱼回鱼、糟溜塘鱼片等。

粤菜：茄汁煎牛柳、豆酱焗鸡、西汁焗乳鸽、豉油皇蒸生鱼、奶油扒菜胆等。

（6）味型与主料配合命名

味型是指调味在长期的历史发展中形成的、固定味感组合与调配方式的复合味。在各菜系中，以川菜对味型最有研究，并将其进行了系统的整理，而其他菜系对此研究尚不够完善和系统。这种命名方法的代表菜主要是川菜。例如，家常海参、酸辣蹄筋、鱼香鲜贝、姜汁肘卷、蒜泥白肉、糖醋里脊、怪味鸡块、家常田鸡腿、椒麻桃仁等。

（7）以菜肴的色泽、质地为主（辅）料配合命名

①色泽与主（辅）料配合命名。

鲁菜：三色鸡鱼丸、玛瑙银杏、琥珀莲子、金银裹蛎子、双色鱿鱼卷、白汁裙边等。

川菜：水晶鸭方、白汁鱼肚卷、翡翠虾仁、虎皮虾包、五彩豆腐、开水白菜等。

苏菜：水晶肴蹄、白汁乳狗、彩色鱼夹、翡翠虾斗、虎皮三鲜、银丝长鱼等。

粤菜：碧绿鲜带子、绿柳兔丝、七彩鸡丝、三色龙虾、锦绣鱼皮、玻璃白菜等。

本书将颜色+烹调方法+主（辅）料也归入此类命名方法中，如五彩炒蛇丝、五彩炒鲍丝等。

②质地+主（辅）料。

鲁菜：脯酥全鱼、干烂虾仁等。

川菜：香酥羊肉、酥皮兔糕、香酥鸭子、葱酥鱼、脆皮大虾、酥扁豆泥等。

苏菜：酥脆鸭块、香酥芦花雀、酥鲫鱼、香脆银鱼、烂糊等。

粤菜：爽口牛肉丸、香滑鸡球、脆皮炸鸡等。

（8）盛装器物或包卷物与主（辅）料配合命名

器皿+主（辅）料：坛子肉、砂锅三味、瓦罐焗乳鸽、整锅油鸡、原盅鸡、焖钵湘莲、毛肚火锅、小笼粉蒸牛肉、汽锅鸡等。

水果制盛装器皿+主料：冬瓜盅、西瓜盅、椰子盅、八宝梨罐、什锦西瓜花篮、冬瓜四灵等。

荷叶包卷：荷叶米粉鸡、荷叶蒸肉、荷叶乳鸽片、荷叶豉汁蒸大鳝、香荷田鸡腿等。

网油包卷：网包鳜鱼、网油卷等。

纸包卷：纸包鸡、纸包三鲜等。

（9）地名＋主（辅）料配合命名

鲁菜：博山豆腐、单县牛肉汤等。

川菜：合川肉片、四川凉面等。

苏菜：金陵丸子、无锡肉骨头、常熟叫花鸡、富春鸡、金陵盐水鸭、文楼涨蛋、梁溪脆鳝、鼓城鱼丸等。

粤菜：白云猪手、广州文昌鸡、东江鱼丸、效外大鱼头、江南百花鸡等。

本书将地名+烹调方法+主（辅）料也归入此类命名方法中。如山东蒸丸、福山烧小鸡、泸州烘蚕、东江盐焗鸡、潮州烧雁鹅、东江炸春卷、金陵烤鸭、北京烤鸭、苏州卤鸭、扬州蛋炒饭等。

（10）人名+主（辅）料配合命名

采用这种命名方法的菜肴并不多见，多为古代传承下来的一些传统菜，如余西施舌、东坡肘子、夫妻肺片、贵妃鸡翅、大千干烧鱼、太白鸡、太白鸭、梁王鱼、麻婆豆腐、沛公狗肉、文思豆腐、太爷鸡等。

这种命名方法易招人非议，从古至今很多人不喜欢，比如，关于"东坡肉"一菜，清代烹饪评论家李渔表示异议，"食以人传者，'东坡肉'是也，卒急听之，似非豚之肉，而为东坡肉矣。东坡何罪，而割其肉以实千古馋人之腹哉！"这种命名方法的使用须谨慎，以免使顾客产生歧义。

（11）多原料组合成形方法与主（辅）料配合命名

这种命名方法很常见，因为多种原料组合造型是中国菜成形的一个重要手段和内容。这种多原料组合成形的方法很多，常见的有12种，它们是：酿填法、包卷法、捆扎法、叠合法、拼摆法、茸塑法、凝模法、裱绘法、夹法、穿串法、扣法、滚粘法。这些方法能够充分体现中国菜的技术特点，在命名时经常将它们表现出来，以告知顾客此菜的成形特色。如酿银瓜、八宝酿梨、七彩酿猪肚、乳鸽酿猪肚、百老酿鸭掌、鸡茸酿枇杷等；鱼包三丝、鸡包鱼翅等；拼八宝、双拼水鱼片、罗汉面筋拼琵琶虾等；鸡蒙葵菜、清汤鸡蒙香菇等（"蒙"属酿法中的明酿）；夹沙肉、香芋扣肉、生穿鸡翼、穿四鸡腿等。

本书将烹调方法+多原料组合成形方法+主（辅）料也归入此类命名方法中，如焖酿鳝卷煎酿明虾、扒酿竹荪筒、煎酿茄瓜、扒穿鸡翼、扒酿海参等。

（12）比喻命名

①比喻成传说中的动物。

比喻成"龙""凤"：能比喻成"龙"料的原料很多，蛇、虾、鱼、猪、白马等；能比喻成"凤"料的主要是禽类，如鸡、鸭、野禽等，以鸡翅为"凤翅"。在原料中莴笋叶常比喻成"凤尾"，如"金钩凤尾"便是指此。菜例如龙凤双腿、龙腿凤肝、凤凰鱼翅、四龙相会、蟠龙大鸭、蟠龙大鳝、凤肝鲟龙、炸龙肠。

②比喻成"鸳鸯"。

鸳鸯是一种真实存在的候鸟，自古以来未见到真正以鸳鸯入馔者，只在南宋林洪的《山家清供》中有一例"鸳鸯炙"，这大概与其是一种"吉祥鸟"有关系。由于"鸳鸯"雌雄偶居不离，人们以此来比喻夫妻的恩爱，初唐卢照邻的《长安古意》诗云："得成比目何辞死，愿做鸳鸯不羡仙。"因此，在菜谱中菜肴以"鸳鸯"为名者，仅取其"成双"的比喻含义，凡味成双、色成双、料成双的皆可以用"鸳鸯"称呼，如鸳鸯全鱼、鸳鸯锅贴、鸳鸯蛋卷等。

③比喻成传说中的人物。

比喻成"神仙"：神仙鸭、神仙蛋、神仙粥、八仙瑶池聚会、醉八仙、通神饼、神仙

富贵饼等。

比喻成"罗汉"：烧罗汉面筋、一品罗汉菜等。

借用历史典故：霸王别姬、西施玩月、虹桥赠珠、护国菜等。

（13）以祝愿之意为菜肴命名

人们一直向往生活的幸福美满，憧憬事业的兴旺发达，因此，菜肴在讲究色、香、味、形的同时，也特别注重菜肴的"意"，即菜肴表达的吉祥寓意，也就是人们平常所说的吉祥菜。给菜肴赋予一个准确、吉祥、和谐的菜名在筵席中尤显重要。

吉祥菜的命名通常采用借代手法。所谓借代，就是指用密切相关的原料来代替吉祥意念，主要有以下几种方法：一是同音或谐音借代，例如，用"发菜"代替"发财"，用蚝豉代"好市"，用榆耳代"如意"。二是同色借代，例如，瑶柱金黄色借代"金"，冬瓜白色，晶莹通透，借代"玉"。三是形似借代，例如，鸡蛋黄代"月"，以鱼肚代"云"，以鸡翼代"华袖"，以芥胆或菜远代"玉树"，以猫代虎，以冬菇代"钱"。四是产地代产品，例如，以"西山"代榄仁，以"金华"代火腿。五是习惯的称谓借代，例如，以蟹黄代"牡丹"或"珊瑚"，以"虾胶"代"百花"，以肫代"红梅"，以鸡代"五德"，蟹肉钳代"玉蝶"，草菇代"草蝶"。六是部分代全体，例如，用笋代竹。采用此法命名的吉祥菜有赤绳系足、天作之合、吹箫引凤、花好月圆、竹梅双喜、青梅竹马、燕侣双飞、鸾凤和鸣、三星拱照、天官赠福、福如东海、福寿双全等。

（14）纯造型命名法

这种命名方法完全以形状命名，从名称上无法得知用料、烹调方法、风味和特色，多在筵席菜中使用。如金蟾戏荷花、群蝶戏牡丹、孔雀开屏、百鸟朝凤、熊猫戏竹、孔雀灵芝、喜鹊报春、金鱼闹莲、双凤回巢、盘龙戏珠、狮子绣球、老龙入海、蝶扇、蛟龙献珍等。

1.2.6　筵席成本的分配

筵席结构的均衡，取决于酒水冷盘、热炒大菜、饭点茶果三大板块成本比例的合理。在通常情况下，筵席成本的分配是有区别的：

低档筵席中三板块的成本分配为10%：80%：10%。

中档筵席中三板块的成本分配为15%：70%：15%。

高档筵席中三板块的成本分配为25%：50%：25%。

换言之，在全席成本中，酒水冷盘一般占10%～25%，中间的这个板块始终居于主导地位。筵席结构的均衡必须把握"三突出原则"，即在全席菜品中突出热菜，在热菜中突出大菜，在大菜中突出头菜，从而做到组合合理、衔接有序、稳重大方、节奏分明。

1.2.7　菜单装帧

筵席上的菜单要求装帧美观，能体现宴会厅的档次和规格。菜单外观与餐厅装饰的主题风格一致，文字大小要清晰，容易辨认。筵席菜单封面要有醒目的标志，菜单背页可印有餐厅的名称和标志。首页印上欢迎之类的话，让客人感受到宴会厅的亲切友好。筵席上的菜单设计要讲究艺术美，设计者要有一定的艺术修养，菜单的形式、色彩、字体等安排要从艺术的角度来考虑，还要方便客人翻阅，对客人要有较强的吸引力，使菜单成为美化餐厅的一部分。

1）菜单载体

筵席设计中有些特色筵或VIP筵席，除纸质外还可以选用其他物品载体当菜单，在选择时应从礼品的角度去考虑，但是要与整个筵席台面布置相吻合。例如，满汉全席可用仿清式的红木架嵌大理石菜单，西北风情筵可用仿古诏书式菜单，竹园春色筵可用竹简式菜单，药膳筵可用竹匾式菜单，红楼筵可用线状古书式菜单，商务筵可用印章式菜单，满月筵可用玩具形菜单，豪华商务筵可用中式扇面菜单。在选用时还应注意物品与顾客身份相吻合，菜名、字体要与菜单载体相吻合。

2）菜单陈列

菜单的陈列，从餐台造型的需要来看，主要有3种。

（1）书本式

菜单不论是单页还是多页，平放于餐台之上，这是传统的菜单陈列方式，一般在正、副顾客前各放1份。

（2）竖立式

竖立式即菜单的折页打开，立放于餐台之上。这类大多为装帧精美的折叠式菜单，由于它在餐台造型中富于立体感，因此被广泛应用。

（3）卷筒式

这类造型的菜单适合于人手1份，卷成筒状，用缎带捆扎，或放或立于每个餐位正前方。顾客可将其携走，以作留念。

[实施和建议]

本任务重点学习中餐筵席中菜单编制的原则和注意事项以及菜肴命名的原则和方法。

建议课时：6课时。

[学习评价]

本任务的学习评价见表1.2。

表1.2 学习评价表

学生本人	量化标准（20分）	自评得分
成果	学习目标达成，侧重于"应知""应会" （优秀：16~20分；良好：12~15分）	
学生个人	量化标准（30分）	互评得分
成果	协助组长开展活动，合作完成任务，代表小组汇报	
学习小组	量化标准（50分）	师评得分
成果	完成任务的质量，成果展示的内容与表达 （优秀：40~50分；良好：30~39分）	
总分		

[巩固与提高]

1. 莛席菜单的重要作用体现在哪些方面？
2. 莛席菜单的种类有哪些？
3. 莛席菜单的编制有哪些原则？
4. 编制莛席菜单有哪些注意事项？
5. 根据本任务介绍的3种菜肴命名方法，分别举出菜肴实例。

任务1.3　中餐莛席的酒水与餐具设计

[学习目标]

1. 了解中餐莛席中酒水的作用。
2. 掌握酒水特性及在中餐莛席中的搭配。
3. 熟知中餐莛席餐具的规划与筹备。
4. 了解常用餐具、酒具、厨房用具在中餐莛席中的功能。

[学习要点]

1. 酒水特性及在中餐莛席中的搭配。
2. 中餐莛席中餐具的规划与筹备。

[相关知识]

正确选择莛席酒水可以增强莛席饮食的科学性。莛席用酒讲究的是以酒佐食或以食助饮，佐酒、佐食是一门高雅的饮食艺术。与世界上许多善饮的民族一样，中华民族在几千年的餐饮文化中创立了一整套佐食、佐饮的理论和方法。作为一门生活艺术，佐食、佐饮起源于生活，并且有一定的科学依据。

1.3.1　中餐莛席中的酒水设计

酒水在莛席中具有重要作用，因此，如何选择酒水，如何搭配酒水显得更加重要，只有掌握了其中的规律与技巧，才能使酒水的作用得到正确发挥。

1）酒水在莛席中的重要作用

（1）酒水具有营养价值

酒是一种含有营养成分的饮料，尤其是低度酒品，对人体有不少作用。例如，葡萄酒中含有各种丰富的营养成分，其中包括大量的维生素A、维生素B、维生素C及葡萄糖。一边饮酒一边吃菜，食欲可以数小时不减；只吃菜而不喝酒，则保持不了多长时间，进餐后不久便会口干舌燥。现代莛席中菜品往往很丰盛，少量的低糖、低酒精、少气体的酒品，可以让客人保持良好的食欲。

（2）酒水增加筵席气氛

中国筵席历史及历代经典、正史、野史、笔记、诗赋，多有以酒为中心的筵席记载和描述。中国有句俗语叫作"无酒不成席"，人们称办筵为"办酒"，赴筵叫作"吃酒"。由于酒可刺激食欲，助兴添欢，筵席自始至终在互相祝酒、劝酒中进行。美酒佳肴，相辅相成，才能显得协调欢乐，因此，餐饮业历史都注重"酒为席魂""菜为酒设"的排菜法则。从筵席编排的程序来看，先上冷菜是劝酒，跟上热菜是佐酒，辅以甜食和蔬菜是解酒，配备汤品和果茶是醒酒，安排主食是压酒，跟上蜜脯是化酒。考虑到饮酒时吃菜较多，故筵席菜的分量一般较大，调味一般偏淡，而且利于佐酒的松脆香酥的菜肴和汤羹占有较大的比重。至于饭点，常常是少而精。

2）酒水在筵席中的搭配

（1）酒水与筵席的搭配

酒在筵席中有着举足轻重的地位，因此，要合理运用筵酒，但也要慎饮、慎用，否则将产生不良后果。不是所有的酒水都适合与任何食品搭配，筵席设计用酒要合时宜。酒水与筵席的搭配必须遵循一定的原则。酒水与筵席的搭配原则如下：

①酒水的档次应与筵席的档次相符。筵席用酒应与其规格和档次相协调，若为高档筵席，选用的酒水也应是高质量的。比如，我国举办的许多国筵，往往选用茅台酒。由于茅台被称为我国的"国酒"，其质量和价格在我国白酒中独占鳌头，其身价与国筵相匹配。普通筵席则选用档次一般的酒水。

②酒水的来源应与筵席台面的特色相符。中餐筵席往往选用中国酒，不同的席面在用酒上应注意与其地域相适合。

③筵席中要慎用高度酒。在中餐筵席上，以往的习惯是用高度白酒佐餐，但这种方式有很大的害处。由于酒精对味蕾有强烈的刺激作用，筵席中饮用高度白酒后则会影响人们的口味。目前，人们已经认识到这个问题，国内许多酒厂陆续开发新产品，生产中、低度白酒，以适应筵席用酒的需要。

（2）酒水与菜肴的搭配

不论是以酒佐食，还是以菜助饮，其基本原则是：进餐者或饮酒者要能从中获得快乐和艺术享受。首先，要研究哪些酒水在进餐时不能起佐助作用。酒精含量过高的酒水对人体有较大的刺激，若进餐时过多饮用，会使肝脏来不及消化吸收，从而使肌体产生不同程度的中毒现象，使胃口猛减，对菜品的味感迟钝。有的烈性酒辛辣过头，使人饮后食不知味，从而喧宾夺主，失去了佐助的作用。在进餐过程中品饮高度酒，干杯、劝饮、争饮等做法是不科学的。此外，配制酒、药酒的成分比较复杂，香气和口味往往较浓烈，在佐食时这一类酒对菜肴食品的品尝有很大的干扰，通常不作为佐助酒品饮用。还有甜味酒水，单饮时具有适口之感，但作为佐助酒水，便显得不太合适。甜味与咸味（菜肴的主导口味）相互冲突，而两味的主要感觉部位都集中在舌尖，容易使人的感觉产生分析混乱，因此，甜酒也不太适合作佐助饮品。

酒水与菜肴的搭配有一定的规律，这些规律的形成是千百年来人们不断实践摸索的结果。在我国南方，比较讲究黄酒的饮用"对口"，状元红酒专配鸡鸭菜肴，竹叶青酒专配鱼虾菜肴，加饭酒专配冷菜，吃蟹时专饮黄酒而不饮白酒。有的甚至烹制不同的菜肴时，使用料酒也加以区别对待。比如，烹制普通菜肴使用绍兴老酒，而烹制"草头"（一种蔬菜）则使用高粱酒。酒水与菜肴搭配适宜，不仅能使客人吃喝相得益彰，而且能给人以身心的享受。

常规的酒菜搭配是：香气高雅、口味纯正的菜肴，应配色味淡雅的酒；浓厚、口味复杂的菜肴，应配色味浓郁的酒；牛肉菜宜配纯正浓香的红葡萄酒；咸鲜味的菜肴应配干型酒；甜香味的菜肴应配甜型酒；香辣味的菜肴则应选用浓香型酒。

（3）酒水之间的搭配

酒水之间的搭配有一定的规律性，其复杂程度较酒和菜之间的搭配要小些。筵席上若备有多种酒水，通常的搭配方法参考如下：低度酒在先，高度酒在后；软性酒在先，硬性酒在后；有汽酒在先，无汽酒在后；新酒在先，陈酒在后；淡雅风格的酒在先，浓郁风格的酒在后；普通酒在先，名贵酒在后；干烈酒在先，甘甜酒在后。这样的处理，意在使多种用酒中的每一种酒都能充分发挥作用。

酒水的搭配方法没有明显的规律，通常凭人们的兴趣进行搭配。我国民间饮酒一般有橘子水冲啤酒、葡萄酒掺果汁等做法。除了将酒与其他饮料同时饮用外，人们还常常在饮酒后再饮用一些其他饮料，如咖啡、茶、果汁、汽水等。但酒后饮茶，在我国不少人认为是不可取的做法。

3）酒水服务

酒水在筵席中是不可或缺的项目，筵席中的酒水服务具有较强的技术性和技巧性，正确、迅速、简洁、优美的酒水服务可以让客人得到精神上的享受，大大提高筵席的档次，筵席服务人员必须对筵席中的酒水服务给予高度重视。在许多国家，酒水服务由专门被尊称为"调酒师"的人来掌管，调酒师在饮者的心目中有较大的魅力，受到饮者的尊重和敬佩。

（1）示瓶

示瓶是酒水服务的开始。宾客点用的整瓶酒，服务员在开启前应让主人先过目，一是表示对客人的尊重；二是核实有无误差；三是证明商品的可靠性。

基本操作手法是：服务者站立在主人的右侧，左手托瓶底，右手扶瓶颈，酒标面向客人，让其辨认。当客人认可时，才可进行下一步工作。若没有得到客人的认同，则去酒吧台更换酒品，直到客人满意为止。

（2）冰镇

许多酒水的饮用温度远远低于室温，这就要求对酒品进行降温处理。降温的方法有很多，可加冰块、碎冰、冷冻等。比较名贵的瓶装酒大都采用冰镇的方法来降温。冰镇需用冰桶，冰桶中放入中型冰块或冰水化合物，酒瓶斜插入冰桶中，大约10 min后可达到降温效果，之后用一盘子托住桶底，连桶送至客人餐桌上，可用一块布巾搭在瓶身上。

（3）温烫

有些酒品的饮用温度需高于室温，这就要求对酒品进行温烫。温烫有4种常用的方法：水烫、火烤、燃烧和冲泡。水烫，即将饮用酒事先倒入烫酒器，再置入热水中升温。火烤，即将酒装入耐热器皿，放在火上烧烤升温。燃烧，即将酒盛入杯盏内，点燃酒液以升温。冲泡，即将沸滚饮料（水、茶、咖啡等）冲入酒液，或将酒液注入热饮料中。

（4）开瓶

在上餐台斟酒前，应先开瓶（开塞），开塞前应防止酒体的晃动（汽酒会造成冲冒现象，陈酒会造成沉淀物窜腾现象），再将酒水瓶拭干净，尤其是将塞子屑和瓶口部位擦干净。然后检查酒水质量，若发现瓶子破裂或酒水中有悬浮物、浑浊沉淀物等变质现象，应及时调换。开启的酒瓶、酒罐原则上应留在客人的餐桌上，下面用衬垫，以免弄脏台布，开启后的封皮、木塞、盖子等不要直接放在桌子上，在离开时一并带走。

①烈性酒。烈性酒的封瓶方式最常用的有两种：一种是塑料盖；一种是金属盖。前者外部包有一层塑料膜，开瓶时先将塑料膜烧熔取下，旋转开盖即可。后者瓶盖下部有一圈断点，开瓶时用力拧盖，使断点划裂，再旋转开盖。

②葡萄酒。开瓶前，服务员应持瓶向宾客展示，先用洁净的餐巾把酒瓶包上，再切掉瓶口部位的锡纸，并擦干净，用开酒钻的螺旋锥转入瓶塞，将瓶塞慢慢拔出，再用餐巾将瓶口擦干净。在开瓶过程中，动作要轻，防止摇动酒瓶时将酒瓶底的酒渣泛起，影响酒味。

③香槟酒。先将锡纸剥除，再用右手握住瓶身，按45°的倾斜角拿着酒瓶，并用大拇指紧压软木塞，右手将瓶颈外面的铁丝圈扭弯，一直到铁丝帽裂开为止，将其取掉。此时，用左手紧握软木塞，转动瓶身，使瓶内的气压将软木塞弹挤出来。转动瓶身时，动作要轻且慢，开瓶时要转动瓶身而不可直接扭转软塞子，以免将其扭断而难以拔出。开瓶时，瓶口不要朝向客人，以免在手不能控制的情况下，软木塞被爆出。

④罐装酒品。在开启此类饮品时，应将开口方朝外，不能对着任何人，并以手握遮，以示礼貌。开启前要防止摇晃。

（5）试酒

开瓶后，服务员要先闻一下瓶塞的味道，用以检查酒质（变质的葡萄酒有醋味）。再用干净的餐巾擦一下瓶口，向顾客中的主人酒杯里斟少许酒，请主人尝一下是否够标准，主人同意后以座位先主宾后副主宾或先女客后男客的顺序斟倒，最后给主人斟倒。

（6）斟酒

①斟酒的姿势与位置。

服务员斟酒时左手拿一块干净的餐巾随时擦拭瓶口，右手握酒瓶的下半部，将酒瓶的商标朝外让宾客一目了然。

斟酒时，服务员站在宾客的右后侧，面向宾客，将右臂伸出进行斟倒；身体不要贴靠宾客，要把握好距离，以方便斟倒为宜；身微前倾，右脚伸入两椅之间是最佳的斟酒位置；瓶口与杯沿应保持一定距离，以1～2 cm为宜，千万不可将瓶口搁在杯沿上或采取高溅注酒的方法。

斟酒者每斟一杯酒，都应更换一下位置，站到下一位客人的右侧。左右开弓，探身对面，手臂横越客人的视线等，均是忌讳和不礼貌的做法。

②斟酒顺序。

中餐斟酒通常在筵席开始前10 min斟好酒；先餐前酒后烈酒；先高度酒后低度酒；先主宾后依次顺时针方向斟酒。

③斟酒量。

中餐在斟倒各种酒水时，一律以八分满为佳，以示对客人的尊重；西餐斟酒不宜太满，通常红葡萄酒斟至杯的1/2或2/3处，白葡萄酒斟至杯的2/3或3/4处为佳；斟香槟酒要分两次进行，先斟至杯的1/3处，待泡沫平息后再斟至杯的2/3处；啤酒顺杯壁斟，分两次进行，以泡沫不溢为标准，一般为八分酒二分沫；饮料一般为八分满；花雕用专用杯斟八分满；斟完酒后，瓶塞不能塞住瓶口，除非客人自己要求。

④斟酒注意事项。

斟酒时瓶口不可搭在酒杯口上，以相距2 cm为宜，以避免将杯口碰破或将酒杯碰倒。但也不要将瓶拿得太高，太高则容易使酒水溅出杯外。

服务员应将酒缓缓倒入杯中，当斟至酒量适度时停一下，并旋转瓶身，抬起瓶口，使最后一部分酒随着瓶身的转动均匀地分布在瓶口边沿上。这样，可防止酒水滴洒在台布上或宾客身上。也可在每斟一杯酒后，即用左手所持的餐巾把残留在瓶口的酒液擦掉。

斟酒时，应随时注意瓶内酒量的变化情况，用适当的倾斜度控制酒液流出速度。由于瓶内酒量越少，流速越快，酒流速过快容易冲出杯外。

斟啤酒时，由于泡沫较多，极易沿杯壁溢出杯外，因此，斟啤酒速度要慢，也可分两次斟或啤酒沿着杯的内壁流入杯内。

服务员因操作不慎而将酒杯碰翻，应向宾客表示歉意，立即将酒杯扶起，检查有无破损，若有破损应立即更换新杯，若无破损，应迅速用一块干净餐巾铺在酒迹之上，然后将酒杯放还原处，重新斟酒。若是宾客不慎将酒杯碰破、碰倒，服务员也应同样处理。

在进行交叉服务时，应随时观察每位宾客酒水的饮用情况，及时添续酒水。

在斟软饮料时，要按筵席所备品种放入托盘，请宾客选择，待宾客选定后再斟倒。

在筵席进行中，通常宾主都要讲话（祝酒词、答谢词等），讲话结束时，双方都要举杯祝酒。因此，在讲话开始前要将酒水斟齐，以免祝酒时杯中无酒。

讲话结束时，负责主桌的服务员要将讲话者的酒水送上供祝酒之用。当讲话者要走下讲台向各桌宾客敬酒时，要有服务员托着酒瓶跟在讲话者的身后，随时准备为其及时添续酒水。

宾主讲话时，服务员应停止一切操作，站在合适的位置（一般站立在边台两侧）。因此，每位服务人员都应事先了解宾主讲话时间的长短，以便在讲话开始时能将服务操作暂停下来。

若使用托盘斟酒，服务员应站在宾客的右后侧，右脚向前，侧身而立，左手托盘，保持平衡，先略弯身，托盘中的酒水饮料展示在宾客的眼前，表明让宾客选择自己喜欢的酒水及饮料。同时，服务员也应有礼貌地询问宾客所用酒水饮料，待宾客选定后，服务员直起上身，将托盘托移至宾客身后。托移时，左臂要将托盘向外托送，防止托盘碰到宾客，不能从宾客的头顶过；再用右手从托盘上取下宾客所需的酒水进行斟倒。

4）常用酒水饮用特性

无论是酒水还是饮料，都有其饮用的最佳时机。这些酒水、饮料在饮用时的温度、保存时间、场合及搭配的食物都是不一样的。各种饮料的特性和饮用时机如下：

①白酒。中国白酒讲究"烫酒"。普通的白酒用热水"烫"至20～25 ℃时给客人服务，可以去酒中的寒气。但非常名贵的酒品如茅台、汾酒则一般不烫酒，目的是保持其原"气"。

②茶。茶被公认是最适合搭配中国佳肴的饮料，清淡的茶香可以消除中国菜料重味的油腻感，茶中的单宁酸更可清洗味蕾，使口腔清爽干净。

理想的服务方式是准备两个容量为360 mL（约12盎司）的陶壶，一个用来泡茶，冲泡时间为三四分钟，另一个则装开水。客人先倒茶，后加入开水，以调出他们喜爱的浓度，并且依自己的喜好，加入柠檬片或奶精来调味。

③咖啡。一杯好的咖啡应色香味俱全，咖啡的好坏，除了与咖啡的品种有关外，还与冲煮的方法有密切的关系。泡咖啡时用的水，不能是碱性的硬水或含大量铁质的水。咖啡的浸泡时间要尽量短，一般以2~3 min为宜，若时间过长则会把不良成分溶解出来，影响咖啡的味道。

④啤酒。任何时间或季节都可以喝啤酒。在德国啤酒甚至被称为"液体面包"。啤酒在佐餐时可配任何食物（以浓奶油制作的菜和甜食除外）。啤酒饮用的适当温度为10~12 ℃，温度太低会影响其风味，而且泡沫较少。啤酒的存放宜避免过热及阳光直射的地方，储存时间不可超过半年。

⑤葡萄酒。白葡萄酒一般配开胃菜、海鲜和家禽类，甜葡萄酒配甜点，红葡萄酒一般配红肉或猪、牛肉。服务之前，所有葡萄酒都应储藏在阴暗、干爽的地方，温度最好保存在13 ℃左右。由于每种葡萄酒在其特定的温度里会特别香醇，因此，了解各种葡萄酒的温度特性实属必要。

1.3.2　中餐筵席中的餐具设计

精美的餐具可以提升筵席的档次与品位，因此,餐具的设计与使用对筵席而言有着重要的作用。

1）筵席餐具的规划与筹备

由于筵席所需餐具的配制不但是一切筵席工作的基础，也是筵席成本控制的关键，因此，筵席餐具的规划及筹备是一门不可轻视的学问。

（1）仓储空间

在讨论筵席餐具的规划与筹备之前，首先应考虑一个重要条件——仓储空间。一般餐厅由于桌椅均已固定，因此，对仓储空间没有特别要求。但对宴会厅来说，由于经常需要根据筵席的性质而改变布置，因此，必须具备足够的仓储空间来容纳桌椅、舞台、隔屏、餐具等设备。一般来说，仓储用地达到营业面积（不含厨房）的20%~25%便足够了。尽管仓储空间的重要性不言而喻，但目前仍然有许多饭店对此不够重视。

（2）餐具数量设定的依据

了解仓储空间的重要性后，便可进行餐具数量的设定。设定数量应考虑下列因素：

①回转数。回转数是依据经验法则确定的，即该项餐具一桌通常需要几件，从摆置餐具至使用完毕、清洗干净要花费的时间。如椭圆小味碟，筵席结束方可撤下，为确保中午及晚上的筵席顺利进行，需备有足够数量的餐具，可设定两套回转数。

②周转率与破损率。在设定回转数时，除了考虑该餐具在筵席中所需的数量外，还需要考虑周转率与破损率。所谓周转率，是指餐具在一场筵席中可能使用到的次数，设定时需要考虑该餐具的使用次数以及白天、晚上同时使用的状况，以确保当天不至于供应不足。周转率的设定应慎重，以免造成资源闲置或不足。至于破损率的设定，则要考虑餐具清洗的难易程度以及使用程度。一般而言，餐具及布巾的破损率在0.7%以内均属正常，若超过，则说明管理不善。如"骨盘"，用餐期间需更换，每桌一般更换3次，破损率设为0.5%，则骨盘的数量为宴会厅承办筵席的总人数×（3+0.5）。

图1.1　中餐筵席常用的餐具

2）常用餐具在筵席中的功能

中餐筵席常用的餐具有：骨盘、小汤碗、汤匙、筷子、筷架、酒杯、水杯、服务盘、味碟及餐巾等，如图1.1所示。

（1）服务盘

在正式西式筵席中通常摆设垫底盘作为装饰，因此，在中餐筵席的贵宾式服务中最好也能摆服务盘（一般为银制）。服务盘也可说是展示盘，目的在于体现筵席档次，突出筵席主题。一般中餐筵席可不摆。通常除喜筵的主桌之外，一般筵席都使用小骨盘当作服务盘。

（2）骨盘

骨盘，也称为骨碟，顾名思义，应该是专为放置骨头而设置的餐盘，目前，其实际功能已形成同西式筵席中的随餐盘，用以盛放食物。一般中餐筵席都以西餐中的6寸面包盘作为餐盘。中餐筵席的习惯为10人一桌，加上中餐筵席往往备有十几道菜，不但桌面拥挤，并且分菜量也较少，因此，采用小号的面包盘即可。近年来，中餐筵席上为求摆放大方且不显拥挤，很多宴会厅都改用17.5 cm的骨盘取代直径15 cm的骨盘。

（3）味碟

味碟可分为两种：一种是直径9.9 cm的大味碟，用于盛装必备的调味酱料，置于转盘上供客人共同使用，另外还附有小号茶匙方便舀取，原则上一桌备有一套即可。现今一些餐厅已开发出小瓷壶来盛装酱油与醋，并用衬碟垫底取代调味料碟，但由于食用辣椒者不在少数，因此，将辣椒列为餐桌必备的调味品也是必需的。只因目前尚无精致容器可供使用，故仍沿用大味碟盛装，并与酱醋壶并置于转盘上，由客人自行取用。由于大部分的调味料是供个人喜好蘸取用，因此，应为每位客人提供另一种专用小味碟。这种小味碟直径约8.9 cm。有些饭店则采用椭圆形小味碟代替传统小味碟，摆设时，将其置于骨盘正上方处，饭店标志向上，以起到宣传的效果。

（4）筷架

使用筷架的目的，一方面为使筷子有固定位置可放置；另一方面则基于卫生考虑，使筷子不至于直接接触桌面，同时，还可避免筷子因沾有食物残渍而弄脏桌布。以前，通常备有筷架时便不再使用筷套装放筷子，但目前大多数宴会厅都采取筷架与筷套并用的摆设方式，上菜前才由服务员代为将筷套取掉。

（5）汤匙

中餐汤匙的功能并不仅限于用来喝汤，它还可用于取不易以筷子夹取的食物，或以左手持汤匙协助筷子夹食物入口，因此，无论摆设中有无小汤碗，都需备有汤匙，而且最好能与筷子配套摆设。中餐餐桌摆设通常都设有小汤碗，并且将小汤匙置于小汤碗内。

（6）筷子

中餐中，往往用一双筷子便可吃遍筵席中所有美食佳肴，因此，中餐摆设远比西餐少许多。目前，筷子主要有竹木筷、金属筷、牙骨筷、玉石筷和化学筷5大类，筵席中一般选用黑色化学筷，物美价廉，广受欢迎。

（7）小汤碗

中餐采用的小汤碗一般设有两种尺寸，分别为直径8.9 cm和9.9 cm。采用何种尺寸的小汤碗，要视厨师每道菜所做的分量而定，但一般以9.9 cm小汤碗使用起来较为大方。在中餐筵席中，小汤碗并非仅用来盛汤类菜式，还便于用来盛含菜汁的菜肴。

（8）水杯

在中餐筵席中，水杯几乎可用作饮料杯用，除非客人特别要求供应冰水，否则几乎都用来装饮料或茶，这一点与西餐中水杯只能用以盛装冰水有很大不同。水杯大都摆设在筷子内侧，以避免邻座宾客错拿。

（9）酒杯

中餐所使用的酒杯大部分以小玻璃酒杯为主，由于直接倒酒很不方便，因此，宴会厅一般还应准备酒壶或倒酒用公杯，每桌设置4个，放置在转盘上，供客人自行取用。近年来，由于生活习惯和社会风气的改变，中餐筵席里很多人饮用红酒，故也应视情况而改用红酒杯。中餐筵席中，红酒杯的设置与西式筵席一样，置于水杯的右下方处，以便客人取用及服务人员倒酒服务。

（10）餐巾

中餐厅一般都供应餐巾。许多餐厅特意将餐巾折成各式形状插在水杯中。这样虽然美观，且达到展示的目的，但就卫生而言，有待商榷。从卫生的角度，现在一般餐厅已逐渐将餐巾折法简单化，尽量减少对清洗过的餐巾进行不必要的触碰。一般餐巾最适合的尺寸为50 cm×50 cm或56 cm×56 cm。

（11）茶杯

对中餐筵席而言，茶是必备的中餐饮料，因此，需要准备茶杯。在筵席中，服务人员通常将茶杯备妥并置放在服务桌上。倒好茶后再用圆托盘送给客人饮用，而不必预先置于餐桌摆设中。

（12）烟灰缸

原则上每两位客人应给予1个烟灰缸，置于两个座位之间。如果宴会厅内禁止吸烟，则只在吸烟区内摆设烟灰缸。宴会厅中摆设烟灰缸时，最好也能准备打火机。

（13）酱醋壶

原则上每一桌的转盘上均需放置一套小酱醋壶以及筵席时所需的配料盘，供客人自行取用。

（14）菜单

一般而言，服务人员需在筵席之前，将筵席主人所选定的菜单置于各餐桌上，供赴筵宾客用餐时参考。一般筵席，每桌至少应摆置1~2份菜单。非常正式的筵席，则需每位来宾1份。除非客人要求，菜单一般都在筵席结束时才予以收回。

（15）盆花

花饰作为筵席餐桌摆设，其作用如前文所述。在餐桌上摆设盆花时，要注意花卉的高

度，以免挡住宾客彼此视线的交流或造成其他不便而适得其反。菜肴上桌时，应将花饰移走。

3）常用酒具在筵席中的功能

中餐筵席常用的酒具及各种酒杯的用途不一。酒杯，按其质地可分为瓷酒杯、玻璃酒杯、酒盅、暖酒杯等。现在许多宴会厅配用玻璃酒杯，按其用途又可分为白酒杯、果酒杯和啤酒杯等。

（1）白酒杯

因产地、用料、造型及大小的不同又分很多种。常用的有无脚瓷酒盅、高脚瓷酒杯、无脚玻璃酒杯、高脚玻璃酒杯（也称为立口杯），可装20～50 g酒。白酒杯一般较小，用以盛装酒度较高的烈性酒。

（2）果酒杯

果酒杯又称为葡萄酒杯，一般用作盛装酒度较低的各种果酒。在中餐筵席上常用的果酒杯有高脚玻璃杯、白葡萄酒杯，红葡萄酒杯比白葡萄酒杯略矮胖一些，多为6盎司，另一种为2盎司的雪利杯。

（3）啤酒杯

啤酒杯一般盛装啤酒、矿泉水、汽水、果汁等。此外，按其高矮形状又可分为高脚杯和无脚杯，容量为10～12盎司。

（4）黄酒杯

黄酒杯又称为暖酒杯，是喝黄酒的专用杯，为中国特有的一种酒杯，它是一种双层结构的酒杯，外层放热水，内层倒黄酒，能起到给黄酒加温与保温的作用，有瓷器与紫砂两种。

其他的酒具还有公酒杯，在喝白酒时为示公平，每人1只，作为平分白酒的酒具。黄酒壶是添加黄酒时使用的专用酒壶。

4）常用厨房用具在筵席中的功能

（1）平盘

平盘的规格为5～32寸，有16种规格之多（10寸以下每隔1寸一个档，10寸以上每隔2寸一个档，以下各种瓷盘均如此）。各种规格平盘的用途是：5～6寸平盘一般作冷菜小碟使用，7～9寸平盘一般为放干点心使用，10寸以上平盘一般作拼盘或筵席的炒菜使用，14寸、16寸平盘还可作垫底盘用。

（2）凹盘

凹盘又称为窝盘、戈盘。盘边稍高而盘深。其规格有5～12寸共7种。其用途是：一般用作盛装烩菜、卤汁、芡汁较多的烧、焖、扒等菜品。

（3）腰圆盘

腰圆盘又称为鱼盘、长盘。其形呈椭圆，有深腰圆盘和腰圆盘两种。其规格为6～32寸共有14种。其用途是：一般用作盛装整形菜和作拼盘用。如装全鱼、全鸡、全鸭、烤乳猪等。10寸以下的也常用作盛装爆、炒、烧、炸的菜肴，12寸左右的多用于盛装全鱼等整形菜，14寸以上的常用作有雕刻装饰的菜肴。

（4）异形盘

异形盘形态很多，近年来较为流行，它对于突出表现菜肴能起到很好的作用。平盘主要用于烧菜类，凹盘用于扒菜和造型菜。

（5）盖碗

盖碗又称为卫生碗，其底平口直，略有些喇叭形，配有盖子，有6～14寸等多种。其用途是：6～8寸用于冷菜，或鱼翅、鲍鱼、海参等高档菜，或替代凹盘使用。

（6）锅

锅主要包括火锅、仔锅、砂锅、汤锅、气锅、煲仔锅、铁板等。

火锅：又称为暖锅。按质地有铜质、铝质、搪瓷和不锈钢之分。按燃料又有炭火锅和电火锅之别。火锅按大小分为一、二、三、四号。一号火锅为大型火锅；二号、三号为中型火锅；四号为小型火锅。火锅主要在冬令季节烹制"四生火锅""什锦火锅"等时令菜肴。

仔锅：是近年来新出现的一种带有保温作用的锅。仔锅采用固体燃料与乙烷气罐两种。仔锅有铜质、铁质和不锈钢质等，大小也不一样。

砂锅：一种陶质炊具。分为普通砂锅与紫砂锅，按其大小可分为一号、二号、三号、四号和特号5种。四号为小型砂锅；二号、三号为中型砂锅；一号和特号为大型砂锅，可炖、焖不同原料的菜肴。砂锅主要在冬季用以烹制"砂锅狮子头""砂锅豆腐""砂锅什锦""砂锅鱼头"等风味菜肴。

汤锅：又称为品锅，有盖，边壁比碗厚实。按其大小一般分一号、二号、三号、四号4种。一号汤锅直径约10寸，二号汤锅直径约9寸，三号汤锅直径约8寸，四号汤锅直径约7寸。因汤锅厚实，有盖，保暖性能好，在冬季主要用作汤菜。

气锅：形似砂锅，上有盖，锅中有一孔管，主要用于烹制炖品，如"气锅炖鸡""气锅炖鸭球"等菜。

煲仔锅：一种与砂锅相同但比砂锅浅的锅，这是20世纪90年代发明的一种炊具。主要用于烩、烧等带有较多汤汁的菜肴，能起到很好的保温作用，菜肴上桌后还能保持沸腾的状态。

铁板：这是由生铁铸成的椭圆形的盘子。使用前先将铁板烧烫，然后垫上一层洋葱片，再铺上烹调完毕的原料，如牛肉片、大虾、肉串等，上席后浇上兑好的卤汁，热气腾腾，吱吱作响，能增添席面欢乐的气氛。

[实施和建议]

本任务重点学习酒水特性及在中餐筵席中的搭配、餐具的规划与筹备等。

建议课时：6课时。

[学习评价]

本任务学习评价见表1.3。

表1.3 学习评价表

学生本人	量化标准（20分）		自评得分
成果	学习目标达成，侧重于"应知""应会" （优秀：16～20分；良好：12～15分）		
学生个人	量化标准（30分）		互评得分
成果	协助组长开展活动，合作完成任务，代表小组汇报		

续表

学习小组	量化标准（50分）	师评得分
成果	完成任务的质量，成果展示的内容与表达 （优秀：40～50分；良好：30～39分）	
总分		

[巩固与提高]

1. 中餐筵席酒水搭配的原则有哪些?

2. 中餐筵席常用餐具的品种有哪些?

3. 同学们利用周末时间，在专业教师的带领下参观一家饭店的厨房，观看餐具实物。

任务1.4　中餐筵席的场景与台型设计

[学习目标]

1. 了解中餐筵席气氛的内容和作用。

2. 掌握中餐筵席餐桌设计与场地布置。

3. 熟知中餐筵席台型设计。

4. 通过本次任务的学习让学生深层次理解古老的中国文化、中国礼仪对筵席台型摆放与设计的要求，培养学生热爱中国古老文化的情怀。

[学习要点]

1. 中餐筵席的餐桌设计与场地布置。

2. 中餐筵席的台型设计。

[相关知识]

优雅大方的就餐环境与实用美观的筵席台型设计，为客人营造出良好的就餐氛围，优质的筵席服务能够提升赴筵宾客的满意度，能给酒店带来积极的口碑。筵席台型与台型设计主要由服务人员完成，在整个筵饮活动中占有非常重要的地位。

1.4.1　筵席场景设计

筵席场景设计是指针对筵席进餐场地的布置、装饰以及餐桌椅排列而制订的方案或图样。筵席场地是宾客的主要活动场所，人们可以从它的布置上感受到筵席的主题与气氛，因此，其设计的好坏直接影响到筵席的效果。

1）中餐筵席气氛概述

气氛是指一定环境中给人某种强烈感觉的精神表现与景象。中餐筵席的气氛是指举行中餐筵席时，顾客所面对的整个中餐宴会厅内的环境。中餐筵席的气氛包括两个主要部分：一种为有形的气氛，如中餐宴会厅面积、餐桌位置摆设、花草景色、内部装潢、构造和空间布局等方面；另一种是无形的气氛，如服务人员的态度、礼仪、能力以及让顾客满意的程度等。有形的气氛要依靠设计人员和管理人员的协作，无形的气氛主要是中餐筵席经理的责任。

2）中餐筵席气氛的作用

中餐筵席气氛是中餐筵席整体设计的重要组成部分，中餐筵席气氛的好坏对顾客有很大的影响，从而直接关系到中餐筵席经营的成败。理想的筵席气氛，应具有以下作用：

①中餐筵席气氛与中餐筵席的其他设计工作共同组成一个有机的整体，能体现中餐筵席的主题思想。

②中餐筵席气氛的主要作用在于影响顾客的心境。所谓心境就是指顾客对组成中餐筵席气氛的各种因素的反映。优良的中餐筵席气氛完全能够影响顾客的情绪和心境，给顾客留下深刻的印象，从而增强顾客再次惠顾的动机。

③中餐筵席气氛是多因素的组合，能影响消费者的"舒适"程度。优良的中餐筵席气氛是中餐宴会厅的光线、色调、音响、气味、温度等方面因素的最佳组合。它们直接影响顾客的舒适程度。

④中餐筵席气氛设计是中餐筵席经营的良好手段。顾客的职业、种族、风俗习惯、社会背景、收入水平和就餐时间以及偏好等因素都直接影响中餐筵席的经营。针对中餐筵席主题及顾客要求设计气氛，既体现饭店的能力与实力，又能促进中餐筵席的销售。

3）中餐筵席气氛的内容

要想达到良好的中餐筵席气氛设计，通常要考虑以下6项基本内容：

（1）光线

光线是中餐筵席气氛设计应该考虑的最关键因素之一，因为光线系统能够决定中餐宴会厅的格调。在灯光设计时，应根据中餐宴会厅的风格、档次、空间大小、光源形式等，合理巧妙地配合，以产生优美温馨的就餐环境。

中餐宴会厅使用的光线种类很多，如白炽灯光、烛光、彩光等。不同的光线有不同的作用。白炽灯光是中餐宴会厅使用的一种重要光线，能够突出中餐宴会厅的豪华气派。这种光线最容易控制，食品在这种光线下看上去最自然，而且调暗光线，能够增加顾客的舒适度。烛光属于暖色，是传统的光线，采用烛光能调节中餐宴会厅的气氛，这种光线的红色火焰能使顾客和食物都显得漂亮，适用于节日盛会、生日筵席等。

不同形式的中餐筵席对光线的要求也不一样，传统中餐筵席的气氛特点是幽静、安逸、雅致，中餐宴会厅的照明应适当偏暗、柔和，同时，应使餐桌照度稍强于宴会厅本身的照度，以使中餐宴会厅空间在视觉上变小而产生亲密感。

（2）色彩

色彩是中餐筵席气氛中可视的重要因素。它是设计人员用来创造各种心境的工具。不同的色彩对人的心理和行为有不同的影响。如红、橙之类的颜色有振奋、激励的效果，绿色则有宁静、镇静的作用，桃红和紫红等颜色有一定柔和、悠闲的作用，黑色表示肃穆、悲哀。颜色的使用还与季节有关，寒冷的冬季，中餐宴会厅里应该使用红、橙、黄等暖色，给顾客一种温暖的感觉。炎热的夏季，绿、蓝等冷色的效果最佳。色彩的运用更重要的是能表达中餐筵席的主题思想，中餐筵席多用白色，因为白色表示纯洁、善良。中餐宴会厅可采用咖啡色、褐色、红色之类，色暖而较深沉，以创造古朴稳重、宁静安逸的气氛。

（3）温度、湿度和气味

温度、湿度和气味是中餐宴会厅气氛的另一个方面，它直接影响着顾客的舒适程度。温度太高或太低，湿度过大或过小，以及气味的种类都会给顾客带来迅速的反应。豪华的中餐宴会厅多用较高的温度来增加其舒适程度，因为较温暖的环境给顾客以舒适、轻松的感觉。

湿度会影响顾客的心情。湿度过低，过于干燥，会使顾客心绪烦躁。适当的湿度才能增加中餐宴会厅的舒适程度。

气味也是中餐筵席气氛中的重要组成因素。气味通常能够给顾客留下极为深刻的印象。顾客对气味的记忆要比视觉和听觉的记忆更加深刻。如果气味不能严格控制，中餐宴会厅里充满了污物和一些不正的气味，必然会给顾客的就餐造成极为不良的影响。

一般中餐宴会厅温度、湿度、空气质量达到舒适程度的指标是：

温度：冬季温度不低于18～22 ℃，夏季温度不高于22～24 ℃，用餐高峰客人较多时不超过24～26 ℃，室温可随意调节。

湿度：相对湿度为40%～60%。

空气质量：室内通风良好，空气新鲜，换气量不低于30 m^3/（人·h），其中，一氧化碳含量不超过5 mg/m^3，二氧化碳含量不超过0.1%，可吸入颗粒物不超过0.3 mg/m^3。

（4）家具

家具的选择和使用是形成中餐宴会厅整体气氛的一个重要部分，家具陈设质量直接影响宴会厅空间环境的艺术效果，对于中餐筵席服务的质量水平也有举足轻重的影响。

中餐宴会厅的家具一般包括餐桌、餐椅、服务台、餐具台、花架等。家具设计应配套，以使其与中餐宴会厅其他装饰布置相映成趣，统一和谐。

家具的设计或选择应根据中餐筵席的性质而定。以餐桌而言，中餐筵席以长方桌为主，餐桌的形状和尺寸必须能满足各种不同的使用要求，要便于拼接成其他形状为特定的中餐筵席服务。中餐宴会厅家具的外观与舒适度也同样十分重要。外观与类型一样，要与中餐宴会厅的装饰风格统一。除了桌椅之外，中餐宴会厅的窗帘、壁画等都是应该考虑的因素，就艺术手段而言，围与透、虚与实的结合是环境布局常用的方法。"围"是指封闭紧凑，"透"是指空旷开阔。墙壁、天花板、隔断等能产生围的效果；开窗借景、布景箱、山水盆景等能产生透的感觉。

（5）声音

声音是指中餐宴会厅里的噪声和音乐。噪声是由空调、顾客流动和宴会厅外部噪声所形成。中餐宴会厅应加强对噪声的控制，以利于中餐筵席的顺利进行。一般中餐宴会厅的噪声不超过50 dB，空调设备的噪声应低于40 dB。

（6）绿化

筵席前需对中餐宴会厅进行绿化布置，使就餐环境有一种自然情调，对中餐筵席气氛的衬托起相当大的作用。花卉布置以盆栽居多，如摆设大叶羊齿类的盆景，摆设马拉巴栗、橡树或棕榈等大型盆栽。依照不同季节摆设不同观花盆景，悬吊绿色明亮的柚叶藤及羊齿类植物等。

中餐宴会厅布置花卉时，要注意将塑料布铺设于地毯上，以防水渍及花草弄脏地毯，应注意盆栽的浇花及擦拭叶子灰尘等工作，凋谢的花草会破坏气氛，因此，要细查花朵有无凋谢。

有些中餐宴会厅以人造花取代照料费力的盆栽，虽然是假花、假草，一样不可长期置之不理，蒙上灰尘的塑料花、变色的纸花都让人不舒服。应当注意：塑料花每周要水洗一次，纸花每隔两三个月要换新的。另外，尽量不要将假花、假树摆设在顾客伸手可及的地方，以免让客人发现是假物而大失情趣，甚至连食物都会觉得不美味。

1.4.2 中餐筵席餐桌设计与场地布置

中餐筵席餐桌设计又称为"台型设计"，是指中餐宴会厅根据宾客筵席形式、主题、人数、接待规格、习惯禁忌、特别需求、时令季节和中餐宴会厅的结构、形状、面积、空间、光线、设备等情况，设计中餐筵席的餐桌排列组合的总体形状和布局。

中餐筵席餐桌设计的目的是：合理利用中餐宴会厅的现有条件，表现主办人的意图，体现中餐筵席的规格标准，烘托中餐筵席的气氛，便于宾客就餐和席间服务员进行中餐筵席服务。由于中餐宴会厅并未设置固定桌椅，而是依照各种不同的中餐筵席形式进行摆设，因此，同一场地可依顾客不同的要求摆设多种形式。

一般而言，中餐宴会厅应尽量推荐选用标准安排，若顾客有特殊要求，仍需尊重其意见，并且综合考虑现场场地情况，以完成符合客人需求的布置。但是如果该项需求因受场地限制而有执行的困难时，应据实相告，与顾客进行沟通，设法提出可行并使其满意的摆设方式。

1）中餐宴会厅桌椅及其他家具的选用

中餐宴会厅使用家具的选择非常重要，尤其是桌椅类型的选择。由于中餐宴会厅的桌椅要根据筵席类型的不同而变更场地的布置，因此，在桌椅选择方面，应该考虑安全性、耐用性，以及桌椅所能承受的重量。具体可参考以下原则：

①所有桌子的高度必须统一规格化。一般都采用71～76 cm高的桌子，但若选用74 cm高的餐桌，则全部桌子的高度均应为74 cm。

②最好全部采用同一品牌，以免不同品牌的桌子在衔接时产生高低不一的情况。

③采用桌面与桌脚合一的餐桌，即桌脚与桌面一起收起的桌面，不要用两件式餐桌（桌脚与桌面分开的餐桌）。

④各种桌面大小尺寸应力求规格化，彼此之间要能完全衔接。

⑤需考虑安全性及耐用性。每张桌子都能承受一定的重量。

⑥需设计适合各种不同桌型及椅子大小的推车来协助搬运，以减少搬运时的危险性及员工体力的负荷。

⑦椅子以可叠放在一起者为佳，最好能10张一叠，置放于仓库时不占空间。

⑧椅子不能太笨重，以免叠起后因过重而倾斜，造成危险。

2）中餐筵席台型的装饰方法

中餐筵席台型的装饰效果不仅决定中餐筵席的气氛，而且体现中餐筵席设计者的水平以及整个中餐莚席的服务质量。中餐莚席台型的装饰效果，主要通过餐具的摆放位置、餐巾折花以及餐桌上的摆花艺术来体现，具体方法如下：

（1）用餐具装饰台型

可用杯、盘、碗、筷、勺等物件摆成各种象形或会意图案，用餐具装饰台型应掌握以下两点：

①高档莚席和名贵菜肴应配用较高级的餐具，以烘托莚席的气氛、突出名菜的身价。

②餐具的件数应依据莚席的规格和进餐的需要而定。普通中餐莚席一般配5件餐具，中档中餐莚席一般配7件餐具，高档中餐莚席一般配8~10件餐具。

（2）用鲜花装饰台型

花是美的象征，它能给人们带来愉快、活力和希望。餐桌以花装饰，使人赏心悦目、食欲大增，可以有力地烘托中餐莚席的气氛。

人们通常用插花来装饰餐桌。餐桌上的插花可随意轻松些，造型要顾及不同角度的观赏者。用盆花来装饰餐桌的效果不亚于插花，它具有花期长且生机蓬勃的优点。餐桌上的盆花应选择植株低矮、丛生、密集多花的种类。餐桌摆设盆花应注意盆与土的清洁卫生，并在盆底垫上雅致的盆座或盘碟。餐桌上的桌花还应根据季节的变化予以调整。

（3）用餐巾花装饰台型

为了提高服务质量和突出莚席气氛，服务人员把餐巾折叠成栩栩如生的花鸟鱼虫等形状，摆在餐桌上既可起到点缀美化席面的作用，又能给中餐莚席增添热烈欢快的气氛，给宾客以一种美的享受。餐巾花还可以用无声的形象语言，表达和交流宾主之间的感情，起到独特的媒介效果；表明宾主的座次，体现中餐莚席的规格与档次。根据餐巾和台布的颜色以及餐具的质地、形状、色泽等进行构思，使折出来的餐巾花同莚席台型融为一体，给人以艺术上的享受。服务人员要能根据中餐莚席的要求、特点和对象不同，分别叠成不同式样的餐巾花。餐巾花的种类很多，一般总体原则如下：

①根据中餐莚席的性质来选择花型。如以欢迎答谢、表示友好为目的的中餐莚席餐巾花可设计成友谊花篮与和平鸽。

②根据中餐莚席的规模来选择花型。一般大型中餐莚席可选用简单、快捷、挺括、美观的花型。小型中餐莚席可以在同一桌上使用各种不同的花型，形成既多样，又协调的布局。

③根据时令季节选择花型。用台型上的花型反映季节的特色，使之富有时令感。

④根据宾主席位的安排来选择花型。莚席主位上的餐巾花为主花，主花要选择美观而醒目的花型，其目的是使中餐莚席的主位更加突出。一般的餐巾花则摆插在其他宾客席上，高低均匀，错落有致。

3）中餐莚席花台设计

花台是餐台中一个很特殊的类型，花台是用鲜花堆砌而成的、具有一定艺术造型的、供人观赏的台型。花台虽然缺少食台的实用性，但在高档中餐莚席中却有着必不可少、举足轻重的作用。首先，花台体现了中餐莚席的档次，只有高档的中餐莚席才设花台，普通中餐莚席往往不设花台。其次，花台体现了中餐莚席的主题，主办者举行一次莚席往往有其特定的目的，这就是中餐莚席的主题，可以利用花台来体现中餐莚席的主题。如在欢迎或答谢莚席上用友谊花篮的图案来体现和平、友好；在婚莚上可用艳丽的红玫瑰来体现爱情、喜庆。最后，花台还可增加筵席的气氛，使筵席的气氛达到高潮。

（1）确定花台主题

这是花台制作的第一步，制作一个好的花台需要事先进行构思，确定明确的主题，根据主题创作出不同类型、不同风格、不同意境的花台。可以说，有了好的主题，花台制作就成功了一半，确定主题时应做到以下3点：

①不能脱离中餐筵席的主题。中餐筵席的主题是花台制作时确定主题的依据，在没有动手制作花台前一定要先考虑中餐筵席的主题是什么，不能随心所欲，自由发挥。

②创作要新颖。在突出主题的前提下，花台的制作也应该注意创新，不能惯用传统的或别人的构思。让参加筵席的宾客见到的是以往没有见过的花台，才能够感到新奇，富有吸引力，从而达到一定的效果。

③要符合中餐筵席的具体要求。花台制作者在构思花台的主题时，要根据中餐宴会厅的环境、餐桌的大小、形状进行创作。比如，餐桌是长台，花台的形状不能摆成圆形，花台的大小也必须适合餐桌的大小，如果花台过大，无法在餐桌上摆放；如果花台过小，又起不到渲染中餐筵席气氛的效果。

（2）选择合适的花卉

选择花卉是花台制作的前提。适用于花台制作的花卉材料很多，无论是植物的哪一部分，只要具有鲜明的色彩、优美的形态、给人以美感的，都可以用于花台的制作。但是如果不恰当地加以选用，哪怕花材本身很艳丽，也可能起不到制作者想要达到的效果。因此，只有选择合适的花材，才能给花台的制作创造条件。正确地选择合适的花材需要注意以下两点：

①要注意花材色彩的调配。由于不同的色彩会引起不同的心理反应，因此，在花台制作中要根据中餐筵席的主题，灵活掌握花卉之间的关系。比如，为了突出筵席热烈、欢快的气氛，可用红色做主色，辅以其他色彩的鲜花。这种情况要求配合在一起的色彩互为补充、协调如一；也可以根据实际情况用单种颜色制作出别具一格的花台。在注重色彩的配置时，不可忽视青枝绿叶在花台制作中的衬托作用，因为绿色富有生机，能给人带来春天生命的气息。

②要注意花材的质量。由于鲜花是具有生命的，当其离开母体后，生理功能受到了破坏，水分和养料的吸收无法与前期相比，加上种植期间天气、虫害等影响，其质地不能完全适合制作花台使用。因此，挑选花材时在考虑客人喜好和色彩配置的前提下，一定要尽量选用色彩艳丽、花朵饱满、花枝粗直、长短适中的花材，避免使用垂头萎蔫、脱水干枯、虫咬烂边、残缺病斑等花材。

（3）正确运用插花技法

正确运用插花技法是花台制作的关键，制作者只有正确、熟练地掌握运用插花技法，才能完成自己精心构思的花台。正确运用插花技法要做好以下工作：

①要遵守花台造型的规律。花台的造型要有整体性、协调性，这是花台制作中最基本的要求。尽管主花在花台中占据主导地位，配花、枝叶居辅助地位，但主花却少不了配花，要做到有主有配，才能使花台成为有机的整体。插配中任何花卉都是整体中的一部分，每一部分都相互辉映，少了任何一部分都会有损花台的整体美。

②要按制作步骤展开。制作时，应先插主花，用主花将花台的骨架搭起来，再插配

花，使花台初显生动丰满的造型，再对枝叶进行必要的点缀，使整个花台充满活力，富有韵味。制作完毕的花台最后还要检查一遍，看看是否有不足之处，并将桌面收拾洁净。

③要利用各种辅助手法。尽管强调要选择合适的花材，但在实际工作中，花台制作者常常会遇到有缺陷的花材。比如，枝干过短、过软，花朵未开和太小等情况，这就要求制作者借助一些辅助手法来弥补花材的不足。比如，枝干较短时，可将废弃的枝干用金属丝绑在较短花枝的下方，增加其长度；花朵未开或太小时，可向枝朵吹气或用手帮助其打开；花枝较细软时，可用其他粗枝固定在细枝上，增强其支撑力。

1.4.3　中餐筵席台型设计

中餐筵席的台型设计要求有一定的艺术手法和表现形式，其原则就是要因人、因事、因地、因时而异，再根据就餐者的心理要求，造成一个与之相适应的和谐统一的气氛，显示出整体美。要恰到好处地设计一桌完美的宴会台型，不仅要求色彩艳丽醒目，而且每桌餐具必须配套，餐具经过摆放和各种装饰物品的点缀，使整个宴会的序幕拉开。

1）中餐筵席餐桌布局

（1）服务区域总体规划

①确定主桌或主宾席区及来宾席区位置。

中餐筵席通常都在独立式的宴会厅举行，但不论是小型筵席还是大型筵席，其餐桌的安排都必须注意主桌或主宾席区的设定位置。原则上，主桌应放在最显眼的地方，以所有与会宾客都能看到为原则。一般而言，主桌大部分安排在面对正门口的餐厅前方，面向众席，背向厅壁，纵观全厅，其他桌次由上至下排列（见图1.2），也可将其置于宴会厅中心位置，其他桌次向四周辐射排列。中型筵席主宾席区一般设一主二副，大型筵席一般设一主四副，也可以将主宾席区按照西餐筵席的台型设计成一字形。

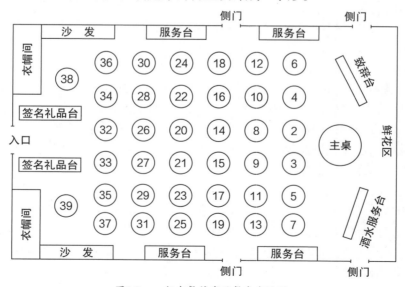

图1.2　一般中餐筵席的餐桌布局图

②餐桌与餐椅布置要求。

中餐筵席的餐台一般使用圆桌和玻璃转盘。转盘要求型号、颜色一致，表面清洁、光滑、平整。餐椅为与宴会厅色调一致的金属框架、软面型的餐椅，通常10把一桌。在整个筵席餐桌的布局上，要求整齐划一，要做到：桌布一条线，桌腿一条线，花瓶一条线，主桌主位能互相照应。

③工作台设置。

主桌或主宾区一般设有专门的工作台，其余各桌依照服务区域的划分酌情设立工作台。工作台摆放的距离要适当，便于操作，一般放在餐厅的四周，其装饰布置应与宴会厅气氛协调一致。

④主席台或表演台。

根据筵席主办单位的要求及筵席的性质、规格等设置主席台或表演台。在主桌后面用花坛、画屏或大型盆景等绿色植物以及各种装饰物布置一个背景，以突出筵席的主题。

⑤会议台型与筵席台型。

将会议和筵席衔接在一起是目前筵席部经营较为流行的一种形式，即会议台型和筵席台型共同布置于大宴会厅现场，先举行会议，后进行筵席用餐。布置时，要统筹兼顾，充分利用有效的空间，合理分隔会议区域和筵席区域，严密制订服务计划，承前启后，井井有条。

（2）中餐筵席餐桌布局设计方案

根据桌数的不同，有下列几类不同的设计方案可供参考：

①三桌时，可排列成品字形或竖一字形，餐厅上方的一桌为主桌。

②四桌时，可排列成菱形，餐厅上方一桌为主桌。

③五桌时，可排列成立字形或日字形。以立字形排列时，上方位置为主桌；日字形则以中间位置为主桌。

④六桌时，可排列成金字形或梅花形。以金字形排列时，顶尖一桌为主桌；梅花形则以中间位置为主桌。

大型筵席时，其主台可参照主字形排列，其他席桌则根据宴会厅的具体情况排列成方格形即可，也可根据舞台位置设定主桌的摆设位置，如图1.3所示。

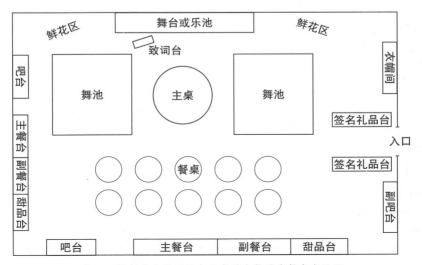

图1.3 根据舞台位置设定主桌的中餐筵席餐桌布局图

（3）中餐筵席餐桌布置的注意事项

①根据主桌人数，其台型直径有时大于一般来宾席区餐桌的直径，有时与其他台型一致。较大的主桌台型一般由标准台型和1/4弧形台型组合而成，每桌坐20人左右。一般应放转台，不宜放特大的圆形转台，可在桌中间铺设鲜花。

②大型筵席主宾席或主宾席区与一般来宾席之间的横向通道的宽度应大于一般来宾席桌间的距离，以便主宾入席或退席。将主宾入席和退席要经过的通道作为主行道，主行道应比其他行道宽两倍以上，这样才能更显气派。

③摆餐椅时要留出服务员分菜位，其他餐位距离相等。若设服务台分菜，应在第一主宾右边、第一与第二客人之间留出上菜位。

④大型筵席除了主桌外，所有桌子都应编号。台号的设置要符合宾客的风俗习惯和生活禁忌，如欧美宾客参加的筵席要取掉台号"13"；台号一般高于桌面所有用品，一般用镀金、镀银、不锈钢等材料制作，使客人从餐厅的入口处就可以看到。座位图应在筵席前画好，筵席的组织者按照座位图来检查筵席的安排情况和划分服务员的工作区域。一般情况下应预留10%的座位，不过，最好事先与主人协商好。

⑤餐桌排列时，注意桌与桌之间的距离应恰当，以方便来宾自如行动、方便服务员服务为原则。桌距太小时，不仅会造成服务人员服务上的困难，也可能使客人产生压迫感；桌距过大，会造成客人之间疏远的感觉。筵席餐桌标准占地面积一般每桌为10～12 m²，桌距至少140 cm，最佳桌距为183 cm。

⑥如在一个宴会厅同时有两家或两家以上单位或个人举办筵席，应以屏风将其隔开，以避免相互干扰和出现服务差错。一般排列方法是：两桌可横或竖平行排列；四桌可排列成菱形或四方形；桌数多的，排列成方格形。

⑦设计时还应强调会场气氛，做到灯光明亮，通常要设主宾讲话台，麦克风要事先装好并调试完毕。绿化装饰布置要求做到美观高雅。此外，吧台、礼品台、贵宾休息台等视宴会厅的情况灵活安排。

2）中餐筵席摆台的设计依据

（1）根据筵席的规格、档次进行摆台设计

不同档次的筵席要配上不同品种、质量、件数的进餐用具。如台布，根据其所用材料有棉质布、聚酯纤维布、棉质和聚酯纤维混纺布等；餐具有普通瓷器、玻璃器皿、不锈钢器皿、中空及扁平银器等。摆台时，要根据筵席的规格、档次进行合理选用。一般筵席的席面至少有5件餐具，包括骨碟、汤匙、筷子、筷架、酒杯；规格高的筵席席面可以增加服务盘、水杯、葡萄酒杯、汤碗、餐巾花等用具。

（2）突出主桌的台型摆设，注意对主桌进行装饰

主桌的台布、餐椅、餐具、花草等应与其他餐桌有所区别，规格应高于其他餐桌。通常使用考究的台布、桌裙、椅套（如提花台布、多色桌裙等）和高档的银质餐具。主桌的花饰也要特别鲜艳突出，以增强台型装饰的感染力。一般筵席的主桌用普通桌裙，其他桌可不用；高档筵席则都用桌裙，且从色泽、质地上要突出主桌。

（3）根据筵席菜肴、酒水和客人的习惯进行设计

筵席台型摆设要根据菜单中的菜肴、酒水来确定餐具的品种，即吃什么菜配什么餐具，喝什么酒配什么酒杯；选用小件餐具，要符合各民族的用餐习惯，如有国外客人参加

的中餐筵席，台型视情况可摆放餐刀、餐叉等用具。婚庆筵席摆"喜"字席、百鸟朝凤、蝴蝶戏花等台型；如果是接待外宾就应摆设迎宾席、友谊席、和平席等。

近年来，许多宴会厅喜欢将中西餐的菜单合并在一起，并以西餐的方式进行服务。在这种情况下，应同时摆设中餐、西式餐具。可预先将前三道菜中使用的西式餐具刀叉摆放在餐桌上，中餐餐具只需摆设筷架、筷子及小分匙即可，以免餐桌上满是餐具而显得拥挤不堪。服务员在宾客每吃完一道菜便收掉其使用过的餐具，直到餐桌上预先摆设的刀叉全部收走后，再在每次出菜前补放一副新刀叉。酒杯同样需依照每一道菜所搭配饮用的酒来进行摆设。

3）中餐筵席摆台程序

摆台是把各种餐具按要求摆放在餐桌上，它是餐厅配餐工作中的一项重要内容，是一门技术，摆台的好坏直接影响服务质量和餐厅的面貌。

（1）摆台顺序

铺台布—放转盘—花瓶摆放—骨碟定位—放小件餐具—放玻璃器皿—放菜单—拉椅。

（2）根据餐厅的装饰、布局确定席位

操作时，餐厅服务员应将主人或副主人处餐椅拉开至右侧餐椅后边，餐厅服务员站立在主人或副主人餐椅处，距餐台约40 cm，将选好的台布放于餐台上。

铺台布时，双手将台布打开并提拿好，身体略向前倾，运用双臂的力量，将台布朝主人座位方向轻轻地抛抖出去。在抛抖过程中，做到用力得当，动作熟练，一次抖开并到位。

中餐圆台铺台布的常用方法有以下3种：

①推拉式铺台。即用双手将台布打开后放至餐台上，将台布贴着餐台平行推出去再拉回来。这种铺法多用于零点餐厅或较小的餐厅，或因有客人就座于餐台周围等候用餐时，或在地方窄小的情况下，选用这种推拉式的方法进行铺台。

②抖铺式铺台。即用双手将台布打开，平行打折后将台布提拿在双手中，身体呈正位站立式，利用双腕的力量，将台布向前一次性抖开并平铺于餐台上。这种铺台方法适合于较宽敞的餐厅或在周围没有客人就座的情况下进行。

③撒网式铺台。即用双手将台布打开，平行打折，呈右脚在前、左脚在后的站立姿势，双手将打开的台布提拿起来至胸前，双臂与肩平行，上身向左转体，下肢不动并在右臂与身体回转时，台布斜着向前撒出去，将台布抛至前方时，上身转体回位并恢复至正位站立，这时台布应平铺于餐台上。抛撒时，动作应自然潇洒。

（3）摆放转台

转台摆放在餐桌的中央，转盘的中心和圆桌的中心重合，转盘边沿离桌边均匀，误差不超过1 cm，转盘旋转灵活。摆台操作时要左手托盘，右手摆餐具，摆台从主人位开始，站在椅子右边按顺时针方向进行，摆件前后顺序不作统一规定，但要合理、便捷、卫生，动作要求快而不乱，步伐要稳。

①骨碟（吃碟）的摆放：将餐具码好放在垫好餐巾的托盘内，左手托托盘，右手摆放，从正主人位开始顺时针方向依次摆放，碟与碟之间距离相等，碟距桌边1 cm。正、副主人位的骨碟应摆放在台布鼓缝线的中心位置。

②筷架、筷子的摆放：筷架应放在骨碟右侧，筷子摆在筷架上，筷尖距筷架5 cm，筷

底距桌边1 cm。若使用多用筷架和长柄匙，将筷子、长柄匙置于筷架上，匙柄与吃盘相距3 cm，尾端离桌边1 cm。筷子配有筷套，筷子与吃盘相距3 cm并与吃盘中心线平行。筷套上的店徽向上，套口向下，筷套开口处或筷根部距圆桌边1 cm。

③牙签的摆放：小包装牙签，店标正面朝上，放在筷子的右侧1 cm处，牙签与骨碟中心在同一水平线上，牙签距桌边5 cm；牙签盅放在正、副主人筷子的右上方3 cm处。

④茶杯的摆放：在筷子的右侧放茶杯，距筷子2 cm，距桌边1 cm。

⑤酒具的摆放：葡萄酒杯杯柱应对正骨碟中心，葡萄酒杯底托边距骨碟3 cm；白酒杯摆在葡萄酒杯的右侧，水杯摆在葡萄酒杯左侧，三套杯的中心应横向成为一条直线，杯口与杯口距离1.5 cm，酒具的花纹要对正客人。摆放时应将酒杯扣放于托盘内。

⑥汤碗、瓷勺、味碟的摆放：汤碗摆放在餐碟的左前方，碗边距离餐碟边1 cm，瓷勺放进汤碗里，勺柄朝左侧；放置好后10个汤匙的整体效果基本呈圆形。手拿味碟边缘部分，放在汤碗的右边，距离碗边1 cm处与汤碗平行，距餐碟1.5 cm。

⑦公用筷架、公用勺的摆放：公用餐具摆放在正、副主人的正上方，公用碟碟边距葡萄酒杯底托2 cm，碟内分别横放公用勺和公用筷，公用勺在下，筷子在上，公用勺、筷尾部向右，勺与筷中间间距1 cm，勺和筷子中心点在台布中线上，筷子出餐碟部分两侧相等。10人以下摆放两套公用餐具，12人以上应摆4套，其中，另外两套摆在台布的十字线两端，应呈十字形。如果客人人数少，餐桌较小时，可在正、副主人位置餐具前摆放公用筷架及筷子即可。

⑧烟缸的摆放：烟缸每两位客人之间摆放一个，距转台3 cm，烟架朝向客人。

⑨调味品位置：胡椒瓶、盐瓶放置在主人席右方90°处，酱油瓶、醋瓶放置在主人席左方90°处，与胡椒瓶、盐瓶对称呈一直线，整体效果与公筷成十字形。

⑩香巾托的摆放：香巾托摆在吃盘的左侧，距吃盘2 cm，桌边1 cm。

⑪菜单、台号的摆放：一般10人以下摆放两张菜单，摆放于正、副主人位的左侧。平放时菜单底部距桌边1 cm，立放时菜单开口处分别朝向正、副主人，12人以上应摆放4张菜单，并呈"十字形"摆放。大型筵席应摆放台号，台号一般摆放在每张餐台的下首，台号朝向宴会厅的入口处，使客人一进餐厅便能看到。

（4）拉椅

手拿椅子背两侧边缘，从主宾位开始拉椅，动作要轻，椅子距垂挂台布1 cm，正对餐碟，面向桌子圆心。

中餐宴会摆台餐位如图1.4所示。

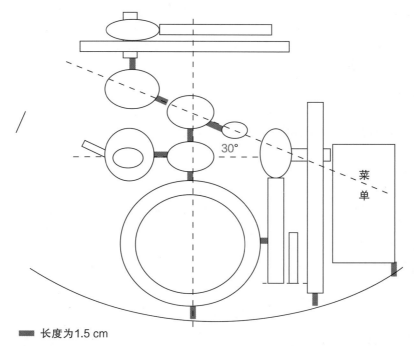

■ 长度为1.5 cm

图1.4　中餐宴会摆台餐位图

[实施和建议]

本任务重点学习中餐筵席的餐桌设计、场地布置和台型设计。

建议课时：6课时。

[学习评价]

本任务的学习评价见表1.4。

表1.4　学习评价表

学生本人	量化标准（20分）	自评得分
成果	学习目标达成，侧重于"应知""应会" （优秀：16～20分；良好：12～15分）	
学生个人	**量化标准（30分）**	**互评得分**
成果	协助组长开展活动，合作完成任务，代表小组汇报	
学习小组	**量化标准（50分）**	**师评得分**
成果	完成任务的质量，成果展示的内容与表达 （优秀：40～50分；良好：30～39分）	
总分		

[巩固与提高]

1. 中式筵席气氛的内容有哪些?
2. 中餐宴会厅桌椅及其他家具的选用有什么要求?
3. 在中餐筵席中，怎样正确地选择合适的花材?
4. 中餐筵席摆台的设计依据有哪些?
5. 中餐筵席摆台的程序是什么?

项目2

中餐筵席菜肴
设计与制作

中餐筵席菜品的设计首先要确定筵席的主题，其次要遵循菜品设计的一系列基本原则，这样才能保证菜品既符合顾客的要求，又符合厨房的实际制作要求。通过本项目的教学，主要让学生掌握中餐筵席菜品设计，以及中餐筵席中冷菜、热菜、面点、汤菜的设计与制作，从而让学生感悟学习中餐筵席菜品设计的博大精深，不可一蹴而就，需要一个循序渐进的过程。

任务2.1　中餐筵席菜品设计

[学习目标]

1. 了解确定中餐筵席主题的依据。
2. 掌握中餐筵席菜品的设计原则。
3. 熟知中餐筵席质量控制的方法和形式。
4. 掌握中餐筵席菜点质量的控制。

[学习要点]

1. 中餐筵席菜品的设计原则。
2. 中餐筵席菜点质量的控制。

[相关知识]

2.1.1　中餐筵席菜品的设计

1）确定筵席主题

筵席主题应围绕筵席主办者的要求、举办筵席的目的、客人的情况、承办者的能力、筵席的费用等条件综合考虑加以确定。

（1）办筵的目的

筵席设计的先决条件是确定筵席主题。主题是个纲领，筵席的全部工作围绕着这个纲领来进行。主办者对筵席有许多要求，这些要求有时不能得到完全的满足，这就需要通融、调整，这些要求的修改原则是围绕着举办筵席的目的来进行，但不管如何修改都不能影响举办筵席目的的实现。

（2）客人的情况

筵席主题要根据筵席目的与筵席客人的满意度来确定，因此，对参加筵席客人的了解就显得十分重要。但在客人未到达本地区时对他们情况的了解比较困难，这就需要做好信息的收集工作，从各个途径去了解情况。了解情况的主要方法有从主办者那里了解，重要人物可以从互联网、媒体上去了解。

（3）承办者的能力

筵席主题包含着筵席设计的方向与服务接待规格，这就涉及承办者的能力与条件。承办者的能力与条件的改变是需要费用的，这又受主办者的预算影响。因此，筵席主题应由主办者与承办者之间共同商量来确定。

2）筵席菜品的设计原则

筵席的菜品是构成筵席的重要部分，筵席设计首先要对筵席菜品进行设计。筵席菜品设计是对筵席的菜单结构，即冷菜、热菜、点心、甜品等构成的菜品进行整体设计，要求对每道菜品的使用原料、烹饪方法、装盘式样、出菜形式等进行具体的设计。筵席菜品的设计是一项十分复杂的工作，也是要求很高的创造性劳动。因此筵席设计者或厨师长，应熟练掌握筵席菜品设计知识，不能照搬一些现成的筵席菜单或将酒店零点菜单上的菜品随意拼凑而成为筵席菜单。

（1）满足顾客需要原则

传统的筵席菜单设计，只考虑本酒店有什么原料、能做什么菜、客人的消费标准是多少，然后按这些条件设计筵席菜单。这样的一套程序已不能满足现代社会对筵席的要求。筵席菜肴设计需要考虑以下两个要点：

①准确把握客人特点。设计者在筵席设计前，要对参加筵席的客人有所了解，准确把握客人的饮食特点。出席筵席的客人有不同的生活习惯，对于菜品的味道也有不同的爱好。特别是在招待国外宾客或其他民族和地区的客人时，更应准确把握客人的特点。了解的对象主要是主人、主要客人及其夫人、主要陪同，要准确掌握这些客人的特点，首先要了解他们的年龄、职业、性别、民族及参加筵席的目的，其次要了解客人的饮食习惯、爱好和禁忌等。比如，有的忌讳猪肉，有的忌讳牛肉，有的不吃海参，也有的忌讳葱、姜、蒜，还有的忌讳动物油等。

②了解客人的办筵目的。在了解客人特点的同时，还要分析客人的办筵目的，举办筵席者和参加筵席者一般是为了一个共同的主题而来，但是主人与客人有时各自的心理是不尽相同的，有的想借筵席搞一些主题活动；有的是出于无奈心理，朋友邀请不得不参加；有的是想表达一种诚意；有的是特意前来享受筵席的良好气氛，想品尝一下独特的筵席菜品；有的是寻找团聚的气氛；也有的是出于名望的心理；有的客人注重环境气氛和档次；有的则注重经济实惠。总而言之，客人参加和举办筵席有各种各样的目的与心理，进行深入分析方能了解，从而满足客人明显的和潜在的需求。

（2）突出主题原则

筵席主题不同，筵席菜品的形式也有所不同。筵席菜品的形式就是指根据筵席的目的设计筵席菜品，突出筵席主题。有的酒店筵席菜品没有特色，把一些比较受欢迎的流行菜品简单地组合成一张筵席菜单，不能反映出这个地方、这家酒店的特色。现在许多筵席形式僵化，都是所谓"八炒四大""六六大顺"，这已难以适应人们对餐饮不断变化的综合需求。因此，筵席菜品设计要显出特色，表现出本酒店筵席设计的个性及时代的特征，让客人在享受筵席的同时，得到文化艺术的享受。筵席菜品设计要根据筵席的目的，突出一定的"主题"，设计带有美感的菜品，增强筵席气氛。创造和突出筵席主题时，可参考传统的设计：

①设计专题筵席来吸引客人。专题筵席就是指所有菜品围绕一个主题，例如，成都的"三国筵"，即所有的菜品均出于《三国演义》；"红楼筵"，即所有的菜品都出于《红楼梦》。中国的名著很多，其中不少都涉及饮食，有许多主题可供发掘。

②设计以一种原料为主题的筵席。以一种原料为主，利用炸、熘、爆等多种方法烹调，配上各种辅料，形成不同风味菜品组成的筵席。如上海的蟹筵、全鸭筵等。

③以面点为主题来创造和突出筵席的气氛。如上海城隍庙的点心筵、西安的饺子筵等，如图2.1所示。

图2.1　饺子筵

（3）菜品质量统一原则

①合理把握筵席菜品道数与数量的关系。一般来说，菜品的道数越多，每份菜的分量就应该越少，反之道数越少，每份菜的分量就应该越多。筵席菜品的道数与数量是筵席菜品设计的重点之一，两者关系合理可以使客人既满意又回味无穷。客人对菜品道数的认识是不尽相同的。菜品道数多，筵席档次不一定高，对这一问题不同的人群有不同的看法。物资匮乏时期人们是以菜的道数多少来衡量筵席档次的高低，现今已逐步向着看原料、看气派的方向发展。

筵席菜品的总量应与参加筵席的人数相吻合。在数量上，应以平均每人吃1 000 g左右熟食为原则。把握菜品的数量还应结合以下因素：

菜品的道数由筵席的类型确定。不同的筵席类型，在不同的地区、不同的人群中有一种约定俗成的习惯，菜品道数一般为10～20道。例如，国筵4菜、1汤、3点心、1冷菜、1水果；一般的商务筵6菜、1汤、3点心、1冷菜、1水果；朋友聚会筵8～10菜、1汤、3点心、1冷菜、1水果；普通婚筵10～12菜、1汤、3点心、1冷菜、1水果。筵席的菜品道数随社会发展而变化。

②合理把握筵席价格与菜品质量的关系。明确筵席价格与质量的关系，是筵席菜品设计的基本原则。任何筵席都有一定的价格标准，筵席价格标准的高低是设计筵席菜品的主要依据，筵席价格的高低与筵席菜品的质量有着必然的联系。价格标准的高低仅仅说明在原料上有所区别，不能表示其烹制质量上的区别，筵席的效果不受此影响，也就是说要在规定的标准内，把菜品制作的色、香、味、形、技法搭配好，使主人、宾客都满意，这才是筵席菜品设计的过人之处。

规格高的筵席，高档原料可以在菜品中当主料用，而不用或少用辅料。筵席规格低时，可以增大辅料用量，从而降低成本，也可把高档原料改用一般的原料。配制菜肴时，还应尽可能考虑上一些花色菜、做工讲究的菜以及能体现地方特色的菜，这是一种不增加成本或少增加成本而能提高筵席菜品质量的方法。

菜品口味与加工方法上，应按"粗菜细做、细菜精做"的原则，适当调剂菜品。做到价格标准高的菜肴原料档次高，数量不应过多，以体现"精"的效果；价格标准低的菜品，数量口味要合适，通过精心加工来体现菜品的"细"。

（4）弘扬特色原则

一般酒店备有不同价格、档次的固定筵席菜单，在销售时让客人选择，但是要注意这仅是参考，应结合季节特点设计创造出一些筵席菜品，不断地进行调整。

①菜品具有鲜明的地方特色。在筵席设计中许多地方特色的菜品是前人不断改进、创新提高的结果。筵席中不少客人来自外地，他们对于特色的感受与当地人的感受不同。如野菜，当地的人认为很普通，但城市来的客人却感到十分新鲜。

②结合季节特点设计筵席菜品。可以采用当季原料来体现时令原料的特色，结合季节温度的特点来设计筵席菜品的色彩与口味。冬季菜品色调可以浓、油、赤、酱一些，即颜色深一些，口味浓重一些；夏季则以清爽感觉的色彩为主，以菜品的本色为主，口味以清淡为主，适当加点苦味。四季的口味特点是：春酸、夏苦、秋辣、冬甜。

③把握菜肴热量。在不同季节要把握菜品不同的热量。这里的热量包括两层含义：一是就餐时菜品的温度，夏季可适当增加冷菜的比例，冬季可增加火锅、烧烤等菜品的比例；二是菜品所含脂肪和蛋白质的高低，在冬季可多用热量较高的菜品，在夏季可适当使用热量较低的菜品。按一般规律和习惯，夏秋天气热，客人喜欢清爽淡雅的菜品；冬春天气较冷，客人喜欢浓厚热烫的菜品，如火锅之类的菜品。

（5）营养搭配平衡原则

①筵席菜品的营养。筵席菜品的营养设计要从客人实际的营养需求出发。客人的营养需求因人而异，不同性别、不同年龄、不同职业、不同身体状况、不同消费水平的客人，对营养的需求存在一定的差异。当然，筵席菜品的营养不可能对每一位客人做出有针对性的设计，但是设计筵席菜品时应把握总体的营养结构和营养比例。

筵席菜品营养结构要合理。筵席菜品是由各种菜品原料所组成，它包含的营养素有：蛋白质、脂肪、糖类、维生素、膳食纤维、矿物质、微量元素等。这就要求菜品的各种原料搭配也应该合理。由于筵席是以荤素菜肴为主，因此，应适当加入主食和点心，否则，人的消化功能将受到影响，营养成分也难以消化吸收。

筵席菜品荤素搭配比例要适当。目前，筵席大部分菜品是以动物性原料为主，从营养学观点分析，动物性原料是属于高蛋白、高脂肪型的食品。传统中餐筵席讲究荤菜和山珍海味，不太注重素菜；强调菜品的调味和美观，忽略了菜品的营养搭配。现代筵席菜品设计上这方面已有所改进，如荤菜用素菜进行围边，既解决了美观的问题，又照顾了营养搭配。在筵席菜品设计时，通常情况下冷菜的荤素搭配为5：3或5：4，当然这个比例数也不是固定不变的。

②中餐筵席菜品的品种搭配。筵席菜品比例是指组成一套筵席的各类菜品和菜品的形式搭配要合理。中餐筵席通常包括冷菜、热炒菜、大菜、素菜、甜菜（包括甜汤）、点心6大品种，有的还配有水果、冷饮。各种品种的具体形式如下：

冷菜：筵席上的冷菜可用什锦拼盘或四双拼、花色冷盘，再配上4个、6个或8个小冷盘（围碟），6～8个盖碗。海外引进的刺参船，也可冷菜热吃，例如，有广式的卤水拼盘、腊味盖碗，特色热菜加围碟。

热炒菜：通常要求采用滑炒、煸炒、干炒、炸、熘、爆、烩等多种方法烹制，从而达到菜品的口味和外形多样化的要求。

大菜：由整只、整块、整条的原料烹制而成，装在大盘中。它通常采用烧、烤、蒸、熘、炖、焖、熟炒、叉烧、氽等多种方式进行烹调。

素菜：由蔬菜经炒、烧、扒等方法制作而成，起到解腻和营养平衡的作用。

甜菜：通常采用蜜汁、拔丝、熘炒、冷冻、蒸等多种烹调方式熟制而成，多数是趁热上席，在夏令季节也有供冷食的。

点心：在筵席中常用糕、团、面、粉、包、饺等品种，采用的种类与成品的粗细应视筵席规格的高低而定，高级筵席需制成各种花色点心。

一般筵席除上述6种菜品外，还有水果及冷饮，常有苹果、梨、橘子、西瓜、冰激凌等。总而言之，以上不同品种与不同形式的菜品，既有原料种类的不同，又存在烹饪方法的差别。只有这样，才能使一套筵席菜品产生丰富多彩的效果。

③筵席菜品搭配比例合理。要保持整个筵席的各类菜品质量的均衡，避免冷菜档次过低、热炒菜档次过高。在很多情况下，筵席冷菜设计往往比较笼统，为了方便，在一天中把几批筵席冷菜做相同设计，造成冷菜档次与热菜不匹配。

筵席的档次不同，菜品种类搭配比例也应随之变化，通常变化规律如下：

一般筵席：冷盘约占10%，热炒约占45%，大菜与点心约占45%。

中等筵席：冷盘约占15%，热炒约占35%，大菜与点心约占50%。

高级筵席：冷盘约占15%，热炒约占30%，大菜与点心约占55%。

菜品中的品种搭配，是指一道菜可由一种以上的品种组成，这一点应学习西餐的菜品搭配方法，比如，在大菜中配一些开胃菜。

（6）创新变化原则

筵席菜品无论在整体设计上，还是单个设计上，都要有创造性。否则，在餐饮市场竞争日益激烈的今天，就难以靠筵席菜品来吸引客人。创造性地设计筵席菜品包括以下两个方面：

①对传统筵席菜品的创新改造。采取继承与发扬相结合的方法对传统筵席菜品进行创新与改造。发扬传统筵席的特色，结合时代的要求，对传统筵席作深刻的分析，找出传统菜品的优点所在，取其精华，加以提炼，在此基础上进行改良和创新。

②结合时代背景，根据筵席主题设计、创新菜品。现代人参加筵席会有各种各样的心理，如猎奇、开阔眼界、怀旧等，因此，应按这些心理背景，设计一些让人们学到知识、启迪灵感的筵席。比如，利用一些历史典故设计一些菜品，利用药膳设计一些菜品，启发药食同源的灵感，还可设计一些粗料细做的菜品，例如，烤白薯，在20世纪60—70年代是当主食的，有家酒店参照西餐烤土豆的方法去制作，并在其中加入黄油与蜂蜜，在筵席上大受欢迎。

（7）和谐美观原则

一桌筵席菜品的色彩运用是衡量菜品的重要标准，由于菜品上桌亮相后，首先让人接受的信息是它的颜色。筵席菜品色彩设计就是怎样合理巧妙地利用原料和调料的颜色，外加点缀物的颜色、器皿的颜色，最后配以相应的灯光，使菜品的颜色令人赏心悦目。

①菜品色彩和谐。在筵席主题与风格确定后，应考虑整个筵席菜肴的主色调和协调色调，具体到每一道菜品就是应考虑利用调料、配料去衬托主料，使其色彩具有独特的风格。筵席菜品色彩合理搭配要注意以下3个问题：

a.注重原料本色。原料色彩的合理组合，是为了最大限度地衬托出菜品的本质美。主要的精力应放在如何合理地利用原料的本色上，而不是借助于色素。

b.色彩服务于口味。色彩为菜品服务，当以味为主。不能片面追求色彩漂亮而大量采用没有食用价值的，或口感不好的生料充当菜品的装饰点缀品。

c. 色彩和谐统一。原料色彩组合时，要防止色彩混乱，应巧妙地运用色彩的搭配。要注意主料与配料、菜与器皿、菜与菜、菜与台布的色彩调配，使菜品达到既丰富多彩，又不落俗套；既鲜艳悦目，又层次分明，不千篇一律。

②菜品质地丰富。菜品质地是指菜品的质感，包括老、嫩、酥、软、脆、烂、硬、滑、爽、粗、细等特点。在设计菜品的质地时，应从以下3个方面考虑：

a. 丰富多彩。一套精美的筵席菜品不能只是一种或少数几样重复的质地，应该丰富多彩。

b. 因人而异。按客人的特点设计菜品质地，满足客人的不同需求。老年人喜欢吃酥烂、松软的菜点，儿童则喜欢吃酥脆的菜品。设计菜品时应了解不同客人对菜品质地的不同偏爱，因人而异地设计菜品质地。

c. 搭配和谐。在主、副料的配制过程中，要注意在丝类菜品中主、副料的原料质地不同，硬的原料会盖过软的原料，例如，在八珍鱼翅里配笋丝，客人有吃不出鱼翅的感觉，会引起误会。

（8）条件相符原则

在设计筵席菜点时，应注意考虑筵席厅的设备、技术、原料储备及市场原料供应情况。具体有以下3个方面：

①厨房设备配备。充分发挥厨房设备的功能，既能使筵席有效及时地出菜，又能利用这些设备的功能来设计独特的菜品。在现今高科技发展的年代里，新的厨房设备层出不穷，为菜品创新创造了极大的便利条件。

②厨师的技术能力。菜点设计还得按厨师的实际技术能力而定，应选定厨师们最拿手的菜品，从而确保质量，体现出筵席的特色，尤其是在大型筵席中更要注意这一问题。主桌与其他桌的菜品质量不能差距太大。

③原料储备情况。原料储备情况应考虑到市场供应和当时的季节。要充分掌握筵席厅储备及市场的供应情况及质量、价格，才能使筵席菜品既丰富多彩，又与售价相适宜，还能避免已设计好的菜品无货源的现象出现。有些菜品的季节性较明显，如生片火锅、涮羊肉、凉拌面等。

2.1.2　中餐筵席质量控制

质量控制是动态的，不仅要着眼于当前筵席的运转不出现意外和不良品，更要着眼于事前和未来。质量意识是筵席质量控制中的灵魂。筵席质量控制的难点，在于全员质量意识的形成。因为，筵席质量的保证和提高，离开了筵席部的全员参与是不可能实现的。筵席质量控制的人员包括厨房员工、管理人员、服务人员及其他工作人员。

筵席质量控制的范围包括食品原料采购过程、生产加工过程和食品消费的过程。具体可分为：筵席菜点的质量控制、筵席服务的质量控制和筵席设施设备及环境气氛的质量控制。

1）筵席质量控制概述

（1）筵席质量控制

筵席部是生产有形产品"菜点"和无形产品"服务"的部门，其生产方式主要是以手工生产为主。手工劳动与机器生产的最大区别在于：手工劳动容易出现偏差或误差。因此，筵席业务活动的进行、员工的劳动或劳务过程，要依靠自觉的管理与控制职能来进行有效制约。筵席服务的对象是具有各种不同要求的宾客，他们对质量的需求，是不允许有偏差的。

对于筵席质量控制，有人认为，只与领导、管理人员有关，与一般员工没有关系；有的管理人员也认为，质量控制应该是质检部的职责；这些观点都是对质量控制的误解。其实，所有筵席部的员工，无论是管理层，还是工作层，都应树立质量意识。

（2）筵席质量控制的基本原则

筵席质量控制是按照质量标准衡量质量计划的完成情况并纠正菜点加工和宴会厅服务过程中的偏差，以确保筵席质量目标的实现。筵席质量控制涉及的问题是多方面的，归纳起来主要有以下4个方面：

①保证实现筵席质量目标。筵席质量控制的任务是发现偏离质量标准的偏差，并采取措施纠正这些偏差，保证筵席质量目标的实现，满足顾客对筵席质量的要求。

②质量控制要讲求效益。在选用筵席质量标准时，要注意用最小的代价或投入达到质量控制的目的。食品成本分析、质量成本控制是实现良好效益的有效方法和途径。

③控制的职责要明确。实行筵席质量控制的首要职责应由执行该计划的人员来承担，包括生产、服务和管理人员。筵席质量控制的最直接方式就是尽可能保证和不断提高从业人员的素质，素质越高，对筵席质量间接控制的需要也就越少。

④质量控制要反映指标的要求。控制必须有客观、精确和适合的标准，用以衡量筵席质量指标的完成情况。筵席质量指标越明确、全面、完整，质量控制越能反映指标的要求，质量控制也就越有效。

（3）实施筵席质量控制的基本步骤

①确定质量控制的目标，订立筵席质量标准。质量标准是质量控制的必要条件，控制管理首先表现为对各种业务活动质量确定一个明确的具体标准，作为评价产品质量与工作质量的比较基础。

②检查实际的质量工作状况，筵席部管理者必须经常检查质量的实际情况。在综合各种质量情况后，将收集到的可靠、真实、能准确反映实际情况的质量资料用图表表示出来，随时检查质量实际情况。

③将工作进度报告与既定的质量标准相比，作差异分析。筵席质量计划目标和质量控制是一个整体的两个方面。没有质量计划，无从控制；没有质量控制，计划便流于形式。在筵席管理中，管理者要将质量发展的实际情况与确定的质量标准作概括性的比较，对有关资料作深入研究和分析，找出质量问题，这就是进行差异分析。

④针对质量问题的根源，设计更正措施。推行及加强控制筵席质量差异的出现，一般情况下是因为在执行过程中出了差错，也可能是上一质量计划或组织有问题，当然，由于员工的敬业精神不强及质量意识欠缺，一般只有在实际运行中才会暴露出来。

（4）筵席质量控制的方法

由于种种因素的影响，筵席产品质量具有随时发生波动和变化的可能，而筵席部管理的任务正是要保证筵席产品质量的可靠性和稳定性。要实现这一目标，应采取切实可行的措施，综合采用各种有效的控制方法与形式。

①阶段控制法。加强对每一阶段的质量检查控制，是保证筵席生产全过程质量的根本。食品原料阶段，控制原料的采购规格标准、验收质量把关和储存管理方法；食品生产

控制阶段，主要应控制申领食品原料的数量与质量，菜肴加工、配份和生产烹调的质量；食品消费控制阶段，需控制两个主要环节，备餐服务和餐厅上菜服务。

②岗位职责控制法。利用岗位分工，强化岗位职能，并施以检查督导，对筵席产品的质量有较好的控制效果。筵席生产要达到一定的标准要求，各项工作必须全面分工落实，这是岗位职责控制法的前提。如厨房所有工作明确划分、合理安排，无遗漏地分配至各生产岗位，这样才能保证筵席生产运转过程顺利进行，生产各环节的质量才有人负责，检查和改进工作才有可能顺利进行。

③重点控制法。重点控制法是针对筵席生产与出品某个时期，某些阶段、环节质量或秩序相对较差的情况，或对重点客情、重点任务以及重大筵席活动进行更加详细、全面、专注的督导管理的一种方法。通过对筵席生产及产品质量的检查和考核，找出影响或妨碍生产秩序和产品质量的环节或岗位，并以此为重点，加强控制，提高工作效率和出品质量。

（5）筵席质量控制的形式

①现场控制。市场将控制工作的纠正措施运用于正在进行的计划的实行过程、生产过程、服务过程中。它适合基础管理人员的控制工作。在筵席生产和服务过程中，大量的管理控制工作，尤其是领班、主管的控制工作都属于这种形式。

②反馈控制。反馈控制是质量控制工作的主要方式，也是及时收集各种信息，并对各种信息进行科学、客观的分析，发现问题找出原因，重新制订纠正措施，在运行中执行，保证筵席质量目标的实现。

③前馈控制。前馈控制是筵席举办之前，分析影响当前经营的各种因素，在不利因素产生之前，通过及时采取纠正措施，消除它们的不利影响。前馈控制克服了反馈控制中因时滞所带来的缺陷，前馈控制的纠正措施往往是预防性的，作用在运行过程中的输入环节上。也就是说，它是控制原因，而不是控制结果。

前馈控制是餐饮质量控制的有效手段之一，其根本目的是贯彻预防为主的方针，为提供优质筵席质量创造物质技术条件，做好思想准备，如制订筵席生产、服务质量标准；制订筵席标准菜谱，试制菜肴并测试其质量；筵席开餐前的准备工作等。

2）筵席菜点质量的控制

筵席菜点质量是构成筵席质量的主体。由于菜点的加工过程本身比较复杂，技术性较强，其影响菜点质量的原因也是多方面的，因此，筵席菜点质量的控制，只能从影响较大的因素入手，抓住几个关键环节，起到事半功倍的效果。

（1）食品原料采购的质量控制

食品原料是筵席菜点加工的基础。事实上，所有食品加工活动的对象都是围绕原材料展开的。无论从原料的采购、储存、运输，到原料的选择、粗细加工、烹调等每一个环节，都是以原料为基础进行的。由此可知，筵席实物质量的优劣，首先取决于食品原料质量的优劣。如果要提供质量始终如一的筵席产品，就必须使用质量始终如一的食品原料。食品原料的质量是指食品原料是否适用，越适于使用，质量就越高。食品原料质量标准确定的内容一般包括：品种、产地、产时、营养指标、分割要求、包装、部位、规格、卫生指标、品牌厂家等。

规定了食品原料使用的质量标准，就可以制订食品原料采购的质量规格标准，这是保证筵席实物成品质量最为有效的措施之一。食品原料质量的好坏取决于采购过程中对食品原料的把握程度。更为重要的环节还在于能够对食品原料的品质优劣进行检验和鉴别。

（2）食品原料加工的质量控制

食品原料加工是筵席实物产品质量控制的关键环节。对菜肴的色、香、味、形起着决定性的作用。绝大多数食品原料必须经过粗加工和细加工以后，才能用于食品的烹制过程。从食品质量控制的角度出发，食品原料加工过程中应掌握3个原则：保证原料的清洁卫生，使其符合卫生要求；加工方法得当，保持原料的营养成分，减少营养损失；按照菜式要求加工，科学、合理地使用原料。

①冷冻原料的加工质量要求。筵席厨房采用的是大宗的冷冻食品原料，由于有时对冷冻食品原料的解冻环节不够重视，以及对食品解冻过程的质量控制不得力，从而造成了食品原料质量大大下降，影响了成品的质量。

②鲜活原料加工的质量要求。各种鲜活原料在食品加工中占主要地位，不仅用量大，而且品种多。这些食品原料烹制前必须进行加工处理。加工处理的质量控制就成为重要的管理环节。常见的鲜活原料包括：蔬菜类原料、水产品原料、水产活养原料、肉类原料和禽类原料。

不同品种的原料，其加工的质量要求也不相同，如鱼类加工的质量要求是：除尽污秽杂物，去鳞则去尽，留鳞则要完整无损；放尽血液，除去鳃部及内脏杂物，淡水鱼的鱼胆不要弄破；根据品种和加工用途加工，洗净控干水分，一定要现加工现用，不宜久放。

③加工净料的质量要求。加工的食品原料中，能出多少可以使用的净料，用净料率表示。当然，净料本身的质量也必须保证，如形态完整、清洁卫生等。食品原料的净料率越高，原料的利用率就越高；反之，就越低，菜肴单位成本就会加大。净料率的标准可由饭店根据具体情况测试，确定标准。

（3）食品原料配份的质量控制

食品原料配份，俗称为"配菜"，是指按照标准菜谱的规定要求，将制作某菜肴的原料种类、数量、规格选配成标准的分量，使之成为一个完整菜肴的过程，为烹饪制作做好准备。配份阶段是决定每份菜肴的用料及其相应成本的关键。因此，配份阶段的控制，是保证菜肴出品质量的关键一环。配份不定，不仅影响菜肴的质量稳定，还影响餐饮的社会效益和经济效益。

（4）食品烹调过程的质量控制

烹调是筵席实物产品的最后一个阶段，是确定菜肴色泽、口味、形态、质地的关键环节。它直接关系着筵席产品实物质量的最后形成以及生产节奏、出菜过程的井然有序等。因此，烹调是筵席质量控制不可忽视的阶段。食品烹调阶段质量控制的主要内容包括厨师的操作规范、烹制数量、成品效果、出品速度、成菜温度，以及对失手菜肴的处理等几个方面。首先，要求厨师在烹调过程中，要按标准菜谱规定的操作程序烹制，按规定的调料比例投放调味料，不可随心所欲，任意发挥。其次，尽管在烹制某个菜肴时，不同的厨师有不同的做法，或各有"绝招"，但要保证整个厨房出品的菜肴质量的一致性，只能统一按标准菜谱执行。质量控制的方法如下：

①制订和使用标准菜谱。这里只从质量控制的角度来谈标准菜谱。标准菜谱规定了烹制菜肴所需的主料、配料、调味品及其用量，因此，能限制厨师烹制菜肴时在投料量方面的随意性。同时，标准菜谱还规定了菜肴的烹调方法、操作步骤及装盘样式，对厨师的整

个操作过程也能起到制约作用。因此，标准菜谱实际上是一种质量标准，是餐饮实物成品质量控制的有效工具。

②严格检查烹调质量。与任何操作规程、质量标准一样，要使标准菜谱充分发挥作用，还要建立菜肴质量检查制度，如果发现不合格，应返工，以免影响成品质量。

③加强培训和基本功训练。菜肴烹调是一种技术性极强的专业工作，由于烹调是以手工操作为主，机械化程度较低，菜肴质量的高低几乎完全取决于厨师、员工的责任感、经验及其烹调知识和技术水平。因此，除了在日常工作中教育、督促员工遵守操作规程，按照标准菜谱进行加工烹调，并严格检查质量，还应当经常性地开展技术培训和基本功训练。

[实施和建议]

本任务重点学习中餐筵席菜品的设计原则和中餐筵席菜点质量的控制。

建议课时：6课时。

[学习评价]

本任务学习评价见表2.1。

表2.1　学习评价表

学生本人	量化标准（20分）	自评得分
成果	学习目标达成，侧重于"应知""应会" （优秀：16～20分；良好：12～15分）	
学生个人	量化标准（30分）	互评得分
成果	协助组长开展活动，合作完成任务，代表小组汇报	
学习小组	量化标准（50分）	师评得分
成果	完成任务的质量，成果展示的内容与表达 （优秀：40～50分；良好：30～39分）	
总分		

[巩固与提高]

1. 中餐筵席菜品的设计原则有哪些？

2. 实施中餐筵席质量控制职能的基本步骤有哪些？

3. 中餐筵席菜点质量控制包括哪些方面？

任务2.2　中餐筵席冷菜的设计与制作

[学习目标]

1. 正确认识中餐筵席中冷菜的地位和重要性。

2. 了解中餐筵席中冷菜设计的原则。

3. 掌握中餐筵席中冷菜设计的要求。

[学习要点]

1. 中餐筵席冷菜的设计与制作。

2. 制作中餐筵席冷菜和祝寿类主题冷盘。

[相关知识]

冷菜是中式筵席的重要组成部分，冷菜的好坏直接影响宾客的第一印象，冷菜的设计有一定的原则需要遵循，并且有诸多设计要求。

2.2.1　筵席冷菜的设计原则与要求

1）筵席冷菜设计的原则

（1）筵席冷菜设计要有针对性

所谓针对性，一是要反映筵席的主题思想；二是要适应就餐者的饮食特点、忌讳和爱好。

筵席的内容与主题思想是多种多样的，如结婚、祝寿、迎宾、庆功、答谢等各种类型，在设计时从菜品确定到冷菜造型都要精心策划，使人感到亲切、贴意，从而达到增添宴会的气氛、激荡人们的情趣、满足就餐者感情上的需求的效果。还要根据宾客的国籍、所在地区、职业、年龄、宗教信仰等情况进行设计，例如，印度教徒不吃牛肉，伊斯兰教的人不吃猪肉，佛教僧侣和一些教徒不吃荤菜，有些人不爱吃海味，也有人出于各种原因而忌食某种食品等。对老年人不宜多用质老、油炸的冷菜，而对年轻人却较适宜。在冷菜的造型方面也要考虑宾客的爱好，如在通常情况下，日本人喜欢樱花、美国人喜爱山花茶、法国人喜爱百合花、西班牙人喜欢石榴花、尼泊尔人喜欢杜鹃花等。大型筵席的冷菜，应考虑来自多方面的客人，冷菜的数量和质量都应相适宜，不能简单地认为筵席非得用山珍海味不可。

（2）筵席冷菜设计要有地方性

所谓地方性，主要是指冷菜设计要有地方特色。我国冷菜的地方风味丰富多彩，在设计筵席冷菜时不能千篇一律，南北一个味，各菜系、各地方甚至各饭店都应有自己的风味冷菜，才能吸引宾客，提高企业声誉，增加经济效益。这就要求在设计筵席冷菜时在原料的选用、烹调方法、食用方式、装盘形式、口味的变化上保持地方特色。例如，南京的盐水鸭，四川的泡菜、陈皮牛肉，广东的叉烧肉、卤水冷菜，山东的盐水虾、清腌醉蟹等都广受客人欢迎。

（3）筵席冷菜设计要有季节性

筵席冷菜设计的季节性应突出两个方面：一是根据季节的变化选用时令原料制作冷菜。尽管目前交通运输较发达，保鲜方法科学先进，有些原料打破了季节性和地方性，但俗语讲"物鲜为贵"，正当上市的原料，不仅质量好，而且给人一种新鲜感，尤其是蔬菜、水产品等。二是在烹调方法和装盘形式上应随季节的变化而有所变化。冷菜和热菜一样，其品种既有寻常可见的，也应有四季不同的。冷菜有"春腊""夏拌""秋糟""冬冻"等季节性特点，这是根据季节变化对冷菜的烹调方法作出调整。通常，夏季气候炎热，宜做一些清淡冷菜；冬季气候寒冷，宜做一些色深味浓的冷菜。

（4）筵席冷菜设计要有科学性

所谓科学性，是指冷菜设计在整体安排上要统一和谐，而不是杂乱无章；在原料结构搭配上要平衡合理，讲究营养互补。筵席冷菜的设计不仅要在色、香、味、形、器等方面有所变化，搭配合理，合乎科学，还要对原料的供应情况、技术人员的水平、厨房中的设备条件等方面作出科学的分析。

①了解原料的供应情况。如果对食品原料的供应情况不太了解，冷菜设计也无法实施。因此，要了解市场货源和饭店库存情况，各种原料的价格情况及原料的涨发率和拆卸率等情况。

②根据技术力量来设计。要发挥每个厨师的技术水平，对他们能做哪些冷菜、雕刻水平怎样、冷菜的拼摆水平是否达到设计的水平等都应心中有数，只有这样，才能使方案得到顺利实施。

③根据设备条件来设计。设备的好坏、多少直接关系到冷菜制作的速度及质量，有些冷菜若没有好的设备则无法达到设计要求，如"烤小猪"没有"烤猪炉"就无法保证质量。在设计筵席冷菜时，必须考虑设备的因素。

（5）筵席冷菜设计要有效益性

筵席冷菜的设计要按经济规律办事，一定要搞好成本核算，讲究经济效益，应根据各种筵席规格和毛利率的幅度与冷菜成本在整个筵席中所占的比例逐菜加以核算。由于各种筵席价格标准有高有低，毛利率的幅度又不一样，但每桌筵席冷菜数量基本相似，要使每桌筵席冷菜的成本不超过规定范围，需要在冷菜的使用原料、品种上作必要调整。如根据筵席一般、中档、高档规格，价格标准不一样，在保证筵席冷菜数量不变的情况下，主要在菜肴冷菜比例、所用原料价格高低等方面来调整，既要保证成本核算费用符合设计要求，还要考虑装盘艺术水平高低和原料质量的优劣。

2）筵席冷菜设计的要求

（1）选用不同的原料

根据规格、标准的高低，一般筵席冷菜数量均不一样，通常在6～12个。要求一桌筵席冷菜无论多少个单盘，所选用的原料都要不一样，如鸡、鸭、鱼、肉、蔬菜、豆制品等原料充分应用才能显得丰富多彩，否则会显得十分单调。

（2）采用多种烹调方法

采用不同的烹调方法，可使冷菜形成不同的风味。如果一桌筵席冷菜只采用1～2种烹调方法，尽管所用的原料不同，其口味也基本差不多。设计筵席菜单时，应根据客人所选原料的性质，采用多种烹调方法，如酱、拌、卤、醉、煮等，才能形成多种风味。

（3）有多滋多味的口感

在设计一桌筵席冷菜时，要考虑味的变化。如果一桌筵席有10个冷菜，只有一两种味道，吃起来必然乏味。要根据宾客的饮食习惯，设计出多种多样的口味，如酸、甜、苦、辣等各种复合味，使客人食之"五滋六味"，回味无穷。

（4）有绚丽多彩的颜色

菜肴的色彩最能影响宾客的食欲，在设计筵席冷菜时要尽量利用原料的自然色彩和加热调和后的色彩，使一桌筵席的冷菜的色泽有赤、橙、黄、绿、青、蓝、紫等多种色彩，要避免用近色冷菜组合在一起。

（5）有各式各样的形状

一桌筵席的冷菜形状应富有变化，它不仅给客人多姿多彩的感觉，同时又使客人得到艺术的享受。因此，在设计筵席时，要注意两个方面：一方面，做到经过刀工处理后每个单盘的原料形状不一，有块、段、片、条、丝、丁等；另一方面，根据筵席的形式和规格及客人的对象，将冷菜组成各种图案造型，如"百花齐放""喜鹊登梅"等。

（6）有变换多样的质感

一桌筵席冷菜除在口味、色彩、形状等方面不同外，在设计中还要注意每道冷菜通过烹调后在质感上要有交换，如有酥、脆、软、嫩、糯、爽等方面的差异。

（7）有适当比例的荤素搭配

在筵席设计中一定要注意荤素搭配，通常每桌筵席均有几个或十几个冷菜，如一桌筵席有8个单盘，有的是六荤二素，有的是五荤三素，还有的是四荤四素等。这样既能满足客人需求，又能调节冷菜的色彩和成本，还有利于人体健康。

（8）有多种营养成分

饮食的主要目的是摄取营养，满足人体生理需要，应根据饮食对象的年龄、工作、身体状况不同，设计出含有不同营养成分的冷菜，对于一些特殊职业和对营养有特殊要求的客人，应作适当的调整来满足饮食者的需求。

2.2.2　大型筵席冷菜的设计与组织

1）设计

（1）菜单内容的设计

制订菜单是整个筵席设计中的一个重要组成部分，菜单内容设计得科学与否，直接关系冷菜制作以至整个筵席的成败。冷菜菜单的确定主要根据筵席用餐的人数、对象、标准、原材料的供求情况、厨师的技术水平和设备条件来制订。

（2）用料质量的设计

菜单内容确定后，要对每一个冷菜所需的原料作具体的分析。例如，每一道冷菜需要多少熟料方能装成，然后推算生料经过加工、烹调后，它的拆卸率或涨发率、成熟率是多少，通过对每个冷菜所用原料的分析和预算，并根据大型筵席的桌数，可算出所需原材料，并加以成本核算，如达不到规定的标准，要及时更换菜单内容，保证冷菜的质量和数量。

（3）人员安排的设计

菜单内容一旦决定后，就要确定总负责人，各项工作按厨师水平作具体分工，做到分工明确，责任到人，使各项工作按设计要求，有条不紊地进行。

2）组织

（1）原材料的组织

从原材料的采购到初步加工、腌制都要精心组织，尤其是冷菜的腌制，应根据季节变化，提前3～7 d进行，对大型的雕刻和干货涨发也得在开宴前1～2 d开始。

（2）冷菜制作的组织

大型筵席人数多，需要的冷菜数量特别多，如果集中在开宴的当天进行烹调制作，很可能耽误开宴的时间。因此，要根据季节、设备和冷菜的性质，在气候、设备条件允许的情况下，有些荤菜可在开宴前1～2 d提前烹调，如"盐水鸭""五香牛肉""羊糕"等。

（3）盛器的组织

大型筵席所用的碟、盘等盛器特别多，装盘前要彻底清洗、消毒、擦干或烘干。凡是筵席所用的碟、盘要求大小适宜，无破损现象，成套统一，同时，对盛装冷菜的盆、抹布、刀具、砧板等必须进行严格消毒，防止食物中毒。

（4）装盘过程中的组织

装盘是筵席冷菜设计中的最后环节，要根据筵席的桌数、技术力量和装盘的繁简，在时间上作出正确的估计。如果设备好，气温不太高，可适当提前装盘；反之，可适当推迟装盘时间，但不可太迟，如客人已到，冷菜还没有装好，容易造成紧张忙乱，影响开宴的时间和客人的饮食情绪。因此，在装盘过程中，必须集中力量，分工负责，检查督促，一般要求在开宴前15 min左右全部装好。

2.2.3 常见冷菜的制作

冷菜是筵席上首先与食客见面的菜品，故有"见面菜"或"迎宾菜"之称。因此，冷菜做得好与不好，直接影响食客对筵席的印象。制作冷菜拼盘，首先要了解冷菜拼盘的基本知识和具体操作步骤。传统的冷菜拼盘有双拼、三拼、四拼、五拼、什锦拼盘、花色冷拼6种不同的样式，而制作拼盘时都要经过垫底、围边、盖面3个步骤。

1）双拼

双拼是把两种不同的冷菜拼摆在一个盘子里。它要求刀工整齐美观，色泽对比分明。其拼法多种多样，可以将两种冷菜一样一半，摆在盘子的两边；也可以将一种冷菜摆在下面，另一种盖在上面；还可以将一种冷菜摆在中间，另一种围在四周。

2）三拼

三拼是把3种不同的冷菜拼摆在一个盘子里。这种拼盘一般选用直径24 cm的圆盘。三拼不论从冷菜的色泽要求和口味搭配，还是装盘的形式上，都比双拼要求更高。三拼最常用的装盘形式，是从圆盘的中心点将圆盘划分为3等份，每份摆上一种冷菜；也可将3种冷菜分别摆成内外3圈等。

3）四拼

四拼的装盘方法和三拼基本相同，只不过增加了1种冷菜而已。四拼一般选用直径33 cm的圆盘。四拼最常用的装盘形式，是从圆盘的中心点将圆盘划分为4等份，每份摆上一种冷菜；也可在周围摆上3种冷菜，中间再摆上1种冷菜。

4）五拼

五拼也称为中拼盘、彩色中盘，是在四拼的基础上，再增加1种冷菜。五拼一般选用直径38 cm的圆盘。五拼最常用的装盘形式，是将4种冷菜呈放射状摆在圆盘四周，中间再摆上1种冷菜；也可将5种冷菜均呈放射状摆在圆盘四周，中间再摆上一座食雕作装饰。

5）什锦拼盘

什锦拼盘是把多种不同色泽、不同口味的冷菜拼摆在一只大圆盘内。什锦拼盘一般选用直径42 cm的大圆盘。什锦拼盘要求外形整齐美观，刀工精巧细腻，拼摆角度准确，色泽搭配协调。什锦拼盘的装盘形式有圆、五角星、九宫格等几何图形，以及葵花、大丽花、牡丹花、梅花等花形，从而形成一个五彩缤纷的图案，给食者以心旷神怡的感觉。

6）花色冷拼

花色冷拼也称为象形拼盘、工艺冷盘，是经过精心构思后，运用精湛的刀工及艺术手法，将多种冷菜菜肴在盘中拼摆成飞禽走兽、花鸟虫鱼、山水园林等各种平面的、立体的或半立体的图案。花色冷拼是一种技术要求高、艺术性强的拼盘形式，其操作程序比较复杂，故一般只用于高档席桌。花色冷拼的要求是：主题突出、图案新颖、形态生动、造型逼真、食用性强。

制作冷菜拼盘时，也要经过一般冷菜装盘时的3个步骤，即垫底、围边、盖面。

垫底：就是用修切下来的边角余料或质地稍次的原料垫在下面，作为装盘的基础。

围边：就是用切得比较整齐的原料，将垫底碎料的边沿盖上。围边的原料要切得厚薄均匀，并根据拼盘的式样规格等将边角修切整齐。

盖面：就是用质量最好、切得最整齐的原料，整齐均匀地盖在垫底原料的上面，使整个拼盘显得丰满、整齐、美观。

[实施和建议]

本任务重点练习中餐筵席冷菜和祝寿类主题冷盘的设计与制作。

建议课时：12课时。

[学习评价]

本任务学习评价见表2.2。

表2.2　学习评价表

学生本人	量化标准（20分）	自评得分
成果	学习目标达成，侧重于"应知""应会" （优秀：16～20分；良好：12～15分）	
学生个人	量化标准（30分）	互评得分
成果	协助组长开展活动，合作完成任务，代表小组汇报	
学习小组	量化标准（50分）	师评得分
成果	完成任务的质量，成果展示的内容与表达 （优秀：40～50分；良好：30～39分）	
总分		

[巩固与提高]

1. 中餐筵席冷菜的设计原则与要求是什么？

2. 比较筵席冷菜与大众冷菜的区别之处。

[实训]

一、筵席冷菜

1 拌双脆

【用料规格】海蜇皮100 g，白萝卜100 g，姜丝10 g，葱丝10 g，酱油5 g，白糖2 g，香醋2 g，胡椒粉1 g，精盐3 g，味精1 g，香油2 g。

【工艺流程】海蜇→切丝→浸泡→萝卜→切丝→腌制→拌

【制作方法】

1. 海蜇皮洗净，用清水泡3～4 h，剥去表层的膜，再用温水烫一下，捞起，沥干水分。

2. 萝卜洗净切成细丝，加盐腌约15 min，挤干水分，和海蜇丝拌在一起，加适量的酱油、白糖、香醋、味精、胡椒粉、香油拌匀即成。

图2.2　拌双脆

【制作要点】

1. 海蜇浸泡一定要把咸味漂净，海蜇烫制时要把握好水温。

2. 各种调味品的投放要掌握好比例。

【成品特点】吃口清爽，脆嫩爽口。

2 蒜泥莴苣

【用料规格】莴苣1 000 g，大蒜1瓣，香油10 g，醋25 g，盐2 g。

【工艺流程】莴苣去皮→切条→腌制→调味

【制作方法】

1. 将莴苣去皮，切成长5 cm，宽、厚各1 cm的条，大蒜去皮，捣成泥。

2. 将莴苣加盐拌匀，腌出水后，沥去余汁装盘，再放入蒜泥、香油、醋拌匀，装盘即成。

图2.3　蒜泥莴苣

【制作要点】

1. 莴苣切条掌握好刀工，注意粗细均匀，长短一致。

2. 莴苣腌制时间不宜过长，腌出水分即可。

【成品特点】吃口脆爽，蒜香浓郁。

3 农家庆丰收

【用料规格】白菜帮1片，豆腐皮半张，西红柿1个，熟花生米50 g，皮蛋1个，香肠100 g，黑木耳适量，圆葱半个，香油2~3滴，盐、鸡精粉、蒜泥、糖各适量。

【工艺流程】洗净→切片→调味拌匀

【制作方法】

1. 将所有材料洗净，用手撕成小片或用刀切成小片，备用。

2. 将材料用调料拌匀即可。

图2.4　农家庆丰收

【制作要点】香肠也可用火腿代替。

【成品特点】色泽搭配亮丽分明，口感清香爽脆。

4 宝塔马兰

【用料规格】马兰300 g，香干100 g，盐、香油、醋、味精等各适量。

【工艺流程】初加工→焯水→调味

【制作方法】

1. 先将马兰洗净，切成末，香干切成小丁。

2. 马兰用水焯熟，捞出放凉。

3. 加入盐、香油、醋、味精、香干等调料拌匀，堆成宝塔状，即可食用。

图2.5　宝塔马兰

【制作要点】马兰焯水时间不宜过长，熟后即可捞出。

【成品特点】口味咸鲜，吃口爽脆。

5 蓑衣黄瓜

【用料规格】黄瓜250 g，生姜1小块，食用油30 g，白醋10 g，精盐5 g，白糖15 g，味精2 g。

【工艺流程】刀工处理→腌制→调汁→装盘

【制作方法】

1. 将黄瓜洗净，切成蓑衣花刀，用盐腌10 min。

2. 用清水冲洗后沥干水分装盘。将姜洗净切丝。

3. 锅内放油，油烧至六成热时放入姜丝，炒出香味后再加入白糖、醋、精盐、味精，烧开。

4. 将糖醋汁放凉后倒入装黄瓜的盘中，浸泡半小时后即可食用。

图2.6 蓑衣黄瓜

【制作要点】

1. 刀工精细，装盘整齐。

2. 必须等糖醋汁凉透后再浸泡黄瓜。

【成品特点】清淡爽口，酸甜脆嫩。

6 炝虎尾

【用料规格】黄鳝5 000 g，姜末1.5 g，蒜泥1 g，酱油25 g，香油15 g，绍酒5 g，味精2 g，熟猪油20 g，胡椒粉少许。

【工艺流程】黄鳝初加工→改刀→烩制→调制炝汁→炝制

【制作方法】

1. 将黄鳝放入开水锅中焯熟，捞出划成鳝丝，各取尾背一段共400 g为原料（每500 g黄鳝只能取尾背50 g左右），其余鳝背及鳝肚另作他用。

2. 将鳝尾洗净，随冷水入锅烧沸，加绍酒，移小火上烩一两分钟即用漏勺捞出，沥干水分，放入碗内，加入熬熟的酱油、味精、姜末、绍酒、香油、胡椒粉少许拌合。

3. 炒锅洗净上火，放猪油，下蒜泥煸炒至颜色发黄，将蒜泥连油一起浇在拌好的鳝尾上即可。

图2.7 炝虎尾

【制作要点】

1. 鳝鱼脊背的焯水时间与烩制时间要恰当，才能保持鲜嫩。

2. 蒜泥也可下锅炸成金黄色，起锅浇在虎尾上，其味更佳。

【成品特点】肉质细嫩，清香爽滑，口味鲜咸。

7 醉香螺

【用料规格】新鲜香螺500 g，香糟卤（白）100 g，料酒、味精、精盐、八角、香菜、姜片、蒜片、尖椒等各适量。

【工艺流程】清洗→烧汁→腌制→装碗

【制作方法】

1. 香螺加料酒和盐出水。

2. 锅内加入适量的水、料酒、盐、味精烧成汤汁。

3. 倒入出好水的主料，烧至成熟，加入八角、姜片、蒜片即可。

4. 出锅后，放在容器内，加入适量的香糟卤（白），浸24 h后撒上尖椒和香菜即可食用。

图2.8　醉香螺

【制作要点】

1. 香螺清洗干净。

2. 汤汁烧制浓厚。

3. 腌制时间充足。

【成品特点】口味浓香，质地酥烂。

8 卤水豆腐

【用料规格】老豆腐400 g，花生油300 mL，香桂叶1片，桂皮1条，小茴香10粒，葱1棵，生姜4片，盐1茶匙，生抽3汤匙，糖1茶匙，水400 mL，高汤50 mL。

【工艺流程】初加工→煮制→卤制→炸制

【制作方法】

1. 将豆腐切成5 cm长的方块，用纸巾吸干水分。

2. 将炒锅放在中火上预热。倒入花生油，烧至七成热时，放入豆腐块，每面炸2 min，炸至金黄色，共约4 min，捞出，沥干油。重复以上步骤至豆腐炸完。

3. 汤锅里放香桂叶、桂皮、小茴香、葱、生姜、盐、生抽、白糖，加水及汤。将锅置中火上烧开后再煮10 min，让香料味道熬出。放入炸好的豆腐块，盖上，小火煮10 min，关火再焖10 min。捞出，晾干，切成厚片，摆放盘中，可浇少许卤水在豆腐上即成。

图2.9　卤水豆腐

【制作要点】

1. 煮制时把握好火候。

2. 卤制时间要充分。

3. 控制好炸制温度。

【成品特点】口味浓香，质地酥烂。

9 五香酱牛肉

【用料规格】前腿牛腱子1 000 g，丁香、花椒、八角、陈皮、小茴香、桂皮、香叶、甘草各少许，大葱3节，姜1块，生抽1汤匙，老抽1汤匙，白糖1汤匙，盐2汤匙，五香粉1/2茶匙。

【工艺流程】牛肉切块→焯水→冷水浸泡→酱制→煨制→切片装盘

【制作方法】

1. 前腿牛腱子洗净，切成10 cm见方的大块。锅中倒入清水，大火加热后，将牛肉放入，在开水中略煮一下，捞出，用冷水浸泡，让牛肉紧缩。

2. 将丁香、花椒、八角、陈皮、小茴香、甘草装入调料盒中（或自制纱布料包中），桂皮和香叶由于容易拣出，可直接放入锅中。大葱洗净切三节。姜洗净后，用刀拍散。

3. 砂锅中倒入适量清水，大火加热，依次放入香料、葱、姜、生抽、老抽、白糖、盐、五香粉。煮开后放入牛肉，继续用大火煮约15 min，转入小火到肉熟。用筷子扎一下，能顺利穿过即可。将牛肉块捞出，放在通风、阴凉处放置2 h左右。

4. 将冷却好的牛肉，倒入烧开的汤中小火煨半小时。煨好后盛出，冷却后切薄片即可。

图2.10　五香酱牛肉

【制作要点】

1. 掌握好香料的用量。

2. 掌握好牛肉加热的时间和火候。

【成品特点】牛肉酥香，回味无穷。

10 胭脂鹅脯

【用料规格】鹅一只，盐8 g，绍兴黄酒30 mL，白糖25 g，蜂蜜10 g，葱段、姜片、桂叶、红曲粉、清汤、麻油等各适量。

【工艺流程】初加工→煮制→冷却→装盘

【制作方法】

1. 将鹅宰杀，褪毛洗净。从背部用刀开膛取出内脏，洗净后用刀从脖颈处割下，将鹅体剖为两半，入锅内加水烧开，煮尽血水，捞出后另起锅加水、盐、黄酒、葱段、姜片、桂叶等煮至脱骨（保持原形状），取出骨即成鹅脯。

2. 将鹅脯置锅中，加入适量清汤、白糖、蜂蜜、盐、红曲粉入味，待汤汁浓时淋入少许香油，改刀装盘即成。

图2.11　胭脂鹅脯

【制作要点】

1. 鹅肉要清理干净。

2. 煮制时间要充分，入味。

【成品特点】色泽红亮，口味醇香。

11 糖醋排骨

【用料规格】肋排500 g，香葱1棵，生姜1块，大蒜2瓣，淀粉10 g，食用油500 g（实耗45 g），酱油10 g，香醋10 g，精盐5 g，白糖10 g，味精3 g。

【工艺流程】初加工→炸制→煮制→收汁

【制作方法】

1. 排骨洗净剁成小段；姜、蒜洗净切片；香葱洗净切末。

2. 锅内放油，烧至五成热时，将排骨放入，炸至表面呈焦黄色时捞起沥油。

3. 锅内留底油，加入盐、酱油、味精、姜片、蒜片，与排骨同炒，倒入没过排骨面的温水，大火烧开，改小火炖煮30 min。

4. 排骨入味香软时，加糖、醋、香葱末，用水淀粉勾芡，大火收浓汁即可。

图2.12　糖醋排骨

【制作要点】糖和醋要最后放，酸甜的口味才能彰显出来。

【成品特点】色泽红润，酸甜醇香。

12 素脆鳝

【用料规格】鲜香菇约300 g，大蒜30 g，生姜10 g，炒香芝麻10 g，盐、白砂糖、鸡汁、鲍鱼汁、豉汁、头抽、胡椒粉、干淀粉等各适量。

【工艺流程】初加工→定型→炸制→调味

【制作方法】

1. 新鲜香菇去蒂，清除杂质后快速过水洗净，控干水后将香菇平铺于大盘放入微波炉，高火加热至菇内水分渗出（约1 min），取出，用干净毛巾或厨房纸吸干水分；用厨剪沿着香菇伞面剪入，保持1 cm左右的宽度（注意不要剪得太窄了，油炸时香菇条还会稍收缩）剪成长条形宛如鳝鱼的形状，剪至最后剩下中心最厚部分弃之。

2. 依次将所有香菇剪成鳝鱼形细条状；将香菇条放入大容器中，撒上少许盐及胡椒粉抓匀，一边用筷挑抖香菇条一边撒上干淀粉，使每根香菇条都均匀地包裹上生粉。

3. 起油锅：取一口小锅注油7分满，点火加热，油温七八成热度时，将香菇条逐条放入，炸至金黄焦脆时捞出控油备用，依此法分批将香菇条脆炸。蒜去皮切末。生姜去皮切末。调制芡汁料：取1小碗，加入鸡汁小半杯、鲍鱼汁1汤匙、豉汁1茶匙、头抽1茶匙、白砂糖2茶匙及适量盐调匀。炒锅烧热下油，将蒜末、姜末中小火煸香，倒入调配好的芡汁料翻炒，将炸过的香菇条倒入翻炒至入味挂汁浓稠时盛出，撒上炒香芝麻上桌。

图2.13　素脆鳝

【制作要点】干淀粉要在准备将香菇下锅炸时才能拌上，菇条既要炸脆，又不能炸焦。

【成品特点】外形形似鳝鱼，质地酥脆，口味浓郁。

13 水晶肴肉

【用料规格】猪蹄膀（拆骨）2 000 g，精盐120 g，黄酒15 g，葱结两个，姜3片，花椒、八角、硝水各少许，老卤适量。

【工艺流程】蹄膀去骨→腌制→泡水→水煮→压制

【制作方法】

1. 蹄膀洗净，用细木签在肉面上均匀地戳上一些小孔，洒上硝水（在50 g水中放硝0.2 g捣匀）来回揉透，使硝水通过小孔渗透到蹄膀内部，放入缸内腌几天，再将蹄膀放在冷水内浸泡1 h，以解涩味，取出，刮除皮上杂质，至皮和肉呈现白色为止，再用温水漂净。

2. 将蹄膀放入锅内，加葱结、姜片、黄酒、花椒、八角和老卤，以淹没肉面为准，用旺火烧沸后，转小火焖煮1.5 h，将蹄肉翻转，再继续用小火焖煮1 h，至酥取出，皮朝下放入盆内，舀出少量卤汁，撇去浮油，浇在蹄膀上，再用重物压紧，冷透后即成肴肉。食用时切片装盘，附上姜丝、香醋两小碟便成。

图2.14　水晶肴肉

【制作要点】

1. 随着气候的变化，腌制猪蹄膀的用盐量和腌制时间有所不同。
2. 掌握好猪蹄膀煮制的时间和火候。

【成品特点】颜色透明，香嫩不腻。

14 蚝油青虾

【用料规格】青虾100～150 g，青瓜两条，蚝油、鸡精粉、糖、红辣椒油各适量。

【工艺流程】虾去壳→青瓜切条→煮虾→调味

【制作方法】

1. 将青虾洗净，去壳，挑去虾线，并在背上用刀划一下，备用。
2. 将青瓜切成约3 cm的长条，撒点盐拌匀，待其腌出水分，用纱布控干，备用。
3. 将青虾煮熟，捞出，用冷水浸8～10 min。
4. 将所有材料加入调味料拌匀即可。

图2.15　蚝油青虾

【制作要点】

1. 将青瓜先用盐腌出水分，凉拌时则不至于产生太多汤汁，影响口感。
2. 如果爱吃辣，可加点红辣椒油，辣度随个人口味。
3. 用蚝油不仅可以提鲜，且搭配青虾，虾鲜与蚝香相得益彰，香味更浓。

【成品特点】青瓜爽脆、青虾鲜甜，鲜艳诱人。

二、花色冷拼（以祝寿类主题冷盘为例）

祝寿类主题冷盘作为主题冷盘的一个组成部分，首先要明白该类冷菜的主题，还要把握该类主题冷盘的设计主题要点和制作过程中的技术要素。通过学习，要求学生对祝寿类主题冷菜的设计和制作有基本的了解和认知。

1 双桃献寿

【用料规格】盐水虾、蒜蓉黄瓜、白蛋糕、火腿、黄蛋糕、糖醋红胡萝卜、油焖笋、卤口条、卤鸭脯、盐味黄胡萝卜、叉烧肉、红樱桃、绿樱桃、蛋松、炝青椒、葱椒鸡丝、山楂糕、火腿、冬瓜。

【工艺流程】用鸡丝垫底→拼摆左桃和右桃→拼摆树枝和叶枝→做假山→制作

【制作方法】

1. 用葱椒鸡丝垫底堆码成两个寿桃的初胚。

2. 左桃：盐水虾从中间一批为二，蒜蓉黄瓜切成蓑衣刀纹，白蛋糕、火腿、黄蛋糕、糖醋红胡萝卜、油焖笋切成方形片，从桃子的右半面底部按序排叠成桃子的右半部；蛋松覆盖在寿桃的左半部表面，绿樱桃切半，排列在桃子中间顶端。

3. 右桃：蒜蓉黄瓜切成蓑衣刀纹，白蛋糕、卤口条、卤鸭脯、盐味黄胡萝卜、叉烧肉、黄蛋糕切成鸡心形状的片，从寿桃右半底部按序分别从上排叠成桃子的左半面，姜汁菠菜松覆盖摆在左半部表面，红樱桃切半，排列在桃子的中间顶部。

4. 桃枝与叶子：卤冬菇斜批成片拼摆成桃枝，炝青椒刻成桃叶，黄蛋糕切成厚片刻成蝙蝠的形状点缀于盘子的上端。

5. 用南瓜雕刻成寿桃后摆于围碟中，将火腿、山楂糕，五香酱牛肉切成条，冬瓜切成条焯水后用柠檬汁浸泡后斜拼摆于围碟中，中间用黄瓜切片摆成一条线将雕刻的寿桃和切成的条隔开。

【制作要点】

1. 原料的初加工要符合拼摆制作的要求。

2. 在制作过程中要做到刀工精细，刀距等达到一定的要求。

3. 在拼摆设计时，要注意两个寿桃在盘中的位置以及两个寿桃之间的比例。

4. 围碟的设计要符合主题的要求。

【成品特点】此造型塑造的是肥嫩美丽的寿桃形象。两个寿桃肥大娇嫩，惹人喜爱，一大一小五彩纷呈，虽饱满肥壮，却不失玲珑之灵气。在生日或寿宴上使用更加增添"献寿"的气氛，以寿桃为造型题材又给人新颖、奇特之感。

[评分标准]

"双百分"实训评价细则见表2.3。

表2.3 "双百分"实训评价细则

评价项目	评价内容	评价标准	分 值	说 明
实践操作过程评价（100%）	职业自检合格（15%）	工作服、帽穿戴整洁	3	符合职业要求
		不留长发、不蓄胡须	3	
		不留长指甲、不戴饰品、不化妆	3	
		工作刀具锋利无锈、齐全	3	
		工作用具清洁、整齐	3	

续表

评价项目	评价内容	评价标准	分　值	说　明
实践操作 过程评价 （100%）	工作程序规范 （20%）	原料摆放整齐	4	符合技术操作 规范
		操作先后有序	4	
		过程井然有序	4	
		操作技能娴熟	4	
		程序合理规范	4	
	操作清洁卫生 （15%）	工作前洗手消毒	2	
		刀具砧板清洁卫生	2	
		熟制品操作戴手套、口罩	2	
		原料生熟分开	3	
		尝口使用专用匙（不回锅）	2	
		一次性专项使用抹布	2	
		餐用具清洁消毒	2	
	原料使用合理 （20%）	选择原料合理	4	
		原料分割、加工正确	4	
		原料物尽其用	4	
		自行合理处理废脚料	4	
		充分利用下脚料	4	
	操作过程安全无事故 （10%）	正确使用设备	3	
		合理操作工具	2	
		无刀伤、烫伤、划伤、电伤等	2	
		操作过程零事故	3	
	个人职业素养 （20%）	操作时不大声喧哗	2	
		不做与工作无关的事	3	
		姿态端正	2	
		仪表、仪态端庄	2	
		团结、协作、互助	3	
		谦虚、好学、不耻下问	2	
		开拓创新意识强	3	
		遵守操作纪律	3	

续表

评价项目	评价内容	评价标准	分 值	说 明
实践操作成品评价（100%）	成品色泽（6%）	色彩鲜艳	3	
		光泽明亮	3	
	成品味道（20%）	香气浓郁	5	
		口味纯正	5	
		调味准确	5	
		特色鲜明	5	
	成品形态（10%）	形状饱满	4	
		刀工精细	3	
		装盘正确	3	
	成品质地（10%）	质感鲜明	5	
		质量上乘	5	
	成品数量（6%）	数量准确	3	
		比例恰当	3	
	盛器搭配合理（6%）	协调合理	6	
	作品创意（7%）	新颖独特	1	
		创新性强	3	
		特色明显	3	
	食用价值（10%）	自然原料	5	
		成品食用性强	5	
	营养价值（10%）	营养搭配合理	4	
		营养价值高	3	
		成品针对性强	3	
	安全卫生（15%）	成品清净卫生	5	
		不使用人工合成添加剂	10	

2 松鹤延年

【用料规格】发菜、松花蛋、白蛋糕、卤刺参、盐味青椒、盐水大虾、火腿、腊鸡腿、葱烤鱼、红樱桃、盐味黄胡萝卜、紫菜蛋卷、酸辣黄瓜、姜汁莴苣、相思豆、色拉、炝青椒、山药泥、怪味海带、素蟹肉、叉烧肉、咖啡色鱼糕、烤鸭脯肉。

【工艺流程】堆码鹤的初坯→制作鹤的右翅膀和左翅膀至鹤身的羽毛→拼摆大腿和身上

羽毛至颈部→制作鹤的头部细处理→雕刻鹤的腿→拼摆假山及小草→拼摆松树

【制作方法】

1. 将葱烤鱼切成细丝堆码成鹤的初胚。

2. 松花蛋切成月牙形片排叠作尾部羽毛。

3. 白蛋糕切成短柳叶形片，从上往下分别叠成右翅（里面）羽毛；白蛋糕切长柳叶形片，分三层从下往上排叠作左翅羽毛至鹤身。

4. 白蛋糕切成柳叶形片，从身后向前排叠作大腿和身上羽毛（至颈部）。

5. 发菜缀饰颈部作黑羽毛；白蛋糕圆形小片上嵌红樱桃圆形小片作眼睛；红樱桃片作丹顶；盐味黄胡萝卜刻作嘴。

6. 腊鸡腿刻切成细长腿。

7. 盐水大虾、火腿片、紫菜蛋卷（斜切成椭圆形片）排叠作山；黄瓜丝缀作小草。

8. 卤刺参切成条状排码成松树枝干；盐味青椒切成蓑衣捻开排叶。

9. 围碟制作：叉烧肉切成长方形的片从左到右拼摆成盘身；咖啡色鱼糕切成条状排叠成盆口；烤鸭脯肉切细条拼作松枝；黄瓜切成蓑衣刀拼摆成松树的叶子，姜汁莴苣切丝码成仙鹤的初坯；火腿切柳叶形片排叠成翅部和尾部羽毛；姜汁莴苣切宽柳叶形片排叠成身部羽毛；色拉码成颈部；黄蛋糕刻作嘴和腿部；红樱桃切半作丹顶；盐味相思豆作眼睛；炝青椒切蓑衣刀捻开作小草，火腿蓉山药泥堆码成仙鹤的初坯；怪味海带刻成尾巴羽毛；素蟹肉切长椭圆形片排叠成身部和头颈部羽毛；叉烧肉切细条拼作嘴和腿；相思豆和半粒樱桃分别作为眼睛和丹顶；蓑衣青椒摆作绿草。

【制作要点】

1. 原料的初加工要符合拼摆制作的要求。

2. 在制作过程中要做到刀工精细，刀距等达到一定的要求。

3. 在制作鹤时，注意鹤的颈部比较细长，根据需要可以进行扭转。

4. 两只鹤其中一只回头，使两只鹤有机地组合在一起。

【成品特点】此造型中苍松挺劲、舞鹤居中、立鹤在左、两鹤相望，神情生动自然。在构图上，盘右下部实，有远有近。数寸盘子，容千里河山，加之鹤姿优逸，色彩对比谐和，能给人以美的享受。

[评分标准]

"双百分"实训评价细则见表2.4。

表2.4　"双百分"实训评价细则

评价项目	评价内容	评价标准	分　值	说　明
实践操作过程评价（100%）	职业自检合格（15%）	工作服、帽穿戴整洁	3	符合职业要求
		不留长发、不蓄胡须	3	
		不留长指甲、不戴饰品、不化妆	3	
		工作刀具锋利无锈、齐全	3	
		工作用具清洁、整齐	3	

评价项目	评价内容	评价标准	分值	说明
实践操作过程评价（100%）	工作程序规范（20%）	原料摆放整齐	4	符合技术操作规范
		操作先后有序	4	
		过程井然有序	4	
		操作技能娴熟	4	
		程序合理规范	4	
	操作清洁卫生（15%）	工作前洗手消毒	2	
		刀具砧板清洁卫生	2	
		熟制品操作戴手套、口罩	2	
		原料生熟分开	3	
		尝口使用专用匙（不回锅）	2	
		一次性专项使用抹布	2	
		餐用具清洁消毒	2	
	原料使用合理（20%）	选择原料合理	4	
		原料分割、加工正确	4	
		原料物尽其用	4	
		自行合理处理废脚料	4	
		充分利用下脚料	4	
	操作过程安全无事故（10%）	正确使用设备	3	
		合理操作工具	2	
		无刀伤、烫伤、划伤、电伤等	2	
		操作过程零事故	3	
	个人职业素养（20%）	操作时不大声喧哗	2	
		不做与工作无关的事	3	
		姿态端正	2	
		仪表、仪态端庄	2	
		团结、协作、互助	3	
		谦虚、好学、不耻下问	2	
		开拓创新意识强	3	
		遵守操作纪律	3	

续表

评价项目	评价内容	评价标准	分　值	说　明
实践操作 成品评价 （100%）	成品色泽 （6%）	色彩鲜艳	3	
		光泽明亮	3	
	成品味道 （20%）	香气浓郁	5	
		口味纯正	5	
		调味准确	5	
		特色鲜明	5	
	成品形态 （10%）	形状饱满	4	
		刀工精细	3	
		装盘正确	3	
	成品质地 （10%）	质感鲜明	5	
		质量上乘	5	
	成品数量 （6%）	数量准确	3	
		比例恰当	3	
	盛器搭配合理 （6%）	协调合理	6	
	作品创意 （7%）	新颖独特	1	
		创新性强	3	
		特色明显	3	
	食用价值 （10%）	自然原料	5	
		成品食用性强	5	
	营养价值 （10%）	营养搭配合理	4	
		营养价值高	3	
		成品针对性强	3	
	安全卫生 （15%）	成品清净卫生	5	
		不使用人工合成添加剂	10	

任务2.3　中餐筵席热菜的设计与制作

[学习目标]

1. 了解中餐筵席热菜制作设计的要求。
2. 熟知中餐筵席热菜造型的制作原则。
3. 掌握部分具有代表性的淮扬风味筵席热菜、川味筵席热菜、鲁味筵席热菜和粤味筵席热菜品种。

[学习要点]

1. 中餐筵席热菜造型的制作原则。
2. 制作部分具有代表性的淮扬风味筵席热菜、川味筵席热菜、鲁味筵席热菜和粤味筵席热菜品种。

[相关知识]

热菜是筵席的主体菜品，能使筵席过程高潮迭起、情绪热烈。热菜与冷菜不同，其显著特点是趁热食用，以强烈的风味令人们倾倒。因此，热菜受温度的制约性极强，要以最简最快的速度造型，但这并不是说，可以杂乱无章地呈现在人们面前，这样会在一定程度上有损人们的进餐情趣，从而对筵席效果造成不良影响。

2.3.1　热菜的设计

热菜是筵席的台柱，属于筵席的主干，质量要求较高，排菜讲究变化，层层推进，逐步将筵席推向高潮。与冷菜相比，热菜制作设计具有以下要求：

①热菜一般包括热炒、头菜、荤素大菜（有山珍菜、海味菜、禽蛋菜、畜奶菜、水产菜、粮豆菜、蔬果菜等）、甜食（有干有湿，有冷有热）和汤菜（包括二汤、跟汤与座汤）5类，这5类大多按热炒→头菜→炸烤菜→二汤→荤菜→跟汤→甜菜→素菜→座汤的顺序编排。

②热菜在筵席中具有举足轻重的地位，因此，要求其品种多、规格高、制作精、分量大，筵席的成本及档次主要由其控制。

③热菜的本质属性体现在色、香、味、形、意及营养卫生上，菜品的选择与设计应从这6个方面来考虑。

④热菜的设计要在筵席统一主题中更追求个性的表现，前后配合具有内在的节奏，因此，应因菜而异，一菜一格，百菜百味。

⑤热菜的设计还要与餐饮企业的档次规模及装潢布局相适应，与服务的类型、内容相吻合，且相应的工作人员应达到服务的要求。

2.3.2　热菜造型的制作原则

中国菜品工艺精湛，独步烹坛，与变化多端的制作造型工艺有密切关系。中国烹饪经历代烹调师的苦心钻研，新的工艺方法不断增多，新的菜肴品种不断涌现。许多烹调师在菜品制作与创新中，都善于从工艺变化的角度作为菜肴变新的突破口，摸索出许多规律，创造出许多菜品的新风格。而菜肴的主要功能是供人食用的，它与其他工艺造型有质的区别，既受时间、空间的限制，又受原材料的制约。

1）食用与审美相结合

我国菜品制作有其独特的表现形式，它是经烹调师精巧灵活的双手，运用一定的工艺造型而完成的。创制造型菜品的根本目的，是使菜品具有较高的食用价值。菜肴通过一定的艺术造型，使人们在食用时达到审美的效果，食之津津有味，观之令人心旷神怡。

食用与审美寓于菜肴造型工艺的统一体之中，而食用则是它的主要方面。菜肴造型工艺中一系列操作技巧和工艺过程，都是围绕食用和增进食欲这个目的进行的。它既要满足人们对饮食的欲望，又要产生美感。

2）营养与美味相结合

热菜造型的形式美是以内容美为前提的。当今人们评判一款菜品的价值，最终必定都落在"养"和"味"上，如"营养价值高""配膳合理""回味无穷"等。人们品评美食，开始或不免被它的色彩、形态所吸引，但真正要评其美食的真谛，又总不在色、形上，这是因为饮食的魅力在于"养"和"味"。菜品的操作程序和技巧，都是为了使菜品具有较高的食用价值、营养价值，能给人们以美味享受。这也是制作菜品的关键所在。

关于菜品创新的最高标准，人们众说纷纭。在饮食实践中，人们一般同时运用多种标准。其一，味美；其二，色香味形质器养意；其三，营养平衡；其四，安全卫生；其五，养生保健；其六，符合有关法规。这些标准，哪一条都有自己独特的规定，单独看，都是正确的。但是，在菜品创制时，正确的做法应该综合运用这些标准。在一般情况下，这个标准体系的内容，按其重要性，正确的排法应该是营养平衡第一，味美第二，再加上其他几条。人们在实践中容易犯的最大错误就是往往把"味"排在第一位，而不是把营养平衡排在第一位，甚至是只讲"味"这一条。

3）质量与时效相结合

一款创新菜品的质量好坏，是其能够推广、流传的重要前提。菜品质量是餐饮企业生存的基础，没有质量，就没有生产制作的必要。在一些烹饪大赛或企业的创新菜比赛中，许多菜品生熟不分、造型混乱，对原料长时间的手触处理，乱加人工色素，不洁净的操作过程，这些菜品虽外表漂亮，口味也不差，但其菜品的质地受到了损坏，相应地带来了一些负面影响。例如，将烹制的热菜造型于琼脂冻的盘子上，一冷一热，使菜形乱七八糟；用超量的人工合成色素来美化原料和菜品，使其颜色失真，虽然菜品造型较好，但菜品的质量遭到了破坏。

影响菜品质量的因素是多方面的，用料不合理、构思效果不好、口味运用不当、火候把握不准确等，都会影响造型菜品的质量。在保证菜品质量的前提下，还要考虑菜品制作的时效性。在市场经济时代，企业对菜肴出品、工时耗费要求也较严格。过于费时的、需长时间人工操作处理的菜肴，已不适应现代市场的需求；过于繁复的，不适宜批量生产、快速生产的菜品也是其缺陷的一个方面，它不仅影响企业的经营形象，也影响菜品的生产速度。

热食造型菜，在注重形美的同时，反对一味地为造型而造型、不惜时间而造型。现代厨房生产需要有一个时效观念，不提倡精工细雕的造型菜，提倡的是菜品的质量观念和时效观念相结合，使创新菜品不仅形美、质美，而且适于经营，易于操作，利于健康。

4）雅致与通俗相结合

中国热食造型菜品丰富多彩，真可谓五光十色，千姿百态。各地涌现出的许多创新菜大都具有雅俗共赏的特点，并各有其风格特色。按菜品制作造型的程序来分，可分为3类：第一，先预制成型，后烹制成熟。球形、丸形以及包、卷成形的菜品大多采用此法，如狮子头、石榴包、菊花肉、兰花鱼卷等。第二，边加热边成型的，如松鼠鳜鱼、玉米鱼、虾线、芙蓉海底松等。第三，加热成熟后再处理成型，如刀切鱼面、糟扣肉、咕啫肉、宫保虾球等。按成型的手法来分，可分为包、卷、捆、扎、扣、塑、裱、镶、嵌、瓤、捏、拼、砌、模、刀工美化等多种手法。按制品的形态，又可分为平面型、立体型以及羹、饼、条、丸、饭、包、饺等多种形态。按其造型品类分量来分，可分为整型（如八宝葫芦鸭）、散型（如蝴蝶鳝片）、单个型（如灵芝素鲍）和组合型（如百鸟朝凤）。

[实施和建议]

本任务以中餐热菜造型的制作原则为依据，重点练习部分经典淮扬风味筵席热菜、川味筵席热菜、鲁味筵席热菜和粤味筵席热菜。

建议课时：24课时。

[学习评价]

本任务学习评价见表2.5。

表2.5　学习评价表

学生本人	量化标准（20分）	自评得分
成果	学习目标达成，侧重于"应知""应会"（优秀：16～20分；良好：12～15分）	
学生个人	量化标准（30分）	互评得分
成果	协助组长开展活动，合作完成任务，代表小组汇报	
学习小组	量化标准（50分）	师评得分
成果	完成任务的质量，成果展示的内容与表达（优秀：40～50分；良好：30～39分）	
总分		

[巩固与提高]

1. 中餐筵席热菜制作设计具有哪些要求？

2. 中餐筵席热菜造型的制作原则有哪些？

3. 根据热菜制作标准要求，制作部分具有代表性的淮扬风味筵席热菜、川味筵席热菜、鲁味筵席热菜和粤味筵席热菜。

[实训]

一、淮扬风味筵席热菜

淮扬风味筵席热菜屡见不鲜，它的特点包括：选材新鲜，口味清淡，少咸辣，南北皆宜；刀工、火工讲究，少汤水，观色清新淡雅。

 酿丝瓜

【用料规格】鲜虾肉150 g，丝瓜3根，红椒丝20 g，鸡蛋1只，精盐、姜、葱、酒汁、味精、干淀粉、湿淀粉、鸡精、清汤、色拉油各适量。

【工艺流程】虾仁的洗涤与刀工处理→丝瓜的加工与刀工处理→丝瓜筒生坯的制作→熘油、烧制装盘

【制作方法】

1. 将鲜虾剥外皮，挑虾肠，冲洗干净，剁成虾蓉。

2. 丝瓜切成筒状，再将内瓤挖出，备用。

3. 用精盐、姜、葱、酒汁、味精、干淀粉、湿淀粉、鸡精将虾蓉拌均匀后，塞入丝瓜筒内。

4. 锅里放油烧热，将酿好的丝瓜筒放入锅中熘油至熟，捞起，沥去油。

5. 锅再放火上，舀入适量的底油，放入清汤，加精盐、味精、鸡精放入丝瓜筒并用湿淀粉勾芡，淋上色拉油，装盘即成。

【制作要点】

1. 在制作虾肉蓉时不要放水，同时要掌握好调味品的投放量。

2. 丝瓜筒熘油时要严格控制好油温和熘油时间。

【成品特点】丝瓜鲜甜脆嫩，鲜虾香味浓郁，口味鲜咸。

2 拔丝土豆

【用料规格】土豆500 g，白糖100 g，色拉油适量。

【工艺流程】土豆洗涤、去皮与刀工处理浸泡→入油锅炸制→糖浆熬制→拔丝装盘

【制作方法】

1. 将土豆去皮，切滚刀块。

2. 锅中放熟油，烧至五成热，下土豆块，慢火炸，见土豆块浮上油面，呈淡黄色时捞出。

3. 把锅中余油倒出，加半勺水，放糖，熬成糖浆，把炸好的土豆放入，颠翻均匀出勺即可。

【制作要点】

1. 土豆去皮后切滚刀块，其块形大小要一致，成熟的时间才能一致。

2. 在拔丝前要掌握好油、糖、水的比例。

3. 在拔丝过程中要注意掌握火力的大小与时间的长短。

【成品特点】此菜色泽金黄，丝丝拉开，土豆香脆甜美。

3 炒腰花

【用料规格】猪腰400 g，荸荠20 g，冬笋片25 g，葱白40 g，精盐、姜汁、蒜片、酱油、白糖、香醋、味精、清汤、干淀粉、湿淀粉、鸡精、色拉油各适量。

【工艺流程】猪腰的洗涤与刀工处理→配料的加工与刀工处理→滑油→烹炒装盘

【制作方法】

1. 将猪腰从中间片开去腰臊，剞麦穗花刀，再切成块。

2. 分别将冬笋、马蹄切成片。

3. 碗中放入清汤、酱油、白糖、香醋、鸡精、料酒、姜汁、味精、蒜片、淀粉兑成芡汁。

4. 炒锅上火放油烧至五六成热，投入浆好的腰花，稍滑后捞起沥油。

5. 锅再上火，舀入适量的底油，放入荸荠、葱白、冬笋片煸炒，放入腰花，倒芡汁旺火急炒，淋明油出锅即可。

【制作要点】

1. 猪腰在进行刀工处理时，要掌握好刀距和剞刀的深度。

2. 猪腰在滑油时，要严格控制油温和时间。

【成品特点】形似麦穗，色泽红润、油亮，滑嫩爽口，口味咸中带甜，略带醋香。

4 家常芋头

【用料规格】嫩芋头300 g，猪瘦肉末30 g，红椒20 g，青椒20 g，冬笋片25 g，生姜20 g，葱白40 g，蒜头10 g，精盐、姜葱酒、酱油、白糖、香醋、味精、干淀粉、湿淀粉、鸡精、红油、色拉油、鸡清汤各适量。

【工艺流程】嫩芋头的洗涤与刀工处理→配料的加工与刀工处理→初步熟处理→烹炒装盘

【制作方法】

1. 将芋头洗净，去皮，切成滚刀块。

2. 将红椒、青椒、冬笋分别切成片，姜切成米，葱切成花，蒜捣成泥。

3. 锅上火，舀入适量油，烧至六成热时将芋头块下油锅炸至成熟。

4. 炒锅再上火，放底油，投入姜米、葱花、蒜泥、精盐、姜葱酒、酱油、白糖、香醋、味精、鸡清汤、鸡精烧制，再放入炸好的芋头约3 min，用湿淀粉勾芡，淋上红油装盘即成。

【制作要点】

1. 家常芋头在制作时要选用嫩芋头。

2. 芋头用油炸时要严格控制油温和炸制的时间。

【成品特点】此菜色泽红润油亮，软嫩爽口，咸、甜、酸、辣、香兼备。

5 烧肥肠

【用料规格】熟肥肠400 g，尖椒100 g，大蒜50 g，料酒15 g，酱油10 g，白糖30 g，香醋25 g，水淀粉10 g，胡椒粉5 g，精盐1 g，味精1 g。

【工艺流程】熟肥肠的洗涤与刀工处理→配料的加工与刀工处理→初步熟处理→烹炒

装盘

【制作方法】

1. 将肥肠从中间剖开，切段，放入开水锅中煮透，捞出控净水分。

2. 将尖椒切片，大蒜剥皮，切成末。

3. 锅上火，舀入适量油，把肥肠、尖椒同时下锅稍炸，捞出。

4. 炒锅再上火放底油，投入蒜末，烹入料酒、酱油、白糖、香醋，把肥肠、尖椒、精盐、味精、胡椒粉和少许开水放入锅中，烧开，水淀粉勾芡，烧熟即可。

【制作要点】

1. 烹制此菜前，肥肠要洗涤干净，除去油污。

2. 肥肠在炸制时要控制好油温和炸制的时间。

【成品特点】此菜色泽红润油亮，软嫩爽口，鲜咸微辣，汁浓味厚。

6 生炒蝴蝶片

【用料规格】鳝鱼400 g，鸡蛋1只，青椒25 g，冬笋15 g，大蒜10 g，大葱10 g，姜10 g，料酒5 g，酱油3 g，白糖10 g，盐5 g，味精4 g，干淀粉、湿淀粉各6 g，胡椒粉3 g，香油4 g，色拉油30 g。

【工艺流程】蝴蝶片的刀工处理与上浆→配料、小料的加工→主料的滑油→烹炒即成

【制作方法】

1. 将黄鳝宰杀，去骨，洗净沥干水分，斜切成蝴蝶片，放入碗内加鸡蛋、精盐、味精、料酒、干淀粉，上浆。

2. 分别将青椒、冬笋切成菱形片待用。

3. 炒锅烧热加入油烧至七八成热时，将鳝片放入锅里，迅速滑熟倒出。锅内留油少许回火上，放蒜片、葱、姜，煸香，加料酒、盐、味精、糖、胡椒粉、酱油、水，再将鳝片倒入翻炒几下，用湿淀粉勾芡，淋上香油出锅，装盘即可。

【制作要点】

1. 鳝鱼选用时一般选用200 g左右一条的，因为此重量的鱼肉质嫩。

2. 鳝鱼肉在进行刀工处理时，要注意剞刀深度，要形成夹刀片，其效果更佳。

3. 滑油时要掌握好火候与时间。

【成品特点】口味酸甜、色泽红亮、鲜嫩味美。

7 八宝葫芦鸭

【用料规格】肥嫩仔鸭1只（约2 000 g），水发海参50 g，水发鱿鱼50 g，水发猪蹄筋50 g，干贝50 g，水发冬菇25 g，冬笋25 g，火腿25 g，发好的莲子25 g，糯米25 g，姜末2 g，鸡蛋1只，葱段20 g，姜片20 g，湿淀粉10 g，饴糖10 g，精盐7 g，味精2 g，料酒5 g，酱油25 g，大油25 g，花生油2 500 g（约耗100 g）。

【工艺流程】整鸭脱骨、剔骨→配料的刀工处理→八宝馅的加工→炸制→蒸制→装盘

【制作方法】

1. 将初步加工好的仔鸭，用整鸭脱骨法剔骨后，保持形态完整，洗净待用。

2. 海参、鱿鱼、蹄筋、冬菇、冬笋、火腿均切成小雪花片，开水烫一下，干贝蒸烂撕

成小块，莲子蒸烂，糯米蒸半熟捞出，沥去水分。取盆一个，加入各种配料，加入精盐3 g、味精1 g、料酒2 g、姜末2 g、大油和鸡蛋清，拌成八宝馅备用。

3. 从腹腔内将鸭翅膀抽拉到里面，半馅填入，并把鸭头塞进去一半，用纱布条将口扎住，再从翅膀处掐成上小下大的葫芦形。细腰部分用纱布打成活结，扎住。

4. 把已成形的葫芦鸭在开水锅中略浸一下，捞出控干水分。将饴糖化开，在鸭身上均匀地抹一遍。

5. 将锅放旺火上，添入花生油，烧八成热，投入八宝鸭，炸至柿黄色捞出，解去纱布条。

6. 将鸭放在腰盘里，加入葱段、姜末、精盐4 g，味精1 g，料酒3 g和酱油25 g，上笼蒸酥烂，取出后拣去葱、姜。汤汁滗入锅内，煮沸，勾入流水芡，下入明油，起锅浇在鸭身上即成。

【制作要点】

1. 整鸭脱骨时，注意保持表皮的完整。

2. 装馅心时，不宜装得太胀。

3. 蒸制时要掌握好火候和蒸制的时间。

【成品特点】形态优美，囊中有珍味，肥而不腻。

8 玉骨里脊

【用料规格】猪里脊肉200 g，笋条200 g，鸡蛋1只，淀粉、精盐、葱姜酒汁、姜片、葱结、料酒、酱油、醋、绵白糖、湿淀粉、色拉油、香油各适量。

【工艺流程】猪里脊肉的刀工处理与浸汁入味→配料的加工→制作玉骨里脊生坯→熘制装盘

【制作方法】

1. 将猪里脊肉处理成柳叶片，用鸡蛋清、葱姜酒汁、淀粉、盐上浆。

2. 用肉片裹住笋条，制作玉骨里脊生坯。

3. 炒锅上火，入油，将玉骨里脊滑油，沥油。

4. 炒锅上火，舀入适量的色拉油，加入姜、葱，煸香，去姜、葱，加入料酒、酱油、糖、醋，烧沸，勾芡，放入玉骨里脊颠锅，淋入香油。

【制作要点】

1. 在猪里脊肉处理成柳叶片时，片张要薄且均匀。

2. 用肉片裹笋条时要裹紧黏牢。

3. 滑油时掌握好油温与滑油的时间。

4. 熘菜要掌握好调味品的投放量。

【成品特点】此菜色泽红亮、明油亮汁、酸甜适度。

9 醋熘鳜鱼

【用料规格】鳜鱼1条（约1 000 g），韭黄100 g，小葱10 g，大蒜20 g，醋75 g，白砂糖200 g，香油50 g，姜10 g，料酒50 g，酱油75 g，淀粉200 g，花生油300 g。

【工艺流程】鳜鱼的初加工与洗涤→主料的刀工处理→调制水粉糊→入油锅炸制→熘

制→装盘

【制作方法】

1. 大蒜去蒜衣，洗净；韭黄摘洗干净，切段；葱去根，洗净，切段；姜洗净，切片。

2. 将鳜鱼去鳞、鳃、鳍，剖腹，去内脏洗净。

3. 在鱼身的两面剖成牡丹花刀，用线扎紧鱼嘴。

4. 用刀将鱼头、鱼身拍松。将锅置旺火上，舀入花生油，烧至五成热，将鱼在水淀粉中均匀地挂上一层糊，一手提鱼尾，一手抓住鱼头，轻轻地将鱼放入油锅内，初炸至淡黄色捞起。解去鱼嘴上的扎线，略凉后再将鱼放入七成热的油锅内复炸至金黄色捞出；稍凉后，再放入八成热的油锅内炸至焦黄色，待鱼身浮上油面，捞出装盘，用干净的布将鱼按松。

5. 在第二次复炸鱼的同时，另取一只炒锅上火，舀入花生油100 g烧热，放入葱、姜炸香，加酱油、料酒、白糖和清水500 mL，同烧。

6. 待烧沸后，用水淀粉勾芡，再淋入香油、醋、韭黄段、熟花生油50 g，制成糖醋卤汁。

7. 在制卤的同时，另取炒锅上火，烧至锅底灼热时，舀入熟花生油100 g，及时将另一只锅内卤汁倒入。

8. 将鱼和卤汁快速端到席面，趁热将卤汁浇在鱼身上，发出"吱吱"的响声；再用筷子将鱼拆松，使卤汁充分地渗透鱼内部即成。

【制作要点】

1. 选用1 000 g左右的鳜鱼为宜。

2. 剖牡丹花刀时，刀距为2～4 cm，深至鱼骨，刀刃再沿鱼骨向前平批1.5 cm。

3. 做此菜要程序明确，先后3次油炸，每次油温不同，每炸一次需"醒"一次。关键在于3只炒锅运用得当，即鱼炸好后，汁也做好浇上，否则发不出"吱吱"的响声。

4. 此方法也运用于鲤鱼、黄鱼。

5. 因有过油炸制过程，需准备花生油2 000 g。

【成品特点】此菜外焦脆，里鲜嫩，浇上沸卤汁，发出"吱吱"的响声，醋香扑鼻，味甜酸适口。

[评分标准]

"双百分"实训评价细则见表2.6。

表2.6　"双百分"实训评价细则

评价项目	评价内容	评价标准	分　值	说　明
实践操作过程评价（100%）	职业自检合格（15%）	工作服、帽穿戴整洁	3	符合职业要求
		不留长发、不蓄胡须	3	
		不留长指甲、不戴饰品、不化妆	3	
		工作刀具锋利无锈、齐全	3	
		工作用具清洁、整齐	3	

评价项目	评价内容	评价标准	分 值	说 明
实践操作过程评价（100%）	工作程序规范（20%）	原料摆放整齐	4	符合技术操作规范
		操作先后有序	4	
		过程井然有序	4	
		操作技能娴熟	4	
		程序合理规范	4	
	操作清洁卫生（15%）	工作前洗手消毒	2	
		刀具砧板清洁卫生	2	
		熟制品操作戴手套、口罩	2	
		原料生熟分开	3	
		尝口使用专用匙（不回锅）	2	
		一次性专项使用抹布	2	
		餐用具清洁消毒	2	
	原料使用合理（20%）	选择原料合理	4	
		原料分割、加工正确	4	
		原料物尽其用	4	
		自行合理处理废脚料	4	
		充分利用下脚料	4	
	操作过程安全无事故（10%）	正确使用设备	3	
		合理操作工具	2	
		无刀伤、烫伤、划伤、电伤等	2	
		操作过程零事故	3	
	个人职业素养（20%）	操作时不大声喧哗	2	
		不做与工作无关的事	3	
		姿态端正	2	
		仪表、仪态端庄	2	
		团结、协作、互助	3	
		谦虚、好学、不耻下问	2	
		开拓创新意识强	3	
		遵守操作纪律	3	

续表

评价项目	评价内容	评价标准	分 值	说 明
实践操作 成品评价 （100%）	成品色泽 （6%）	色彩鲜艳	3	
		光泽明亮	3	
	成品味道 （20%）	香气浓郁	5	
		口味纯正	5	
		调味准确	5	
		特色鲜明	5	
	成品形态 （10%）	形状饱满	4	
		刀工精细	3	
		装盘正确	3	
	成品质地 （10%）	质感鲜明	5	
		质量上乘	5	
	成品数量 （6%）	数量准确	3	
		比例恰当	3	
	盛器搭配合理 （6%）	协调合理	6	
	作品创意 （7%）	新颖独特	1	
		创新性强	3	
		特色明显	3	
	食用价值 （10%）	自然原料	5	
		成品食用性强	5	
	营养价值 （10%）	营养搭配合理	4	
		营养价值高	3	
		成品针对性强	3	
	安全卫生 （15%）	成品清净卫生	5	
		不使用人工合成添加剂	10	

二、川味筵席热菜

川味筵席热菜讲究色、香、味、形，在"味"字上下功夫，以味的多、广、厚著称。川菜口味的组成，主要有"麻、辣、咸、甜、酸、苦、香"7种味道，巧妙搭配，灵活多变，创制出麻辣、酸辣、红油、白油等几十种各具特色的复合味，味别之多，调制之妙，堪称中外菜肴之首，赢得"一菜一格，百菜百味"的称誉。

1 回锅肉

【用料规格】带皮猪后腿肉200 g，蒜苗50 g，郫县豆瓣15 g，酱油8 g，甜面酱8 g，精盐0.6 g，色拉油30 g。

【工艺流程】煮猪肉→切片→炒→装盘

【制作方法】

1. 蒜苗择洗干净，斜切成段。

2. 猪肉刮洗后，放入水锅内煮至刚熟，捞出晾凉，将熟猪肉切成长5 cm，厚0.15 cm的片，郫县豆瓣剁细。

3. 将炒锅置火上放油，烧至六成油温，放入肉片、盐，炒香呈"灯盏窝"形，加入郫县豆瓣、甜面酱、酱油炒香上色，加入蒜苗炒断生，起锅装盘成菜。

【制作要点】

1. 选用皮薄的猪后腿肉。在无蒜苗的季节可选用青蒜、青椒等。

2. 煮猪肉的火候要掌握好，以刚熟为佳，这样才能使肉片在炒制过程中易起"灯盏窝"形。

3. 根据猪肉现有的特性，在烹调过程中可以加入少量的料酒。在没有红酱油的情况下，可选用其他质好的酱油，加白糖、味精或味增鲜，掌握好郫县豆瓣与甜面酱的使用量，避免成菜味偏咸。

【成品特点】此菜香味扑鼻，色红亮，肉质微带干香，咸鲜略甜带辣，蒜苗色绿清香。

2 生爆盐煎肉

【用料规格】猪腿肉150 g，蒜苗35 g，豆豉5 g，郫县豆瓣20 g，酱油5 g，精盐0.5 g，色拉油35 g。

【工艺流程】猪肉切片→炒→装盘

【制作方法】

1. 将猪肉去皮切成长5 cm、宽3.5 cm、厚0.15 cm的片，将蒜苗切成长2.5 cm的节。郫县豆瓣剁细。

2. 将炒锅置旺火上，放入油烧至六成油温，下肉片略炒几下后，加精盐反复煸炒出油，放入郫县豆瓣、豆豉炒香至油呈红色再放入酱油、蒜苗，炒断生出香味，起锅装盘即成。

【制作要点】

1. 炒肉片时可先用旺火，后用中火，炒至干香滋润。

2. 去皮生肉片，不需码味上浆。

3. 蒜苗不宜久炒，以断生出香为好。

【成品特点】色泽棕红，干香滋润，咸鲜带辣。

3 鱼香肉丝

【用料规格】猪肥瘦肉150 g，青笋25 g，水发木耳25 g，姜米6 g，蒜米12 g，葱花18 g，泡辣椒末25 g，精盐1.5 g，白糖8 g，酱油5 g，醋10 g，味精1 g，料酒1 g，水淀粉20 g，鲜汤25 g，色拉油50 g。

【工艺流程】肉切丝→码味上浆→滑炒→收汁→装盘

【制作方法】

1. 将猪肉、青笋分别切成长10 cm、粗0.3 cm的丝，将水发木耳切成粗丝。

2. 将精盐、料酒、酱油、醋、白糖、味精、鲜汤、水淀粉调成荔枝味芡汁。

3. 将猪肉丝与精盐、料酒、水淀粉拌匀。

4. 炒锅置火上，放油烧至六成热，放肉丝，快速翻炒至肉丝断生，加泡辣椒末，炒至油红发亮，加姜米、蒜米、葱花炒香，放青笋丝、木耳丝炒至断生，倒入调味芡汁，待收汁亮油时起锅，装盘成菜。

【制作要点】

1. 猪肉肥瘦比例以1∶4为宜。

2. 准确控制泡辣椒末的炒制程度。

3. 调制鱼香味时，应综合考虑各种调味品的具体情况，如酱油、醋的用量及加入时机等。

4. 准确掌握上浆的干稀、厚薄及芡汁中淀粉与鲜汤的比例。

【成品特点】色泽红亮、肉质鲜嫩、酸甜微辣、姜葱蒜味浓郁、紧汁亮油。

4 水煮肉片

【用料规格】猪后腿肉100 g，莴笋尖2颗（约100 g），净芹菜50 g，蒜苗30 g，郫县豆瓣20 g，干辣椒5 g，花椒1 g，精盐1 g，酱油7 g，料酒5 g，味精1 g，鲜汤300 g，水淀粉25 g，色拉油80 g。

【工艺流程】锅内烧油→炒香出色→煮→装碗→淋烫油→装盘成菜

【制作方法】

1. 将猪肉洗涤切成薄片。莴笋尖洗涤，切成长6 cm的薄片，蒜苗、芹菜择洗后切成长5 cm的段，郫县豆瓣剁细。

2. 锅内放少量油，将干辣椒、花椒炒香，再用刀加工成细末（称为双椒末）。

3. 将肉片与精盐、料酒、水淀粉拌匀。

4. 炒锅置旺火上，放少量油烧至六成油温，放入莴笋尖片、蒜苗段、芹菜段炒至断生起锅，装入汤碗或凹盘内。

5. 锅内另放油，郫县豆瓣炒香出色，加鲜汤、酱油、精盐烧沸，放入肉片、味精，煮至肉片刚热，起锅装入熟辅料碗内，撒上双椒末；锅内另放入20 g油烧至七成热，将烧烫的热油淋浇于碗内菜肴上面，即成。

【制作要点】

1. 辅料的热处理可以采用炒或焯水的方法加热至刚断生为佳。

2. 肉片上浆宜上浓浆，成菜时不宜勾芡。

3. 肉片入锅煮时，不宜马上推动，待肉片表面淀粉开始糊化时，才拨散肉片，否则易脱浆。

4. 炒干辣椒、花椒的火候要掌握好，不能炒焦。淋浇烫油的油温宜高。

【成品特点】色泽红亮、肉片鲜嫩、辅料清香、咸鲜麻辣味浓。

5 粉蒸肉

【用料规格】带皮猪肋条肉125 g，鲜豌豆70 g，大米粉25 g，姜米1 g，葱1 g，郫县豆瓣15 g，豆腐乳汁3 g，酱油4 g，料酒2 g，精盐0.2 g，味精0.5 g，花椒0.2 g，醪糟汁3 g，糖色适量，鲜汤50 g，色拉油15 g。

【工艺流程】猪肉切片→拌味→装碗→蒸→装盘

【制作方法】

1. 将猪肉切成长10 cm、厚0.3 cm的片。葱切末，花椒切碎。将豌豆淘洗干净。

2. 郫县豆瓣剁细后用油炒香。

3. 肉片装入盆内，加酱油、料酒、醪糟汁、姜米、豆腐乳汁、郫县豆瓣、味精、糖色拌匀，再加入米粉、鲜汤拌匀静放15 min后装入蒸碗内摆成"一本书"；将鲜豌豆放入拌肉的盆内加盐、米粉、少许鲜汤拌匀装入蒸碗内。

4. 将装好的蒸碗放入笼内，用旺火沸水蒸至肉熟软（约1 h），出笼翻扣入盘内成菜。

【制作要点】

1. 米粉不宜选用加工得过细或过粗的。除鲜豌豆外还可以选用土豆、红薯等。

2. 肉片拌味、拌粉后需静放入味后，才装入蒸碗内蒸制。掌握好米粉与鲜汤的使用量。

3. 旺火沸水长时间蒸，要随时观察添加笼锅内的水，避免干锅影响成菜风味。添加的水应是沸水。

【成品特点】色泽红亮、肉质软糯、米粉成熟疏散，豌豆清香，咸鲜略甜带辣。

6 酸菜肉丝汤

【用料规格】猪里脊肉150 g，泡青菜100 g，豌豆苗15 g，精盐2 g，胡椒粉1 g，味精0.5 g，蛋清淀粉20 g，鲜汤500 g。

【工艺流程】猪肉切丝→码味上浆→汆→煮→装碗

【制作方法】

1. 将猪肉、泡青菜分别切成二粗丝。

2. 将肉丝与精盐、蛋清淀粉拌匀。

3. 炒锅洗净置火上，加入清水，烧沸后将肉丝抖散下锅，待肉丝汆至发白时捞出。

4. 另换干净锅，放入鲜汤、泡青菜同煮，至烧沸出味后酌情加入精盐、胡椒粉、味精，下肉丝、豌豆苗略煮，起锅装入汤碗即成。

【制作要点】

1. 肉丝上浆与汆水是影响本菜中肉丝质感的主要因素。肉丝上浆后也可以直接放入煮沸出味的汤中煮熟。

2. 最好选用泡青菜叶茎部。若泡菜过咸可先用清水漂洗。

3. 此菜可用于普通筵席作为汤菜。

【成品特点】汤色浅茶，肉丝洁白细嫩，味咸鲜清淡微酸，有泡菜芳香。

7 火爆双脆

【用料规格】猪肚头150 g，猪腰100 g，水发玉兰片25 g，豌豆苗10根，姜片5 g，蒜片5 g，泡辣椒10 g，葱10 g，精盐3 g，胡椒粉1 g，味精0.5 g，料酒10 g，香油1 g，水淀粉30 g，鲜汤50 g，色拉油250 g（约耗100 g）。

【工艺流程】肚头、腰刀工的处理→码味上浆→爆→收汁→装盘

【制作方法】

1. 将肚头去筋后，左右交叉剖十字花刀（深度至原料2／3处），再改刀成边长约2 cm的菱形块。猪腰也用相同方法处理。将兰片切成小骨牌片。豌豆苗择洗净。葱和泡辣椒切成马耳朵形。

2. 将精盐、胡椒粉、味精、料酒、香油、水淀粉、鲜汤调成咸鲜味芡汁备用。

3. 将肚头、腰、料酒、精盐、水淀粉拌匀。

4. 炒锅置旺火，烧油至七成油温时放入姜、葱、蒜、泡辣椒、肚头、腰，快速翻炒至散开翻花，倒出余油，放入玉兰片、豌豆苗炒匀，倒入调味芡汁，紧汁亮油时，起锅装盘成菜。

【制作要点】火旺、油热、动作快是做好本菜的关键。

【成品特点】色泽自然，质地嫩脆，成型美观，咸鲜清爽，紧汁亮油。

8 白油肝片

【用料规格】猪肝120 g，水发木耳25 g，姜片5 g，鲜菜心15 g，泡辣椒8 g，蒜片5 g，葱10 g，精盐2 g，酱油5 g，料酒10 g，白糖1 g，水淀粉25 g，鲜汤30 g，色拉油60 g。

【工艺流程】猪肝切片→码味上浆→炒→收汁→装盘

【制作方法】

1. 木耳择洗干净，葱、泡辣椒切成马耳朵形。猪肝洗净，去筋，切成厚约0.1 cm的片，放入碗内加精盐、水淀粉拌匀。

2. 精盐、酱油、白糖、料酒、水淀粉、鲜汤调成咸鲜芡汁。

3. 炒锅置旺火上，放油烧至六成油温倒入肝片，炒散，加木耳、泡辣椒、姜、蒜、菜心、葱炒匀，淋入芡汁，炒均匀，起锅装盘即成。

【制作要点】

1. 切肝片的刀刃要锋利，下刀宜轻，直刀推切。

2. 肝含水量高，上浆宜干，配料选质地鲜嫩的菜心，量宜少。

3. 旺火速炒成菜肴，以断生刚熟为佳。

【成品特点】色浅棕黄，肝片细嫩，咸鲜适口。

9 鲜熘肉片

【用料规格】猪里脊肉150 g，熟冬笋20 g，豌豆苗20 g，蛋清15 g，干细淀粉25 g，精盐2 g，味精1.5 g，胡椒粉1 g，鲜汤30 g，水淀粉8 g，猪油500 g（约耗50 g）。

【工艺流程】里脊肉切片→码味上浆→滑油→炒→收汁→装盘

【制作方法】

1. 将里脊肉切成长5 cm、宽3 cm、厚0.1 cm的片。冬笋切成长4.5 cm、宽2.5 cm、厚0.2 cm的片；干淀粉同蛋清调匀。

2. 将精盐、味精、胡椒粉、水淀粉、鲜汤调成咸鲜芡汁。

3. 猪肉片用精盐0.5 g着味，同蛋清淀粉拌均匀。

4. 旺火炙锅，加猪油烧至三四成油温，放入肉片，用筷子拨散，断生后去除多余油。锅内留油30 g，下冬笋片、豌豆苗炒匀，倒入咸鲜芡汁，待收汁淋油，起锅装盘成菜。

【制作要点】

1. 肉色要浅，淀粉、锅、猪油要干净。

2. 肉片要薄，上浆适量，油温要适度。

3. 芡汁中淀粉宜少。

4. 时令鲜菜随季节变化，可灵活掌握。

【成品特点】颜色洁白，肉质滑嫩，咸鲜味美。

10 火爆腰花

【用料规格】猪腰2个，青笋75 g，泡辣椒节10 g，姜片3 g，蒜片5 g，葱10 g，精盐1.5 g，味精1 g，酱油5 g，料酒10 g，胡椒粉1 g，香油5 g，鲜汤30 g，水淀粉10 g，色拉油50 g。

【工艺流程】猪腰剞花→码味上浆→炒→收汁→装盘

【制作方法】

1. 将猪腰去筋膜、腰臊，先在破刀面剞成0.4 cm的横斜纹，再横着斜纹锲切成三刀一断的凤尾形。青笋初加工后，切成长4 cm、粗0.7 cm的筷子条，用精盐腌一下。葱切成马耳形。

2. 将精盐、料酒、味精、酱油、胡椒粉、香油、鲜汤、水淀粉调成咸鲜味芡汁。

3. 将腰花、精盐、料酒、水淀粉拌匀。

4. 炒锅置旺火上，放油烧至六成油温，放入腰花爆炒至散开断生，放入泡辣椒节、姜片、蒜片、葱节炒出香味，放入青笋条炒匀，倒入鲜咸味芡汁，待收汁淋油后摊匀，起锅装盘成菜。

【制作要点】

1. 猪腰选用未经水泡的，其腰臊要去净。

2. 上浆的时间要离烹调的时间近，以免吐水。

3. 整个烹调中要求速度快，以无血水为佳。

【成品特点】色泽浅茶色，质感嫩脆，条形均匀如凤尾，味咸鲜。

[评分标准]

"双百分"实训评价细则见表2.7。

表2.7 "双百分"实训评价细则

评价项目	评价内容	评价标准	分 值	说 明
实践操作过程评价（100%）	职业自检合格（15%）	工作服、帽穿戴整洁	3	符合职业要求
		不留长发、不蓄胡须	3	
		不留长指甲、不戴饰品、不化妆	3	
		工作刀具锋利无锈、齐全	3	
		工作用具清洁、整齐	3	

续表

评价项目	评价内容	评价标准	分 值	说 明
实践操作过程评价（100%）	工作程序规范（20%）	原料摆放整齐	4	符合技术操作规范
		操作先后有序	4	
		过程井然有序	4	
		操作技能娴熟	4	
		程序合理规范	4	
	操作清洁卫生（15%）	工作前洗手消毒	2	
		刀具砧板清洁卫生	2	
		熟制品操作戴手套、口罩	2	
		原料生熟分开	3	
		尝口使用专用匙（不回锅）	2	
		一次性专项使用抹布	2	
		餐用具清洁消毒	2	
	原料使用合理（20%）	选择原料合理	4	
		原料分割、加工正确	4	
		原料物尽其用	4	
		自行合理处理废脚料	4	
		充分利用下脚料	4	
	操作过程安全无事故（10%）	正确使用设备	3	
		合理操作工具	2	
		无刀伤、烫伤、划伤、电伤等	2	
		操作过程零事故	3	
	个人职业素养（20%）	操作时不大声喧哗	2	
		不做与工作无关的事	3	
		姿态端正	2	
		仪表、仪态端庄	2	
		团结、协作、互助	3	
		谦虚、好学、不耻下问	2	
		开拓创新意识强	3	
		遵守操作纪律	3	

续表

评价项目	评价内容	评价标准	分值	说明
实践操作成品评价（100%）	成品色泽（6%）	色彩鲜艳	3	
		光泽明亮	3	
	成品味道（20%）	香气浓郁	5	
		口味纯正	5	
		调味准确	5	
		特色鲜明	5	
	成品形态（10%）	形状饱满	4	
		刀工精细	3	
		装盘正确	3	
	成品质地（10%）	质感鲜明	5	
		质量上乘	5	
	成品数量（6%）	数量准确	3	
		比例恰当	3	
	盛器搭配合理（6%）	协调合理	6	
	作品创意（7%）	新颖独特	1	
		创新性强	3	
		特色明显	3	
	食用价值（10%）	自然原料	5	
		成品食用性强	5	
	营养价值（10%）	营养搭配合理	4	
		营养价值高	3	
		成品针对性强	3	
	安全卫生（15%）	成品清净卫生	5	
		不使用人工合成添加剂	10	

三、鲁味筵席热菜

鲁味筵席热菜的特点：原料多选海鲜、动物内脏、畜禽和蔬菜，尤其以对动物内脏的加工技艺见长。刀功精细，注重菜肴的色彩和形象。两大支系口味不尽相同。其中，济南菜味浓重，嗜用葱蒜酱调味，食物入口讲究清、鲜、脆、嫩、纯，口感持久；胶东邻海，以烹制海鲜驰名，尤其对海珍品和小海味的烹制堪称一绝。

1 干炸丸子

【用料规格】肥瘦猪肉末250 g，鸡蛋1只，水淀粉100 g，黄酱少许，酱油1 g，葱、姜末各2 g，盐2 g，料酒10 g，色拉油500 g（约耗50 g），花椒适量。

【工艺流程】猪肉末腌制→炸→装盘

【制作方法】

1. 猪肉末加入葱姜末、料酒、鸡蛋液、盐、酱油、黄酱、水淀粉搅拌均匀，花椒稍炒擀末，制成椒盐。

2. 锅放油烧至六成热，将肉馅挤成个头均匀的小丸子，入锅炸至金黄色捞出，用勺将丸子拍松，再入锅炸，反复炸几次，至焦脆捞出装盘。上桌时随带椒盐味碟供蘸食。

【制作要点】严格把握炸制的油温与时间。

【成品特点】外焦里嫩，干香适口。

2 茄汁红果

【用料规格】番茄5个（直径7～8 cm），大香蕉4个，淀粉200 g，面粉100 g，番茄酱30 g，糖15 g，盐5 g，味精3 g，清油500 g（约耗50 g）。

【工艺流程】番茄、香蕉初加工→刀工处理→制糊→炸→熘→装盘

【制作方法】

1. 番茄取中间直径最大处切夹刀片（每个番茄只取2片，共10片），香蕉斜切成大片夹入番茄中备用。

2. 淀粉、面粉以2∶1的比例调制糊备用。

3. 将夹入香蕉的夹刀片挂糊入成热的油中，炸至色泽金黄待用。

4. 热锅少量底油煸炒番茄酱，加入糖、汤汁调味，加湿淀粉勾芡，用热油爆汁，加入炸好的夹刀片翻拌均匀即可。

【制作要点】

1. 注意糊的比例，淀粉、面粉的比例为2∶1。

2. 炒好的番茄酱要用七成热油爆汁。

【成品特点】口味独特，色泽鲜亮。

3 芫爆里脊

【用料规格】猪里脊肉250 g，鸡蛋1只，清汤25 g，香菜100 g，湿淀粉25 g，料酒5 g，葱丝1.5 g，熟猪油750 g（约耗50 g），姜丝10 g，白胡椒粉2 g，蒜片10 g，香油10 g，醋5 g，精盐3 g，味精4 g。

【工艺流程】猪里脊肉初加工→刀工处理→漂白→上浆滑油→烹调→装盘

【制作方法】

1. 将猪里脊去掉筋膜，切成长3.3 cm、宽2.5 cm的薄片，放在凉水中浸泡，肉片呈白色后捞出，挤去水，加料酒、味精、精盐、鸡蛋清、湿淀粉，浆好备用。

2. 将香菜择洗干净，切成长2.5 cm的段，葱、姜切丝，蒜切片。

3. 碗内加入清汤、味精、盐、醋、胡椒粉、料酒调成清汁。

4. 炒锅置于旺火上，放入熟猪油，烧至三四成热时，下入浆好的里脊片，当里脊片滑

散浮起后捞出，控净油。锅内留底油，烧至七成热时，倒入里脊片、香菜段、葱姜丝、蒜片、清汤，迅速翻炒几下，淋上香油，盛入盘中即成。

【制作要点】

1. 泡肉片时可换几次水，使肉片呈白色为好。

2. 最好选用香菜梗。炒时不能过火，可采用将葱姜丝、蒜片、香菜放在一起拌匀。

【成品特点】此菜猪里脊肉粉白，香菜碧绿，白绿相映，鲜嫩清爽，芳香浓郁，并略带胡椒粉的香辣味。

4 爆炒墨鱼花

【用料规格】净墨鱼250 g，湿淀粉少量，葱白丁10 g，蒜片5 g，料酒5 g，高汤15 g，精盐4 g，猪油、色拉油适量。

【工艺流程】墨鱼初加工→花刀处理→调汁→爆芡→装盘

【制作方法】

1. 将墨鱼洗净，打十字花刀，切成1.3 cm的方块，在开水中汆一下。

2. 将料酒、高汤、湿淀粉、精盐放入碗中调成汁。

3. 将锅置火上，倒入色拉油，烧至九成热，加入墨鱼，爆炒片刻，倒入漏勺中控油。

4. 将留有底油的锅置火上，投入葱、蒜，煸炒出香味，再加入墨鱼块同煸炒，加入调味汁。

【制作要点】墨鱼打十字花刀，深度和间距要均匀，汆制时间要严格把控。

【成品特点】色泽洁白，口味鲜咸。

5 酱爆鸡丁

【用料规格】鸡脯肉250 g，鸡蛋清25 g，湿淀粉10 g，姜水3 g，料酒10 g，香油10 g，白糖25 g，黄酱30 g，精盐0.5 g，熟猪油50 g，味精3 g，色拉油750 g（约耗40 g）。

【工艺流程】鸡脯肉初加工→刀工处理→上浆、滑油→烹调→装盘

【制作方法】

1. 将鸡脯肉用凉水泡洗干净，去掉脂皮和白筋，切成0.8 cm见方的丁，加入精盐、味精、湿淀粉拌匀浆好。

2. 将锅烧热，用凉油滑锅，放入花生油烧至四成热时，放入浆好的鸡丁，迅速用筷子拨散，滑透后倒入漏勺内沥去油。

3. 另起锅，放入熟猪油烧热，放入黄酱炒出香味，加入白糖、精盐、味精，待白糖溶化后，烹入料酒、姜水，炒成糊状时倒入鸡丁，颠翻几下，使酱裹匀鸡丁，淋入香油即成。

【制作要点】

1. 酱的数量一般以相当于主料的1/5为宜，炒酱用油以相当于酱的1/2为好，如果油多酱少，不易包住主料，油少酱多，则易粘锅。

2. 酱要炒得熟透，炒出香味来，不可有生酱味。

3. 糖不要放得太早，一般是在酱炒出香味时放糖，这样既可增加菜肴的香味，又能增加菜肴的光泽。

【成品特点】颜色红润，酱香浓郁，质地软嫩。

6 生炒辣椒鸡

【用料规格】生鸡400 g，青红辣椒75 g，冬笋15 g，清汤75 g，水发冬菇25 g，精盐2 g，味精3 g，马蹄葱15 g，酱油25 g，姜丝5 g，料酒5 g，香油10 g。

【工艺流程】生鸡刀工处理→走红→烹调→装盘

【制作方法】

1. 将鸡去掉头、爪、臀尖，洗净，片成两半，用刀拍平，剁成约1 cm宽、5 cm长的条。青红椒切成宽约0.5 cm的条，冬笋切成柳叶片，冬菇撕成窄长条。

2. 将剁好的鸡加酱油8 g抓匀，用九成热油冲炸至深红色，捞出将油控净。锅内放底油25 g烧热，用葱姜爆锅，加料酒、酱油、精盐、清汤、鸡条，烧至九成熟时加辣椒、冬笋、冬菇、炒熟，滴上香油翻匀出锅。

【制作要点】

1. 生鸡以当年的小嫩公鸡为好，如果鸡个头过大，改刀前需用刀背排砸一遍，并将粗腿骨剔去，以便于切配烹调。

2. 剁好的鸡条过油时，应适当掌握火候，每次下锅的数量不可过多，否则不易上色。

3. 菜肴出锅时，汤汁应收浓，卤汁紧抱，色泽光亮。

【成品特点】色泽美观，质地脆嫩，咸鲜香辣。

7 软烧豆腐

【用料规格】博山豆腐750 g，清汤150 g，味精2 g，花椒16粒，白糖100 g，葱姜丝5 g，花椒油5 g，料酒5 g，酱油15 g，香油50 g。

【工艺流程】博山豆腐蒸→刀工处理→煮→烧制→装盘

【制作方法】

1. 将豆腐入屉蒸透，削去四边黄皮，切成2 cm见方的块。放入温水锅内用小火炖煮，至浮起时捞出控净水。

2. 在炒锅内加香油，中火烧至六成热，放入花椒略炸，呈黄色时捞出不用，加入白糖（25 g），改用小火炒至红色时，放入豆腐炒匀，待其上色后，即将葱丝、姜丝、酱油、料酒、味精、清汤、白糖（75 g）放入，用慢火煨，并随时晃动，以免糊底，至豆腐呈枣红色，汤汁稠浓时，淋入花椒油即成。

【制作要点】

1. 豆腐去皮，洁净细嫩，飞水可去豆腥味，兼致成形，不易碎烂。

2. 不可勾芡，文火慢炖，使汤汁浓稠。

【成品特点】软滑香甜，鲜嫩爽口，色泽红亮。

8 清蒸加吉鱼

【用料规格】加吉鱼1尾（约750 g），冬菇25 g，料酒25 g，猪肥肉膘50 g，火腿50 g，清汤200 g，冬笋片25 g，油菜心50 g，姜10 g，精盐3.5 g，鸡油5 g，鲜花椒少许，葱10 g。

【工艺流程】加吉鱼宰杀→花刀处理→蒸→淋油→装盘

【制作方法】

1. 将加吉鱼刮去鳞，掏净鱼鳃、内脏，洗净，在鱼身上打1.7 cm见方的柳叶花刀，放入开水中一烫即捞出，撒匀细盐，整齐地摆入盘内。

2. 将猪肥肉膘打上花刀，切成长3.3 cm、宽1 cm的片；葱切小段；姜切片；冬菇、冬笋、火腿、油菜心都切成宽1 cm、长3.3 cm的片。

3. 将鱼放入鱼盘内，加入料酒、花椒、清汤，再把猪肥肉膘、葱段、姜片、冬菇、冬笋、火腿均匀地摆在鱼身上（露出鱼眼），入笼蒸8 min熟后取出，将汤滗入炒锅内，去掉葱、姜、花椒，将油菜心入锅一烫，整齐地摆在鱼身上。

4. 在炒锅内放汤，旺火烧开，撇去浮沫，浇在鱼身上，淋上鸡油即成。

【制作要点】

1. 鱼盘中先用两根筷子垫底，上面放鱼，蒸时便于蒸气循环，鱼身两面受热均匀，可缩短成熟时间，鱼肉鲜美。

2. 此菜采用"速蒸法"，旺火气足，密封速蒸，一般10 min以内即应出屉，否则"鱼起迟则活肉变死"。

【成品特点】原汁原味，鲜嫩爽口。

9 风味大虾

【用料规格】鲜对虾750 g，清汤100 g，精盐3 g，熟猪油25 g，葱段15 g，料酒4 g，白糖50 g，味精5 g，姜片10 g，香油2 g。

【工艺流程】对虾初加工→煸炒→制→装盘

【制作方法】

1. 将对虾用清水洗净，剪去虾须、虾腿和尾尖，由头部开一小口取出沙包，再将对虾背割开，挑出沙线。

2. 炒锅内加熟猪油，中火烧至六成热时，将葱段、姜片下锅，炒至色焦黄出香味后，入虾煸炒几下，加入料酒、鸡汤、精盐、白糖，用手勺轻轻将虾脑压挤，用旺火烧开，小火至熟。汤汁收浓后，拣出葱姜，加入味精，淋上香油即成。

【制作要点】

1. 炒制时可先在锅中加少许盐，以使虾的虾红素显现。

2. 小火煨的时间不能太长，一般10~15 min为宜。

3. 汤汁要浓，一般以汤汁能挂在大虾上为好。

【成品特点】形体完整，色泽红润光亮，肉质细嫩鲜美，味鲜、香、甜、咸。

10 赛螃蟹

【用料规格】黄花鱼肉200 g，鸡蛋250 g，湿淀粉10 g，清汤100 g，花生油100 g，香油5 g，料酒25 g，姜末5 g，味精4 g，葱末5 g，精盐3 g，醋10 g。

【工艺流程】黄花鱼肉洗净→刀工处理→腌制→上浆滑油→炒制→装盘

【制作方法】

1. 将黄鱼肉洗净切成小条，先加入料酒、味精、盐腌制一会儿，然后加入鸡蛋清、湿淀粉，浆好备用。

2. 锅内注入油，烧至五六成热，把浆好的鱼条下入滑透，散开后倒入漏勺内，控净油。

3. 鸡蛋磕入碗内拨散搅匀，将滑好的鱼条倒入碗内一起搅拌均匀，把料酒、味精、盐、清汤、湿淀粉兑成芡。

4. 另用锅下入油烧热，将鱼条、鸡蛋液倒入锅内，拌炒熟后，下芡汁，颠匀，淋入香油即成。外带姜醋汁一起上桌。

【制作要点】

1. 选用新鲜的黄鱼，如没有红皮鸡蛋时，可多用些蛋黄，少用些蛋清，以保证菜肴的颜色。

2. 过油滑鱼时，油温不宜过高，要将鱼条的余油控净，炒制时采取多颠翻、少搅拌的方法，避免鱼肉碎烂。

【成品特点】此菜色米黄，又鲜又嫩，醇厚不腻。

[评分标准]

"双百分"实训评价细则见表2.8。

表2.8　　"双百分"实训评价细则

评价项目	评价内容	评价标准	分值	说明
实践操作过程评价（100%）	职业自检合格（15%）	工作服、帽穿戴整洁	3	符合职业要求
		不留长发、不蓄胡须	3	
		不留长指甲、不戴饰品、不化妆	3	
		工作刀具锋利无锈、齐全	3	
		工作用具清洁、整齐	3	
	工作程序规范（20%）	原料摆放整齐	4	符合技术操作规范
		操作先后有序	4	
		过程井然有序	4	
		操作技能娴熟	4	
		程序合理规范	4	
	操作清洁卫生（15%）	工作前洗手消毒	2	
		刀具砧板清洁卫生	2	
		熟制品操作戴手套、口罩	2	
		原料生熟分开	3	
		尝口使用专用匙（不回锅）	2	
		一次性专项使用抹布	2	
		餐用具清洁消毒	2	

评价项目	评价内容	评价标准	分 值	说 明
实践操作过程评价（100%）	原料使用合理（20%）	选择原料合理	4	
		原料分割、加工正确	4	
		原料物尽其用	4	
		自行合理处理废脚料	4	
		充分利用下脚料	4	
	操作过程安全无事故（10%）	正确使用设备	3	
		合理操作工具	2	
		无刀伤、烫伤、划伤、电伤等	2	
		操作过程零事故	3	
	个人职业素养（20%）	操作时不大声喧哗	2	
		不做与工作无关的事	3	
		姿态端正	2	
		仪表、仪态端庄	2	
		团结、协作、互助	3	
		谦虚、好学、不耻下问	2	
		开拓创新意识强	3	
		遵守操作纪律	3	
实践操作成品评价（100%）	成品色泽（6%）	色彩鲜艳	3	
		光泽明亮	3	
	成品味道（20%）	香气浓郁	5	
		口味纯正	5	
		调味准确	5	
		特色鲜明	5	
	成品形态（10%）	形状饱满	4	
		刀工精细	3	
		装盘正确	3	
	成品质地（10%）	质感鲜明	5	
		质量上乘	5	
	成品数量（6%）	数量准确	3	
		比例恰当	3	

续表

评价项目	评价内容	评价标准	分 值	说 明
实践操作成品评价（100%）	盛器搭配合理（6%）	协调合理	6	
	作品创意（7%）	新颖独特	1	
		创新性强	3	
		特色明显	3	
	食用价值（10%）	自然原料	5	
		成品食用性强	5	
	营养价值（10%）	营养搭配合理	4	
		营养价值高	3	
		成品针对性强	3	
	安全卫生（15%）	成品清净卫生	5	
		不使用人工合成添加剂	10	

四、粤味筵席热菜

粤味筵席热菜有广州菜、潮州菜和东江菜3大类。粤菜集南海、番禺、东莞、顺德、中山等地方风味的特色，兼京、苏、扬、杭等外省菜以及西菜之所长，融为一体，自成一家。粤菜取百家之长，用料广博，选料珍奇，配料精巧，善于在模仿中创新，依食客喜好而烹制。味重清、鲜、爽、滑、嫩、脆，讲求"镬气"，调味遍及"酸甜苦辣咸鲜"，菜肴有"香酥脆肥浓"之别，"五滋六味"俱全。

1 松子鲈鱼

【用料规格】鲈鱼700 g，熟松子20 g，淀粉100 g，番茄酱15 g，白糖20 g，白醋5 g，盐2 g，料酒5 g，葱5 g，姜10 g。

【工艺流程】原料初加工→刀工成型→腌制→炸→装盘→淋芡

【制作方法】

1. 鲈鱼初加工洗净，去除脊椎骨和胸骨，留皮，呈尾部相连的净鱼肉。在鱼肉面剞上十字花刀，保持表皮完整。鱼头从额下斩一刀，使两鳍张开，成支撑状。

2. 将剞好花刀的鱼肉、鱼头用盐、料酒、葱段、姜片腌制10 min左右，拍上干淀粉备用。

3. 炒锅上火，加适量油烧至七成热时，一手拿住鱼尾，一手用筷子夹住鱼身，鱼肉面朝外，下入油锅，炸至外脆里嫩，色金黄时捞出沥油装盘。再将鱼头两鳍朝下，入锅中炸至定型，至外脆里嫩、色金黄捞出沥油装盘，置于鱼身前，呈松鼠形。

4. 炒锅复上火，留底油，下番茄酱炒香出色，再加适量料酒、白糖、盐、水、勾芡淋油，淋白醋，浇在鱼身及头上，撒上熟松子即可。

【制作要点】

1. 鲈鱼去骨时保持尾部相连，表皮完整。

2. 剞花刀要求刀工细腻，表皮不破。

3. 拍粉时要求拍得均匀，现拍现炸。

4. 掌握好炸制时的火候，要求金黄色，外脆里嫩。

5. 炸制时要待定型后方可松开手和筷。

6. 为使鱼嘴呈张开状定型，可在鱼嘴中放块生姜撑开。

7. 白醋须在芡汁出锅前加。

【成品特点】造型美观，色彩鲜艳，口味甜酸，外脆里嫩。

2 咸菜白鳗煲

【用料规格】白鳗1条（约900 g），咸菜200 g，香菜50 g，葱5 g，姜10 g，盐5 g，鸡精5 g，味精5 g，料酒5 g，上汤1 000 g。

【工艺流程】原料初加工→刀工处理→焯水→烹调成菜

【制作方法】

1. 将白鳗斩去头，去除内脏，清洗去除黏液。在其背部每隔0.5 cm处剞上一刀，斩成长段备用。葱切段，姜切片，咸菜批成片，香菜切段备用。

2. 炒锅上火，开水入锅，加料酒、葱段、姜片，倒入白鳗段焯水，去血污，捞出沥净水。咸菜也同样焯水备用。

3. 取砂锅，葱姜铺底，下白鳗和咸菜，倒入上汤，大火烧开转中小火长时间炖。待汤汁浓白、香味浓郁时，用盐、鸡精、味精调味，出锅，撒香菜即可。

【制作要点】

1. 白鳗剞花刀掌握好间距和深浅度，斩段长短一致。

2. 白鳗和咸菜在下砂锅炖之前要先焯水去血污。

3. 调味应在汤炖至浓白、香味浓郁时确定，不可过早。

【成品特点】汤汁浓白，香味浓郁。

3 海马炖鸡

【用料规格】母鸡1只（约1 000 g），海马15 g，排骨80 g，火腿20 g，水发香菇10 g，姜5 g，葱10 g，精盐10 g，味精5 g，料酒10 g，胡椒粉1 g。

【工艺流程】原料初加工→刀工处理→煸炒→烹调成菜

【制作方法】

1. 将鸡宰杀，背部开一刀，去除内脏，清洗干净，焯水去除血污备用；海马泡水；排骨斩成寸段，焯水；火腿煮熟切片；香菇去蒂备用。

2. 炒锅上火，加适量油，下葱姜煸炒出香。下整鸡煸炒，烹料酒，倒入砂锅内，将鸡整形，腹部朝上，头置于腹上，加入姜块、葱段、海马、火腿片、排骨、香菇、精盐、味精，加水，加盖炖1.5 h后，待汤汁香浓，撒胡椒粉即可。

【制作要点】

1. 鸡、火腿和排骨需要焯水。

2. 炖的过程中要一气呵成，中途不得停火或开盖。

【成品特点】汤色淡黄清澈，肉质软嫩。

4 年糕爆花蟹

【用料规格】花蟹2只，年糕150 g，老抽5 g，白糖5 g，精盐2 g，味精2 g，料酒5 g，葱10 g，姜5 g，湿淀粉10 g，胡椒粉1 g，葱油10 g。

【工艺流程】原料初加工→刀工处理→爆炒→调味成菜

【制作方法】

1. 将花蟹宰杀去鳃洗净，斩成块，用葱、姜、料酒、盐、味精腌制入味。年糕切成小块，葱切段、姜切片备用。

2. 炒锅上火，倒适量油，待油温至五成热时，将年糕下锅走油，待年糕成熟回软，倒入漏勺沥净油。

3. 炒锅复上火，下葱段、姜片煸炒出香，倒入花蟹爆炒变色成熟出香，烹料酒，倒入年糕，加老抽、白糖、精盐、味精调味，勾薄芡，淋葱油，撒胡椒粉，出锅装盘即可。

【制作要点】

1. 花蟹宰杀时要去净鳃。

2. 掌握好年糕走油火候，要炸制成熟回软。

3. 花蟹下锅要爆炒变色成熟出香，再调味。

【成品特点】蟹肉鲜美可口，年糕软糯。

5 虫草炖鸭

【用料规格】光鸭1只，虫草10 g，火腿15 g，猪瘦肉25 g，姜10 g，葱10 g，料酒10 g，精盐5 g，味精5 g，胡椒粉1 g。

【工艺流程】原料初加工→刀工处理→煸炒→烹调成菜

【制作方法】

1. 将光鸭背开去内脏，洗净下开水锅焯水去除血污；火腿和猪瘦肉煮熟切片。

2. 炒锅上火，加适量油，下葱姜煸炒出香。下整鸭煸炒，烹料酒，倒入砂锅内，将鸭整形，腹部朝上，头置于腹上，加入姜块、葱段、火腿片、瘦肉片、精盐、味精，加水，下冬虫夏草，放在鸭腹部上，加盖炖1.5 h后，撒胡椒粉，加盖重新炖制0.5 h即可。

【成品特点】汤色淡黄清澈，肉质软嫩，味道鲜美。

6 咖喱鸡块煲

【用料规格】带骨鸡肉300 g，土豆200 g，香菜10 g，葱10 g，咖喱粉10 g，大蒜头15 g，料酒10 g，香油5 g，鸡粉2 g，盐2 g，上汤100 g。

【工艺流程】原料初加工→刀工处理→炸→烹调→砂锅炖

【制作方法】

1. 将鸡肉清洗干净，斩成麻将块大小；土豆削皮后切成滚料块；葱切小段；蒜剁成泥；香菜切段。

2. 将斩好的鸡块放入开水锅中焯水，捞出洗净浮沫，沥干水，炒锅上火，加适量油，烧至五成热时，将鸡块炸至金黄色，捞出沥油待用；将土豆块炸至色泽金黄，表皮结壳时，捞出沥干油待用。

3. 炒锅复上火，旺火烧热，滑油。留底油，下蒜泥和葱煸炒香，加入咖喱粉，小火炒出香味，放入鸡块和土豆，翻炒，烹入料酒，倒入上汤，加盐、鸡粉调味后倒入砂锅。

4. 砂锅上火，大火烧开，小火炖。待炖至鸡肉熟烂，汤汁浓郁时，淋香油即可。

【制作要点】

1. 原料斩块大小适中，不要过大或过小。

2. 鸡块和土豆要炸制金黄色成熟再烹调成菜。

【成品特点】色泽金黄，香味浓郁，鸡块软嫩，土豆软糯。

7 明炉梅子鳜鱼

【用料规格】鳜鱼1条（约重700 g），笋20 g，酸梅10 g，精盐5 g，味精2 g，葱5 g，姜5 g。

【工艺流程】原料初加工→刀工处理→煎→烹调→入明炉

【制作方法】

1. 将鳜鱼宰杀，洗净，表面剞一字花刀；葱切段，姜切片，酸梅泡水备用。

2. 炒锅上火，旺火烧热滑油，留底油，将葱段和姜片下锅煸出香味，下鳜鱼煸至两面金黄起壳，皮紧包肉时，烹料酒，下笋片，加适量水，大火烧开转中小火烧。待汤汁浓白时，加精盐和味精调味，将酸梅泡的水连同酸梅一起倒入明炉中。带酒精炉一同上桌。

【制作要点】

1. 酸梅需经过泡水，在烹调时连水一起倒入明炉。

2. 鳜鱼两面都要煎制金黄色起壳，表皮紧包鱼肉，防止烧制时表皮不完整。

【成品特点】汤汁浓白，味道鲜美。

8 白切鸡

【用料规格】净雏母鸡1只（重约800 g），上汤3 000 g，葱20 g，姜20 g，熟花生油50 g，香油20 g，胡椒粉2 g，盐5 g，味精5 g，纯净水1 000 g。

【工艺流程】浸鸡→浸冷→制味料→斩鸡

【制作方法】

1. 浸鸡。炒锅上火，将上汤下锅加热至微沸，左手握鸡颈，右手执勺，舀汤水由上至下灌入鸡腹腔内，如此重复3次，再将整鸡全部浸泡在汤水中，开大火待汤再次沸后加上盖子，关火浸制。约浸15 min，待鸡成熟后，捞出沥水。

2. 浸冷。取一大盆，倒入纯净水，将浸熟的整鸡置于水中，使表皮冷却收缩。约浸5 min，待鸡冷却后，捞出，将熟花生油均匀涂抹在鸡表面。

3. 制味料。葱、姜切成细丝置于味碟内，加入盐、味精、胡椒粉，将香油下锅烧至六成热后，淋入味碟内，调匀制作成味料。

4. 斩鸡。将鸡斩成大件，摆在大盘内成鸡形，食用时佐味料。

【制作要点】

1. 整鸡下汤锅浸制时，要先进行浸腔处理，以保证整鸡内外成熟一致。

2. 为保持鸡的鲜嫩，整鸡下汤锅后，烧至微沸即可加盖。

3. 掌握好整鸡浸制的时间。

4. 鸡成熟后要立即下冷水中浸冷，以使鸡皮变脆。

【成品特点】表皮黄亮，味道鲜美，皮脆爽，肉滑嫩。

9 脆皮乳鸽

【用料规格】乳鸽2只，大红浙醋20 g，麦芽糖10 g，精盐10 g，味精2 g，料酒20 g，上汤500 g，葱10 g，姜10 g，桂皮5 g，八角2 g。

【工艺流程】原料初加工→卤制→打糖→晾皮→炸制

【制作方法】

1. 将乳鸽宰杀，除去内脏，洗净，焯水去除血污备用。葱切段，姜切片备用。

2. 炒锅上火，留底油，葱姜下锅煸炒出香，下桂皮、八角炒出香味，倒入上汤，精盐、味精调味制成卤水。再将乳鸽放入白卤水内，烧开加盖，浸制1 h成熟后取出。

3. 用麦芽糖、大红浙醋调成原汁，均匀地刷在乳鸽表皮上，挂在通风处吹干备用。

4. 炒锅上火，加适量油烧至五成热后，将乳鸽下油锅炸至金黄色成熟，表皮结壳后，捞出沥净油，斩件，摆放在盘内成鸽形，跟上椒盐味碟佐食。

【制作要点】

1. 乳鸽宰杀后要焯水去除血污。

2. 乳鸽卤制时浸制成熟即可，不宜大火烧煮。

3. 乳鸽表皮刷麦芽糖和大红浙醋后，要晾干后才能炸。

4. 掌握好炸制的火候。

【成品特点】色泽金黄，外脆里嫩。

10 东江盐焗鸡

【用料规格】净雏母鸡1只（重约1 000 g），粗盐2.5 kg，纱纸2张，生姜15 g，葱15 g，香菜20 g，花生油100 g，老抽10 g，精盐5 g，茴香粉2 g，沙姜粉2 g，香油10 g。

【工艺流程】腌制→焗制→拆鸡塑形→调味

【制作方法】

1. 将鸡洗净，斩去脚趾甲。整形，将鸡爪弯曲置于鸡腔内，鸡头弯曲于鸡翅下，加生姜、葱，用盐、味精、茴香粉、沙姜粉均匀涂抹于鸡内外，腌制2 h入味后备用。

2. 炒锅上火，加入粗盐，大火炒至烫。与此同时，用老抽均匀涂抹在鸡表面，吹干后再涂一层花生油，用纱纸包裹好，置于锅内，埋于盐内，加盖子焗0.5 h至鸡成熟。

3. 打开纱纸，将鸡取出，拣去葱姜。将鸡皮、肉和骨分开。重新按骨在下、肉在中间、皮在上的次序摆放在盘中成鸡形，香菜点缀。

4. 炒沙姜盐，装于味碟中佐食。

【制作要点】

1. 鸡在腌制前要沥干水，调味料要涂抹均匀。

2. 可以用牙签固定位置，以防纱纸散开。

3. 根据鸡的大小控制粗盐的投放量和火候，必须将鸡全部埋于盐中。

【成品特点】盐香味美，鸡肉滑嫩。

[评分标准]

"双百分"实训评价细则见表2.9。

表2.9　"双百分"实训评价细则

评价项目	评价内容	评价标准	分 值	说 明
实践操作过程评价（100%）	职业自检合格（15%）	工作服、帽穿戴整齐	3	符合职业要求
		不留长发、不蓄胡须	3	
		不留长指甲、不戴饰品、不化妆	3	
		工作刀具锋利无锈、齐全	3	
		工作用具清洁、整齐	3	
	工作程序规范（20%）	原料摆放整齐	4	符合技术操作规范
		操作先后有序	4	
		过程井然有序	4	
		操作技能娴熟	4	
		程序合理规范	4	
	操作清洁卫生（15%）	工作前洗手消毒	2	
		刀具砧板清洁卫生	2	
		熟制品操作戴手套、口罩	2	
		原料生熟分开	3	
		尝口使用专用匙（不回锅）	2	
		一次性专项使用抹布	2	
		餐用具清洁消毒	2	
	原料使用合理（20%）	选择原料合理	4	
		原料分割、加工正确	4	
		原料物尽其用	4	
		自行合理处理废脚料	4	
		充分利用下脚料	4	
	操作过程安全无事故（10%）	正确使用设备	3	
		合理操作工具	2	
		无刀伤、烫伤、划伤、电伤等	2	
		操作过程零事故	3	

续表

评价项目	评价内容	评价标准	分 值	说 明
实践操作过程评价（100%）	个人职业素养（20%）	操作时不大声喧哗	2	
		不做与工作无关的事	3	
		姿态端正	2	
		仪表、仪态端庄	2	
		团结、协作、互助	3	
		谦虚、好学、不耻下问	2	
		开拓创新意识强	3	
		遵守操作纪律	3	
实践操作成品评价（100%）	成品色泽（6%）	色彩鲜艳	3	
		光泽明亮	3	
	成品味道（20%）	香气浓郁	5	
		口味纯正	5	
		调味准确	5	
		特色鲜明	5	
	成品形态（10%）	形状饱满	4	
		刀工精细	3	
		装盘正确	3	
	成品质地（10%）	质感鲜明	5	
		质量上乘	5	
	成品数量（6%）	数量准确	3	
		比例恰当	3	
	盛器搭配合理（6%）	协调合理	6	
	作品创意（7%）	新颖独特	1	
		创新性强	3	
		特色明显	3	
	食用价值（10%）	自然原料	5	
		成品食用性强	5	
	营养价值（10%）	营养搭配合理	4	
		营养价值高	3	
		成品针对性强	3	

续表

评价项目	评价内容	评价标准	分　值	说　明
实践操作 成品评价 （100%）	安全卫生 （15%）	成品清洁卫生	5	
		不使用人工合成添加剂	10	

任务2.4　中餐筵席汤菜的设计与制作

[学习目标]

1. 了解中餐筵席汤菜制作的要求。
2. 掌握制汤工艺。
3. 学会中餐筵席汤菜中常见鲜汤的制作方法。

[学习要点]

1. 制汤工艺。
2. 中餐筵席汤菜中常用的鲜汤。

[相关知识]

现代中餐筵席上菜顺序中，汤菜放在最后上，上汤表示菜已上齐（有的地方还存在一道点心再加一道菜的做法），这与西餐有所不同，上汤的主要目的在于润口醒酒、调和口味。

2.4.1　汤羹制作要求

①汤羹的作用在于醒酒开胃，宜淡不宜浓，多用清汤或者汤内只有一种主料，整个菜看上去很清爽。

②筵席中有二汤菜与座汤两种汤菜形式，座汤上桌晚于二汤菜，座汤一般是正菜中最后上的一道汤菜，与二汤稍有区别，其汤多，料也多，且为了汤味不重复，二汤用清汤，座汤用奶汤。

③汤羹的选料必须以肌体组织比较粗老、能耐长时间加热的鲜料为主，以大块整料为主，要焯去血水和腥臊气味，保证清鲜。

④盛汤羹的容器必须用瓷制品或陶制品，以利于保持温度，防止汤料的香料散失。

2.4.2　制汤工艺

中国烹调工艺自古重视制汤技术，尤其是在味精没有发明以前，中国菜肴的鲜味主要来自鲜汤提味。即使在味精大行其道的今天，鲜汤的重要地位也从来没有受到根本动摇。尤其是在制作名贵的山珍海味时，仍然要使用高级鲜汤来提味和补味。

1）原料选择

（1）选用鲜味充足、异味小、血污少、新鲜的原料

在动物性原料中，牛肉、羊肉因含有多量的低分子挥发性脂肪酸，从而带有特殊的气味，因此，除非用于烹制牛肉、羊肉菜肴，一般不应该使用牛羊肉作为制汤的原料；鱼肉中含有谷氨酸、肌苷酸、琥珀酸、氧化三甲胺，滋味非常鲜美，但是其放置时间稍久，氧化三甲胺在还原为气味浓烈的三甲胺的同时还会分解出一些有腥味的有机化合物，因此，除了鱼类菜肴可以使用鲜鱼汤外，其他菜肴一般不用鱼汤。

（2）原料中应富含鲜味成分

制汤的原料中应富含鲜味成分，如核苷酸、氨基酸、酰胺、三甲基胺、肽、有机酸等。这些成分在动物性原料中含量最为丰富，因此，制作鲜汤的原料应当以动物性原料为主。在动物性原料中，首选原料是肥壮老母鸡，以"土鸡"为好。鸭子应选用肥壮的老母鸭，但不宜选择太老的鸭子，也不宜选用嫩鸭和瘦鸭。猪瘦肉、猪肘子、猪骨头，一般宜从肥壮阉猪身上选用，不宜选用种猪肉。在选择火腿、板鸭时，以选用色正味纯的金华火腿和南安板鸭为好。

（3）不同性质的汤，选料不同

制作奶汤的原料需要具备以下条件：含有丰富的动物性蛋白质，这是鲜味之源；要有一定的脂肪，这是奶汤变白的一个重要条件；要有能产生乳化作用的物质，也就是说要有一定量的骨骼原料；要有含有一定量的胶原蛋白的原料，使奶汤浓稠，增加味感和辅助乳化作用，使水油均匀混合。

制作清汤的原料要具备以下条件：一定要选择陈年的老母鸡，保证清汤充足的鲜味；所选原料不能含有过多的脂肪，防止清汤变色；要选用含胶原蛋白少的原料，避免汤汁混浊。

2）鲜汤的种类

按制汤原料的性质，鲜汤可分有荤汤和素汤两大类。荤汤中按原料品种不同有鸡汤、鸭汤、鱼汤、海鲜汤等；素汤中有豆芽汤、香菇汤等。

按汤料的多少可分为单一料汤和复合料汤两种，单一料汤是指用一种原料制作而成的汤，如鲫鱼汤、排骨汤等；复合料汤是指用两种以上原料制作而成的汤，如双蹄汤、蘑菇鸡汤等。

按汤的色泽可分为清汤和白汤两类，清汤的口味清纯，汤清见底；白汤口味浓厚，汤色乳白。白汤又分一般白汤和浓白汤，一般白汤是用鸡骨架、猪骨等原料制成，主要用于一般的烩菜和烧菜；浓白汤是用蹄髈、鱼等原料制成，既可单独成菜，也可用作高档菜肴的辅料。

按制汤的工艺方法可分为单吊汤、双吊汤、三吊汤等，单吊汤就是一次性制作完成的汤；双吊汤就是在单吊汤的基础上进一步提纯，使汤汁变清，汤味变浓；三吊汤则是在双吊汤的基础上再次提纯，形成清汤见底、汤味纯美的高汤。

3）制作工艺

鲜汤种类虽然很多，但其制作工艺却基本相同。几种常用鲜汤的制作方法如下：

（1）普通白汤（毛汤）

将鸡、鸭、猪等的骨架，焯水去异味洗净后，加葱、姜、黄酒、清水烧沸后，控制在沸腾的状态下维持数小时，甚至更长时间，汤液呈乳白色，有时也用制高汤后的原料再加水煮2~3 h，所得之汤也作毛汤使用。此汤多用于一般菜肴的制作。

（2）浓白汤（奶汤）

将原料焯水洗净后放入冷水锅内，加足量水加热煮沸，除去汤面的血污浮沫，加葱、姜和料酒，加热迅速煮沸，再降低加热强度，使液面保持沸腾状态，直至汤汁变浓呈乳白色为止。用此法制得的浓白汤，可用于煨、焖、煮、炖等技法烹制菜肴的汤汁。尤其适宜无味的烹饪原料增味之用。

（3）普通清汤

熬制普通清汤的原料多为老母鸡，早在袁枚的《随园食单》中就有明确记载。现代也有用老母鸡与瘦猪肉同煮者。具体制法都是先将原料焯水去除血污杂质，然后另加冷水与原料同煮沸，再度除去浮沫，加入葱、姜、料酒，立刻转入微火加热，保持汤面不沸腾状态，3 h左右即成。注意掌握火候，如果强热使汤水沸腾，则会使汤水变混或变成乳白色；如果温度过低，则呈味物质很难溶出，汤味寡淡。

（4）高级清汤

高级清汤也称高汤、上汤、顶汤，它是在普通清汤的基础上，利用"吊汤"技术加工而成。高级清汤制作的具体工序如下：

①先制得普通清汤，设法除去汤中的脂肪和微粒悬浮物。可将汤液放冷至0 ℃时静置，使其中分散的脂肪液滴凝聚浮出水面撇去，再用纱布（或汤筛、专用滤纸）将普通清汤过滤除去杂屑骨渣等直径较大的颗粒，继而在汤液中加少量食盐。

②取新鲜鸡腿肉（也可用鸡脯肉、瘦猪肉等）斩成肉糜，加入葱、姜、料酒和清水，浸泡出血水。将血水和鸡腿肉糜一起倒入滤过的清汤中，立即迅速加热，控制火候使之微沸，加热强度不宜过大，仅保持微沸5～10 min，捞出浮在汤表面的鸡肉糜，除去悬浮物，即得高级清汤，行业中称为"一吊汤"。

③将新的鸡脯肉糜加姜、葱、料酒和清水浸泡出血水，除去血水后倒入凉透的"一吊汤"中，一边加热一边轻轻搅拌，待肉糜上浮后捞出，所得清汤称为"双吊汤"。

④重复②、③工序，可得"三吊汤"。

4）技术关键

①原料的选用及初步加工。所用原料一定要新鲜，否则原料中的异味将被一起带入汤中，影响汤的质量。制汤的原料要经过初步加工处理，以除去原料上的污物和尾上腺，避免制成汤后出现异味。

②焯水处理。在制作清汤和高级奶汤时原料要经过焯水处理，以除去原料中的血污和异味，确保清汤和高级奶汤的鲜美滋味。

③掌握好水、料的比例。制汤的最佳料水比为1∶1.5左右。水分过多，汤中可溶性固形物、氨基酸态氮、钙和铁的浓度降低，但绝对量升高；水分过少，不利于原料中的营养物质和风味成分浸出，绝对浸出量并不高。但清汤与浓汤的料水比也有一定的区别，一般清汤的比例可以大于1∶1.5，浓汤的比例可以略小于1∶1.5。

④制汤的原料都应该冷水下锅，且中途不易追加冷水。

⑤恰当地掌握火力和加热时间。制作奶汤一般先用旺火烧开，然后改用中火；使汤面保持沸腾状态，一般需要3 h左右，但可根据原料的类别形状和大小灵活掌握。在制作清汤时，先用旺火烧开，水开后立即改用中小火；使汤面保持微弱、翻小泡状态，直到汤汁制成为止。

2.4.3　制汤要点

1）制汤时要求汤料与水同步升温

煮汤的水要一次加足加准。煮汤物料与冷水同时受热升温，有利于动物性原料所含的蛋白质和鲜味物质充分析出溶于汤中。物料与水共热过程中，热量均匀地、连续不断地向内部渗透，水分子也较有规律地作用、传热，处于一种稳定平衡状态。如果骤然注入冷水则平衡破坏，温度再升高时，热量向物料的内部传递因受到表层蛋白质凝固的阻碍，汤料内部可溶性物质向外渗透出的趋势也受阻。

2）制汤要讲求火候，旺火催沸，慢火熬煮

煮汤初始阶段用旺火加热，物料中的血红蛋白迅速凝固并漂浮汤面形成泡沫，便于撇除。一般来说，在水温达将沸未沸时，在90～95 ℃，汤面由泡沫凝聚成盖，可趁此将"泡沫盖"一并撇除。如果沸腾一段时间，水分子会由于碰撞冲击作用把浮沫冲散，泡沫等浮面物会不好撇，还有异杂味。加热时间一久，物料中的油脂物质浮出，汤面有浮油，撇沫时连浮油也一并撇去，影响汤的质量。煮汤时通常是旺火催开，及时撇浮面物，再改用小火甚至微火熬煮。如火力始终旺烈，汤大沸大腾，汤水大量汽化，油脂与水分撞碰，使汤中油水交融，汤汁变浑。

3）注意调料的投放次序

煮汤时所用的香料可随汤料下锅，蔬菜香料可与汤煮制1 h后再放为宜。食盐不宜早放，因为盐是一种电解质，容易使汤料中的蛋白质凝固，汤料不易酥烂，鲜味物质难于析出，影响汤的鲜醇和色泽。

[实施和建议]

本任务重点练习制作中餐筵席汤菜中常用的鲜汤。

建议课时：24课时。

[学习评价]

本任务学习评价见表2.10。

表2.10　学习评价表

学生本人	量化标准（20分）	自评得分
成果	学习目标达成，侧重于"应知""应会" （优秀：16～20分；良好：12～15分）	
学生个人	量化标准（30分）	互评得分
成果	协助组长开展活动，合作完成任务，代表小组汇报	
学习小组	量化标准（50分）	师评得分
成果	完成任务的质量，成果展示的内容与表达 （优秀：40～50分；良好：30～39分）	
总分		

[巩固与提高]

1. 制汤工艺的技术关键在什么?

2. 制作汤菜有哪些要点?

3. 根据汤菜制作标准要求,制作中餐筵席汤菜中常用的鲜汤。

[实训]

汤菜是指带有较多汤汁的菜肴。汤菜,一般而言,菜是多于汤的,或汤菜各半,多见于淮扬菜系。

1 酸菜鱼片

【用料规格】大鲫鱼750 g,泡芥菜150 g,清汤1 500 g,鸡蛋2个,盐、料酒、胡椒粉、葱、姜、淀粉、味精各适量。

【制作方法】

1. 将鲫鱼开膛,由腮根部下刀剔下鱼肉,再片去腹刺,用水洗净,把鱼肉切成4 cm长的段,再顺成3 cm宽的片,放在碗内。

2. 泡芥菜洗净,片成薄片放入碗内,用蛋清兑干淀粉调成蛋清糊。

3. 鱼片放入葱段、姜片、料酒、盐拌匀腌上,挑出葱、姜,加上蛋清糊浆好。

4. 烧开清水离火(或用小火,水不能大开),把鱼片理平放入氽透,捞出用清汤泡上(鱼片随下随捞)。

5. 烧开清汤加胡椒粉、味精、料酒、盐调好味,把芥菜片放入锅内,烫透捞在汤碗内,再把鱼片捞在汤碗内轻轻倒入清汤即可。

【成品特点】汤清味鲜,鱼嫩,菜带有脆性。

2 口蘑鱼卷汤

【用料规格】开膛草鱼750 g,水发口蘑100 g,清汤1 250 g,荸荠3个,母鸡柳肉100 g,猪肥膘50 g,葱、姜、盐、料酒、胡椒粉、味精、鸡蛋、干淀粉、水淀粉各适量。

【制作方法】

1. 将草鱼剔去脊骨和肋刺,片去腹部的薄肉,让皮连在背部的肉上,横切成两刀断的带皮尾的连刀片,共24片。口蘑片成薄片。荸荠拍破剁碎。鸡柳肉和肥膘剔去筋,分别砸成极细无粒的泥。葱、姜拍破用凉水泡上。鸡蛋一只去黄用清水兑干淀粉调成稀糊。

2. 将鸡泥盛入容器,先下少许葱姜水调成糊状,再加入盐、料酒、味精、肥膘、荸荠、少许湿淀粉,用力向一个方向搅上劲使其发亮成馅。

3. 鱼片(皮向下)平铺案上,将皮尾理伸,抹上蛋糊,用筷子将鸡泥拨成条形,横放在鱼片的一端,卷成筒形,用皮尾捆住中腰,放在一个抹好油的盘内,待水沸后,上笼蒸熟,取出晾凉,修改成长短一致的鱼肉卷。

4. 走菜时,先用少量无油的普通汤将鱼卷氽透,捞在汤盘内。另烧开清汤,下盐、料酒、胡椒粉、味精调好味,下口蘑(事先用开水氽一遍,再洗净泥沙),烧开舀入汤盘内即可。

【成品特点】汤清味鲜,质地脆嫩。

3 清蒸全鸡

【用料规格】雏母鸡一只（1 500 g），水发冬菇50 g，净冬笋50 g，熟火腿25 g，盐、味精、料酒、胡椒粉、清汤、葱、姜各适量。

【制作方法】

1. 将鸡先用开水烫一下，将其表面收缩，捞出放入凉水内冲洗净，由脖根处剁断颈骨（皮连着），割下屁股。冬笋顺切成片，火腿切成薄片。葱剖开切段，姜切片。

2. 将鸡脯向上放入汤盆内，在鸡脯上摆上火腿、冬笋、冬菇、葱、姜，放入清汤，加入盐、胡椒粉、料酒，上笼蒸烂，拣出葱、姜，加入味精即可。

【成品特点】清浓、鲜嫩、味美。

4 乌鸡白凤汤

【用料规格】活乌骨鸡1只（1 000 g），白凤尾菇50 g，黄酒、葱、姜、精盐、味精适量。

【制作方法】

1. 鸡宰后，控净血，清水煮至九成开，见四周冒水泡时，加入一匙盐，浸入鸡，见鸡毛淋湿提起，脱净毛、嘴尖及脚上硬皮，剪去爪尖，剪开肛门，开膛，取出内脏，用水冲洗干净。

2. 清水加姜片，煮沸，放入鸡，加上黄酒、葱结，用文火焖煮至酥，推入白凤尾菇，调味后，沸煮3 min，起锅即成。

【成品特点】鸡肉酥烂，汤味可口。

5 清炖鸡参汤

【用料规格】水发海参1只（400 g），童子鸡半只，火腿片25 g，水发冬菇50 g，笋花片50 g，鸡骨500 g，小排骨250 g，精盐6 g，料酒35 g，葱姜10 g，味精5 g，上汤1 000 g。

【制作方法】

1. 将发好的海参洗净，下开水锅氽一下取出，鸡骨、小排骨斩成块，与童子鸡一起下开水锅氽一下取出，控净血秽。冬菇去蒂，洗净泥沙待用。

2. 将海参、童子鸡先拼在汤碗内，将笋花片放在海参与童子鸡之间的空隙两头，火腿片放在中央，加入料酒、味精、精盐、葱姜、鸡骨、小排骨、上汤，盖上盖，上笼蒸烂，取出，除去鸡骨、小排骨，捞去葱姜即成。

【成品特点】汤清，酥烂，鲜润可口。

6 玻璃鸡片

【用料规格】鸡脯肉200 g，清汤1 500 g，豆苗尖50 g，冬笋50 g，熟瘦火腿25 g，盐、味精、胡椒粉、干淀粉各适量。

【制作方法】

1. 鸡脯肉片去筋和表面的一层（另作他用），整个片成大片。豆苗尖洗净，冬笋、火腿均切成长方形薄片。干淀粉过细箩。

2. 在砧板上撒上淀粉，放入鸡片，再在鸡片上撒上淀粉，用擀面杖砸成极薄的片，砸时棍要平下，用力要轻，砸成的片要均匀。

3. 水烧开，把鸡片氽熟，捞入凉水内透凉，改成小长方形。

4. 烧开清汤，加盐、胡椒粉、味精调好味，舀入碗内。锅内留下一些汤，下入鸡片、冬笋、火腿、豆苗烫一下，捞入碗内即可。

【成品特点】汤清味鲜，鸡片薄而透明。

7 鸡茸豆花汤

【用料规格】鸡柳条肉（或鸡肉脯）200 g，熟瘦肉火腿25 g，豆苗500 g，鸡蛋5只，高汤500 g，鸡清汤1 000 g，鸡油15 g，胡椒粉、盐、料酒、味精、葱各适量。

【制作方法】

1. 将鸡柳条肉剔去茎，将一大块生肉垫在案板上，再用刀和刀背将鸡肉捶剁成细茸，放入少许清汤和料酒解散。

2. 将火腿切成末，葱花成花，豆苗摘包洗净。

3. 将鸡蛋去黄用清，用筷子打起成雪花泡，放入鸡茸、盐、干淀粉搅成糊状。

4. 将高汤放入锅中烧开，将调好的鸡茸均匀撒入，用勺轻轻推动锅底，以免粘锅（注意汤不能大开，以免冲散不成团），盐和味精放入锅内烧开调好味，撇去泡沫，加入豆苗，再盛入鸡茸豆花的汤盆内，撒胡椒粉、火腿和葱花，放鸡油即成。

【成品特点】清汤滑嫩，味鲜可口。

8 响铃鸭子汤

【用料规格】光鸭1只（约2 000 g），馄饨24只，料酒25 g，葱结1扎，生姜1小块，精盐5 g，味精1 g，生菜油500 g。

【制作方法】

1. 将光鸭拔净余毛，剖腹，除内脏，剔去鸭膻，斩去鸭嘴尖，切下鸭脚，洗净，入开水锅氽后，放入汤盆内，加入清水、葱结、姜块、精盐、味精，盖上锅盖，上笼蒸2 h取出，撇去汤面浮油。

2. 将馄饨投入七八成热的生菜油锅内炸至淡黄色捞起装平盘，与鸭子汤一起上席，将油炸馄饨倒入汤盆内即可。

【成品特点】汤清而鲜香，鸭肥烂，微有响声。

9 虫草鸭子

【用料规格】脊背开膛填鸭1只，虫草25 g，清汤1 250 g，盐、料酒、味精、胡椒粉、葱、姜各适量。

【制作方法】

1. 从鸭子的颈根处剁断颈骨（皮不剁断），挖去鸭臊，在开水锅内煮制片刻，捞入凉水内冲洗干净。虫草用温水洗两遍，再用少许水泡胀，捞出（原泡水留下）洗净泥沙。葱剖开切成段。姜切成片。

2. 将鸭头颈卷在鸭腹内，葱、姜塞入腹内，脯向上放入盘子，在鸭脯上用竹签扎满小眼，虫草插入孔内，注入泡虫草的水和清汤，下入盐、胡椒粉、料酒，调好味，棉纸用水浸湿封严盘子口，上笼蒸烂（约2 h），取出揭去纸，拣去葱、姜，加入味精即可。

【成品特点】营养丰富，老年人食用尤为有益。

10 枸杞雏鸽汤

【用料规格】雏鸽3只，枸杞子30 g，鸡汤1 250 g，精盐6 g，糖5 g，料酒5 g，葱、姜、胡椒粉各适量。

【制作方法】

1. 将雏鸽去毛，开膛洗净，每只剁为4块，入开水氽透，捞出，洗去血沫备用。枸杞用温水洗净。

2. 将鸽块盛放在汤盘里，放入葱段、姜片、鸡汤和枸杞，盖严后，上笼蒸1.5 h左右，取出拣去葱姜，加入精盐、白糖、料酒、胡椒粉，调好味，盛入汤碗即可。

【成品特点】汤鲜味美，清口不腻。

11 陈皮川贝鹌鹑汤

【用料规格】光鹌鹑10只，川贝50 g，陈皮30 g，冬笋50 g，水发冬菇50 g，葱段12段，姜片12片，料酒50 g，精盐5 g，味精3 g。

【制作方法】

1. 将鹌鹑用剪刀剪去脊骨，挖去血块洗净。冬笋切薄片。冬菇去蒂，片成片。川贝洗净。陈皮净洁后切成细丝。

2. 将鹌鹑投入清水锅（水约750 g），烧开后，翻身稍煮一下取出，用温水洗净血沫，装入陶器紫砂锅内，每只鹌鹑装入1只紫砂锅，鹌鹑上面放上冬笋片、冬菇片、川贝、陈皮，加入葱段、姜片、盐、味精、料酒，用网过滤煮鹌鹑的原汤，盖上锅盖，蒸2 h取出，除去葱姜，即可食用。

【成品特点】汤清、鲜香，有润肺化痰功效。

12 菠菜丸子汤

【用料规格】肉馅100 g，鲜嫩菠菜100 g，料酒、精盐、味精、胡椒粉、玉米粉各适量，葱、姜少许。

【制作方法】

1. 肉馅加入料酒、精盐、味精和少量清水搅匀，放入少许玉米粉、葱、姜拌匀，菠菜洗净待用。

2. 锅置旺火上，放入适量清水，烧开，用手将肉馅挤成核桃大小的丸子，依次放入锅中，待其将熟时，把菠菜、精盐、味精、胡椒粉放入，烧开即可。

【成品特点】丸子细嫩，汤鲜可口。

13 火腿银耳汤

【用料规格】水发银耳200 g，净金华火腿100 g，高汤1 000 g，精盐4 g，味精5 g，料酒15 g。

【制作方法】

1. 火腿切骨片薄片，水发银耳去根蒂洗净，两种原料用清汤煮透捞出放汤碗内。

2. 砂锅上旺火放入高汤，加料酒、精盐调好口味，汤沸撇去浮沫，倒入汤碗即可。

【成品特点】色泽鲜亮，入口鲜美。

14 排骨冬瓜汤

【用料规格】排骨，冬瓜，盐、味精、胡椒粉各适量。

【制作方法】

1. 将排骨洗净，剁成小块，放在锅内，用温水煮开，弃去血汤。

2. 冬瓜去皮去籽，切成和排骨相同大小的块。

3. 锅内放入水，倒入排骨，煮开后用小火炖烂。当排骨煮到八成熟时，将冬瓜放入汤内同煮，加适量盐。熟后放味精搅匀盛于碗内，撒上胡椒粉即可。

【成品特点】味美鲜香。

15 清炖肚子汤

【用料规格】猪肚250 g，熟猪油25 g，精盐适量，葱白少许，碱10 g，味精、香油少许。

【制作方法】

1. 将猪肚用碱和香油混合搓揉5 min，搓出黏液后用清水洗涤3～4次，洗净后下沸水锅中煮半小时，捞出来再用清水冲洗。

2. 将洗净的猪肚子切成3 cm长、2 cm宽的片。葱白洗净，切成3 cm长段。姜洗净拍碎待用。

3. 将锅置旺火上，放入熟猪油烧热，先放葱段、姜煸炒，再放入猪肚炒8 min，加入精盐，装入砂锅内，一次放足清水（约400 g），用中火煨2 h，放入味精即成。

16 川东菜肝腰汤

【用料规格】猪肝、猪腰共150 g，川东菜50 g，精盐、味精、胡椒粉、玉米粉各适量，葱、姜各30 g。

【制作方法】

1. 将肝腰适当切片，川东菜切末，用精盐、玉米粉浆上，葱、姜切片待用。

2. 锅上火，加水适量，川东菜放入煮5 min左右，放精盐、味精、胡椒粉、葱、姜，再把肝腰依次入锅，煮熟即可。

【成品特点】肝腰细嫩，冬菜香味浓郁。

17 土豆牛肉汤

【用料规格】土豆250 g，牛肉100 g，胡萝卜75 g，葱头100 g，胡椒5粒，香叶1片，牛肉或植物油50 g，精盐5 g，味精少许。

【制作方法】

1. 先把胡萝卜削去皮用水洗净，用刀在胡萝卜上刻4～5道渠沟（间距要均匀），再切成薄片即成花片状；葱头去皮切成短丝，放入一个小锅里加香叶、胡椒、牛油，用文火焖熟成汤待用。土豆削皮洗净，切滚刀块。

2. 把牛肉放一小锅里多加些水煮，当牛肉将要熟时，下入土豆块一起煮，待土豆和牛肉都熟后，把牛肉捞出切成薄片再放入锅中，随将汤倒入锅中混合搅匀，放精盐、味精调好口味，盛入汤盘立即食用，要注意菜、肉搭配要均匀。

【成品特点】制备简单，鲜咸适口。

18 附片炖羊肉

【用料规格】羊肉（前后腿均可）1 500 g，附片（中药）25 g，红枣10 g，桂圆肉50 g，山药250 g（净），葱姜、料酒、胡椒粉、盐、味精各适量。

【制作方法】

1. 羊肉洗净，用水氽透，捞在凉水内冲洗干净，附片洗净。红枣洗净拍松剥去壳。桂圆肉洗净。山药先洗干净再削去皮，切成滚刀块，用水泡上，葱切成长段，姜拍破。

2. 用一铝锅盛清水上火，下入羊肉、附片、红枣、桂圆肉、葱姜、盐、料酒、胡椒粉烧开，撇尽浮沫，移小火上炖，保持微开，炖到羊肉已烂时，拣去附片，加进山药、味精，待山药已面时即可。

【成品特点】汤清肉烂，味鲜美，为老年人滋补品。

19 清汤羊肉

【用料规格】羊腿肉1 000 g，白萝卜200 g，葱结1小扎，生姜1小块，青蒜丝100 g，黄酒50 g，精盐6 g，味精2.5 g，胡椒粉0.5 g。

【制作方法】

1. 将羊腿肉斩成4 cm的方块，白萝卜洗净，切去皮，切成滚料块，待用。

2. 将羊肉放入开水锅（750 g），煮约3 min捞出，用温热水洗净羊肉块，原锅洗净，放入清水750 g，羊肉块用大火烧开，撇去浮沫，加入萝卜块、葱结、姜块、酒，盖上锅盖，烧至酥烂，投入盐、味精、青蒜丝、胡椒粉，盛入碗内即可食用。

【成品特点】汤清，酥烂无膻气，鲜香浓厚。

20 酸辣肚丝汤

【用料规格】熟羊肚200 g，水粉丝100 g，水发玉兰片50 g，香菜15 g，干辣椒4个，醋50 g，白胡椒粉2.5 g，香油2.5 g，湿淀粉25 g，菜籽油35 g，精盐、料酒、酱油适量，肉汤850 g。

【制作方法】

1. 将羊肚子片开，切成6.6 cm长的丝；水发玉兰片切成细丝；香菜切成1 cm长的小节；干辣椒切成1.8 cm长的小段。

2. 炒锅置火上，放入油35 g，投入辣椒，炸成褐色时立即下料酒、醋和肉汤，加精盐、酱油烧开，捞出辣椒后下肚丝、粉丝、玉兰片丝、木耳丝。再烧开，用湿淀粉勾"流水芡"，投入香菜，撒胡椒粉，淋香油，盛入汤碗内即可。

【成品特点】味浓香，酸辣可口。

[评分标准]

"双百分"实训评价细则见表2.11。

表2.11 "双百分"实训评价细则

评价项目	评价内容	评价标准	分值	说明
实践操作过程评价（100%）	职业自检合格（15%）	工作服、帽穿戴整洁	3	符合职业要求
		不留长发、不蓄胡须	3	
		不留长指甲、不戴饰品、不化妆	3	
		工作刀具锋利无锈、齐全	3	
		工作用具清洁、整齐	3	
	工作程序规范（20%）	原料摆放整齐	4	符合技术操作规范
		操作先后有序	4	
		过程井然有序	4	
		操作技能娴熟	4	
		程序合理规范	4	
	操作清洁卫生（15%）	工作前洗手消毒	2	
		刀具砧板清洁卫生	2	
		熟制品操作戴手套、口罩	2	
		原料生熟分开	3	
		尝口使用专用匙（不回锅）	2	
		一次性专项使用抹布	2	
		餐用具清洁消毒	2	
	原料使用合理（20%）	选择原料合理	4	
		原料分割、加工正确	4	
		原料物尽其用	4	
		自行合理处理废脚料	4	
		充分利用下脚料	4	
	操作过程安全无事故（10%）	正确使用设备	3	
		合理操作工具	2	
		无刀伤、烫伤、划伤、电伤等	2	
		操作过程零事故	3	

续表

评价项目	评价内容	评价标准	分值	说明
实践操作过程评价（100%）	个人职业素养（20%）	操作时不大声喧哗	2	
		不做与工作无关的事	3	
		姿态端正	2	
		仪表、仪态端庄	2	
		团结、协作、互助	3	
		谦虚、好学、不耻下问	2	
		开拓创新意识强	3	
		遵守操作纪律	3	
实践操作成品评价（100%）	成品色泽（6%）	色彩鲜艳	3	
		光泽明亮	3	
	成品味道（20%）	香气浓郁	5	
		口味纯正	5	
		调味准确	5	
		特色鲜明	5	
	成品形态（10%）	形状饱满	4	
		刀工精细	3	
		装盘正确	3	
	成品质地（10%）	质感鲜明	5	
		质量上乘	5	
	成品数量（6%）	数量准确	3	
		比例恰当	3	
	盛器搭配合理（6%）	协调合理	6	
	作品创意（7%）	新颖独特	1	
		创新性强	3	
		特色明显	3	
	食用价值（10%）	自然原料	5	
		成品食用性强	5	
	营养价值（10%）	营养搭配合理	4	
		营养价值高	3	
		成品针对性强	3	

评价项目	评价内容	评价标准	分 值	说 明
实践操作成品评价（100%）	安全卫生（15%）	成品清洁卫生	5	
		不使用人工合成添加剂	10	

 ## 任务2.5 中餐筵席面点的设计与制作

[学习目标]

1. 了解中餐筵席面点的设计原则。
2. 掌握中餐筵席面点的组配要求。
3. 了解中餐筵席中全席面点的设计与配置。
4. 掌握部分具有代表性的苏式筵席面点、京式筵席面点和广式筵席面点品种。

[学习要点]

1. 中餐筵席面点的组配要求。
2. 制作部分具有代表性的苏式筵席面点、京式筵席面点和广式筵席面点品种。

[相关知识]

餐饮业中有句俗语："无点不成席"，可见面点在餐饮业中占有重要的地位和作用。首先，它是餐饮业的组成部分。从餐饮业的生产来看，菜品烹调和面点制作构成了餐饮业的全部生产经营业务，这两个部分密切关联，互相配合，不可分割。其次，面点是筵席中重要的组成部分，在筵席这个特定的环境中配置运用的面点，应比普通面点好吃、好看，技术性强，可调节、变换口味，增添宾客在进餐过程中的情趣，使宾客在享用美食的同时得到美的享受。

2.5.1 筵席面点的设计原则

1）筵席面点要围绕筵席的主题来设计

筵席是为了一定的社交目的，诸如迎宾、婚嫁、做寿、祝贺、交际、告别等而举行的一种聚餐方式。筵席是菜品的艺术组合，筵席的主题一经确定，就要围绕主题来构思制作面点。如结婚筵席的面点可安排鸳鸯配合、喜字蛋糕、四喜饺子等，表达对新人的美好祝愿。祝寿筵席若配置寿面、寿桃、寿字蛋糕，用鹤鹿同春、花草结顶，寿翁定会喜上眉梢。

2）筵席面点要制作精细，小巧玲珑

筵席面点应以小巧为主，做到粗料细作，细料精作。对不可"共桌分餐"的面点，如粥、甜汤类，可按各客制，这样使面点既显高雅又符合卫生要求。

3）筵席面点要具有口味多样化的特点

面点一般由皮与馅心两部分组成，而馅心的味道对面点的口味有着重要的决定性作用。馅心有生、熟、甜、咸、荤、素之分，同是咸甜味，若用料不同，口味仍有差别，各显特色。筵席面点首先要立足本味，发挥原料的质地美，取料新鲜、卫生，通过精细加工，使其更显鲜、润、纯、嫩、香的特点。要突出风味，如尖笋鲜虾饺、荔蒲秋芋、香麻薯茸枣等，大胆采用各种动植物制作皮、馅，使成品具有特殊风味，在筵席中得到宾客的青睐。

4）筵席面点的形态，配搭应多样化

面点形态的变化是通过成型技法表现出来的，面点成型技法有包、捏、卷、搓、切、叠、按、抻、拨、钳、镶、挤、模具等。澄面面团、奶油忌廉等通过成型技法，既可展现玫瑰花、梅花等艳丽的花卉，也可表现白兔、金鱼等可爱的动物形象，面点在符合筵席级别、季节变化的同时，要充分运用成型技法，使之千姿百态。

5）筵席面点要色泽淡雅

筵席面点大部分是皮坯包馅而制成，应注意坚持面点的本色，这样既符合卫生要求，又利于发挥本味，制作也较方便，如蒸制的发酵品种，应洁白晶莹，绵软而富有弹性；炕制酥品种色泽金黄光亮、甘香松酥，面点皮坯成熟后的本色给宾客一种质朴的美感。筵席面点的用色应尽量使用天然色素，如可可粉、蛋黄、叶绿素、胡萝卜、黑芝麻、姜黄等，用拌入、镶嵌等技法使面点多姿多彩。

6）筵席面点要荤素搭配

筵席中人们吃了大量的佳肴后，从营养角度来看体内的蛋白质、脂肪等往往已达到饱和，在口感方面大多可能有肥腻的感觉，这时如能上一些荤素搭配的面点，如鲜肉韭菜饺、雪花拉皮卷、奶白小馒头等，不仅能起到解腻调味的作用，而且还可以为人体提供所必需的大量维生素及复合糖类，降低脂肪在总热量中的比例，对膳食的营养起到平衡作用。

7）筵席面点要按时令和季节来配制

筵席面点应与季节相适应，如春季气候温暖，人们喜爱不浓不淡、不热不凉的食品，同时，春季是鸟语花香的季节，若配江南百花饺、小鸟酥等面点，使宾客感到春意盎然。夏季烈日炎炎，酷暑难耐，筵席如安排生磨马蹄糕、鲜菇荷叶饭、绿豆糕等清淡素净的面点，能起消暑解热的作用。筵席面点还应配合时令，如清明配发糕、端午食粽子、中秋尝月饼、春节吃年糕、元宵品汤圆等。

8）筵席面点要数量适度

一桌筵席面点一般为2～4道，有时是组合面点。随着顾客和需要变化，面点在酒席中的比例有所变化，个别地方的酒席通常不再备饭，面点在筵席中担任主要角色，如西安"饺子筵"。究竟筵席面点在数量上多少合适，笔者认为应注意两点：

①供宾客欣赏品味的面点应安排在筵席中作为宾客必吃食物，这样可减少因空腹饮酒造成对胃的刺激，使面点在筵席中起补充营养、平衡膳食和点缀花色品种的作用。

②压席当饭吃的面点，数量上以够吃而稍丰富为佳，太多不但浪费，还会使宾客望而生腻，影响胃口。

9）筵席面点要遵从宾客的风俗习惯和饮食特点

我国幅员辽阔，物产丰富，民族众多，各地气候和风俗习惯不同，口味各异，口味上素有南甜、北咸、东辣、西酸之别。以烹饪美学风格讲，中原地带追求豪迈粗犷的雄壮之美；江南水乡讲究小巧精细的优雅之美；华南地区向往富丽大方的华丽之美；西南边陲崇尚淳朴简单的质朴之美。由于地区、职业、年龄、物质条件、生活习惯和文化修养不同，饮食喜爱也不相同，如老年人喜爱脂肪低，多软糯，易于消化的面点；年轻力壮的小伙子喜爱香脆耐饥，而且是蛋白质、热量、维生素含量较高的食品。

2.5.2　筵席面点的组配要求

筵席面点是经过精选而与筵席菜肴有机组合起来的一个内容。在组配过程中，要注意各类面点的组合协调性，每一道面点都要从整体着眼，从相互间的数量、质量以及口味、形态、色泽等方面精心组合，使其能衬托出筵席的最佳效果。在组配设计中，要根据筵席主题的要求、筵席的规格、季节的变化、顾客的要求、地方原料和民族特点来制作筵席面点的品种。

1）根据筵席的规格组配

筵席的规格档次是由筵席的价格决定的，而价格又决定了筵席面点的数量和质量。在组合筵席面点时应注意配置的面点在整个筵席成本中的比重，以保持整合筵席中菜肴与面点的数量、质量的均衡。筵席面点成本一般占筵席总成本的5%～10%，也可以根据各地习惯及实际要求作必要的调整。一般筵席面点的格局组合见表2.12。

表2.12　筵席面点格局组合表

筵席档次	款　数	款式（口味）
一般筵席	二道	一甜一咸
中档筵席	四道	二甜二咸
高档筵席	六道	二甜四咸

在确定具体品种时，质量上要根据筵席规格档次的高低，在保证面点有足够数量的前提下，从选料、工艺制作上掌握。例如，筵席规格高的，在面点的选料上应尽量选用档次较高的原材料，在制作工艺上尽量体现工艺特色；筵席档次较低的，在面点的选料上要适合成本要求，工艺要求上也可相应简单些。

2）根据顾客的要求和筵席主题组配

筵席是围绕人们的社交目的而设置的，因此，顾客的要求和意图是配置面点不可忽视的重要依据。制订面点品种，应根据宾客的国籍、民族、宗教、职业、食俗和个人的饮食喜爱以及宾客订席的目的和要求来掌握。如回族信奉伊斯兰教，禁食猪肉等，就应该避免用这类原料做面点的原料；对信奉佛教的客人应避免用荤腥原料做面点。红白事应按民俗礼仪、习俗选配，红事可选配1～2道品名喜庆及色泽艳丽的品种，如四喜饺、鸳鸯饺、如意卷、话梅晶饼等；白事则可选择色泽素雅的品种，使之与客人的心境相一致。生日祝寿则可配置象征长寿的面点品种，如寿桃酥、仙桃包、寿糕、寿面等，高级筵席还可精心制作百寿图、松鹤延年、寿比南山等工艺性强的面点。

3）根据季节变化组配

季节的不同，原材料的市场供应也有所不同，因此，筵席面点的品种应随季节的变化作相应的变化。根据人们的饮食习惯，一般有"春辛、夏凉、秋爽、冬浓"的特点。为此，在筵席面点的口味上应尽量突出季节特点。这就要求制作者在原材料选择、制作工艺方面加以考虑。如春季可选用三丝春饼、艾叶糍粑、鲜笋弯梳饺、翡翠烧卖、春笋野鸭包等面点，成熟方法多以蒸、煮为主；夏季宜多用清凉解暑、吃水量大的原料制作的面点，如生磨马蹄糕、橙汁啫喱冻、冬蓉水晶饼、冰皮白莲糕等，成熟方法多以蒸、煮为主；秋季可选用栗蓉糕、豌豆黄、黄瓜饼、荷叶糯米鸡、蜂果荔枝角、杏仁豆腐、三鲜汤包等面点，成熟方法以蒸、煮、炸为主；冬季可选用味道浓郁的品种，如腊味萝卜糕、八宝饭、枣泥金丝酥、双色奶油戟、京都煎锅贴、榄仁奶黄包等，成熟方法多以煎、炸、烤为主。

4）突出地方特色

在配置各种档次的筵席面点时，首先要利用本地的名优特产、风味名点、本店的"招牌面点"以及各个面点师的"拿手"面点来发挥优势，各展所长，突出地方特色。其次是根据地方食俗，采用本地原料和时令原料，运用独特的制作工艺，显示浓郁的地方特色，使整个筵席内容更加丰富，独具匠心。如广东的虾饺、粉果、萝卜糕、蕉叶粑、咸水饺、蜂巢荔芋角；江浙的翡翠烧卖，扬州三丁包，淮安汤包，上海的生煎馒头，杭州小笼包，苏州各式酥点，北京的一品烧饼、"都一处"烧卖、清宫仿膳豌豆黄、芸豆卷；天津的狗不理包子、酥麻花等，都具有鲜明的地方特色，经加工点缀后，是有代表性的筵席面点。

2.5.3　全席面点的设计与配置

全席面点是集各式面点之长于一席，充分发挥设计、技艺等方面的特长，以面点为主的筵席。全席面点自清代时已出现，发展至今，各地都有代表地方特色的全席面点。

全席面点是随着面点制作的不断发展而形成的面点经营的较高的形式。它集精品于一席，其内容由面点拼盘（也称看点）、咸点、甜点、汤羹、水果等组成，在配置上要求各类型的面点协调，口味、形式多样；在工艺上要求精巧美观，做工精致；在组装上要求盛器、和谐统一。

1）设计订单

制订面点谱，是面点席总体的设计工作，它决定了整台面点的规格、质量、数量和风味特色。制订全席面点订单时，除要根据顾客的意图和要求、规格水平、季节时令、民俗习惯外，还要根据制作者的技术水平和厨房设备条件等来设计，掌握好面团类型、成熟方法的搭配，做到荤素搭配得当，咸甜搭配得当。

面点席的规格、上点数量和质量，首先取决于其价格档次，根据价格来确定用料。面点席以咸点为主（约占60%），甜点为辅（约占30%），汤羹、水果为补（约占10%）。具体品种数量按价格档次配置，规格较高的可配面点看盘一道（或以四围碟、六围碟形式）、咸点八道、甜点四道、汤羹一道、水果一道（表2.13）；中等规格的可配置看盘一道、咸点六道、甜点四道、汤羹一道、水果一道；规格较低的，应视具体情况减少面点数量或降低品种规格。

表2.13 订单设计表（以较高规格为例）

类 别	品 名	成熟方法
看盘一道	丰收硕果盘	
咸点八道	蟹黄灌汤包	蒸
	绿茵白兔饺	蒸
	瑶柱糯米鸡	蒸
	蜂巢荔芋角	炸
	萝卜金丝酥	炸
	鹌鹑焗巴地	烤
	蚝油叉烧包	蒸
	上海三鲜饺	煮
甜点四道	水晶奶黄角	蒸
	九层马蹄糕	蒸
	西米珍珠球	蒸
	鲜奶鸡蛋挞	烤
汤羹一道	银耳白果羹	煮
水果一道	时令水果盘	

2）组织管理

面点席的组合运用涉及多方面的知识和技能，它需要部门人员的共同配合，安排时应本着既保证人手够用，又防止人多手杂的原则，做到选人从简从优，各负其责。岗位定员后，主持者要认真检查各项准备工作：一要检查鲜活原料的准备情况；二要检查干货原料的事先涨发及半成品的准备情况；三要检查盛器和装饰材料的准备情况。如发现原料不符合制作要求时，应及时采购或更换品种，不能随意降低原料的质量标准。此外，还应根据开席时间对各工序完成的具体时间作出严格规定，避免出现漏做、漏上面点或推迟上面点的现象。

3）造型与配色

造型与配色是面点席中艺术性、技术性较强的工序。一台好的面点席不仅要求面点可口宜人，还要以美观大方的造型和明快的色彩给人以美的享受，以提高顾客品尝面点的情趣。

面点席中可用菜肴拼盘、食品雕刻造型或点盘造型，以起到烘托的效果。点盘也称看盘，是根据设筵目的设计并与筵席的主题是相一致的，一般采用捏花或裱花的手法制作，如生日筵可用面点组合成"百寿图"或硕果点盘；迎客筵或婚筵可用裱花工艺制作"花篮迎宾""百年好合"点盘。

配色是指面点席的总体色彩设计。面点席的配色要考虑以下因素：一是充分利用原材料固有的颜色。如菜叶的碧绿色、蛋清的白色、草莓或樱桃的鲜红色、可可或咖啡的棕黑色、蟹黄或蛋黄的黄色等。这些原料自身就具有各种自然的色相、色度、明度，层次丰富自然且符合人们的饮食心理。二是成熟工艺的增色应用。如炸点、烤点的金黄色，蒸点的雪白、晶莹透亮。不同的成熟方法，使面点席色彩更加丰富、诱人。三是盛器色彩的变化。如雪白透亮的瓷器素雅大方，金银盘器显得高雅富贵，玻璃器皿显得华丽，竹木器皿显古朴自然之美。四是围边点缀增色的运用，即面点装盘时在周围用各种围边材料装饰点缀。

[实施和建议]

本任务重点学习中餐筵席面点的制作方法、手法和中餐筵席面点的组配要求，并能制作部分具有代表性的苏式筵席面点、京式筵席面点和广式筵席面点。

建议课时：24课时。

[学习评价]

本任务学习评价见表2.14。

表2.14　学习评价表

学生本人	量化标准（20分）	自评得分
成果	学习目标达成，侧重于"应知""应会" （优秀：16～20分；良好：12～15分）	
学生个人	量化标准（30分）	互评得分
成果	协助组长开展活动，合作完成任务，代表小组汇报	
学习小组	量化标准（50分）	师评得分
成果	完成任务的质量，成果展示的内容与表达 （优秀：40～50分；良好：30～39分）	
总分		

[巩固与提高]

1. 中餐筵席面点的设计原则是什么？
2. 中餐筵席面点的组配要求是什么？
3. 根据面点制作标准要求，制作部分具有代表性的苏式筵席面点、京式筵席面点和广式筵席面点品种。

[实训]

一、苏式筵席面点

苏式筵席面点的特点是：口感上特别强调清爽，馅料常使用绿豆、虾仁等油脂较轻的原料。面皮注重薄酥脆，即使油炸也注意将含油量降至最低。对外形与口感同样重视，讲究每一款面点的小巧玲珑、精细可人。

1 草帽饺子

【用料规格】富强粉250 g，鲜肉馅500 g。

【工艺流程】调制面团→擀制饺皮→捏制成形→蒸制

【制作方法】

1. 将面粉、温水调制成面团。

2. 擀制饺皮，在圆形面皮中间放入馅心，将面皮对折成半圆形，将面皮的边叠齐，捏紧。将半圆形饺子的两角向圆心处弯曲，使两角上下接头、粘牢。

3. 将中心隆起的部分朝上做平，平放笼中蒸熟即成。

【制作要点】

1. 调制温水面团要稍硬，使制品成熟时不变形。

2. 制作饺皮大小一致，包馅适当。

【成品特点】造型美观，形象逼真，制作精细，实用性广。

2 鱼烧卖

【用料规格】富强粉250 g，味精适量，鱼肉300 g，精盐适量，熟猪油60 g，葱姜酒汁适量，春笋50 g，湿淀粉适量，虾子适量。

【工艺流程】鲷鱼净肉切成小丁→将鲷鱼丁、春笋丁、虾子、葱姜酒汁等烩制勾芡→和面、制烧卖皮→成形→蒸熟

【制作方法】

1. 将鲷鱼肉去水，用刀切成小丁。春笋也去水，切成小丁。炒锅上火，放入熟猪油20 g、清水少许，再放入鱼丁、春笋丁、虾子、葱姜酒汁烧开，放入熟猪油20 g稍煮，再放入猪油20 g，后放入精盐，用湿淀粉勾芡，放入味精，起锅冷却成馅。

2. 将面粉放在案板上，扒一小坑，放入50 g沸水，烫成雪花面，摊开晾凉后，再洒50 g冷水揉成面团，搓成长条，摘成20只面剂，逐只按扁，放在干面上，擀成直径为8 cm的烧卖皮，包入馅心，捏成烧卖状。

3. 蒸熟即可。

【制作要点】

1. 调制面团要用沸水烫透，软硬适当。

2. 擀制烧卖皮双手用力要适当，皮子符合质量要求。

3. 烧卖收口整齐，褶皱分布均匀。

【成品特点】形似石榴，鲜香可口，肥而不腻。

3 荠菜包子

【用料规格】精白面粉500 g，酵母5 g，泡打粉7 g，白糖25 g，荠菜750 g，熟猪肋条肉300 g，鲜笋50 g，熟猪油100 g，酱油50 g，虾子、精盐、黄酒、食碱液适量。

【工艺流程】初加工→制馅→包捏→蒸制

【制作方法】

1. 将荠菜初加工，熟猪肉、鲜笋切成0.5 cm见方的丁。

2. 炒锅上火，放入酱油、虾子、黄酒、清水、肉丁、笋丁一起煮沸，再用中火煨透，

待卤汁收浓时盛起冷却，晾透后和荠菜末拌匀，即成馅心。

3. 调制发酵面团，用右手掌拍成中间略厚、边缘略薄、直径约8 cm的圆皮，包入馅心捏成生坯。

4. 生坯上笼，置于旺火沸水锅上，蒸约10 min，待皮子不黏手，即可出笼。

【制作要点】

1. 荠菜要鲜嫩。

2. 馅色不宜深，口味不宜甜。

【成品特点】荠菜馅心最好用野荠菜，鲜味浓郁，清淡爽口。

4 菊花酥饼

【用料规格】富强粉250 g，熟猪油1 000 g，硬枣泥馅、蛋液适量。

【工艺流程】调制水油面和干油酥→包酥→切成6 cm方块→包捏收口朝下→用刀在四周均匀切开→翻转90° 刀口朝上→温油炸制

【制作方法】

1. 调制水油面和干油酥，擀成油酥面团。

2. 切成6 cm见方的酥皮10张。

3. 将酥皮四周涂上蛋液，中心放上馅心15 g，收口捏紧朝下，按扁成圆饼状。

4. 用快刀在圆饼四周切成10多个口子，间距要均匀，用手将切开的面条逐个翻转90°，切口向上，露出酥层和馅心，即成菊花酥饼生坯。

5. 四成油温炸5~7 min，炸至膨大时将油温控制在八成热，待成品浮起，即熟。

【制作要点】

1. 干油酥与水油面的配比要适当。

2. 圆饼四周切口子的刀要快。

【成品特点】酥松香甜，酥层清晰，造型美观雅致，形似菊花。

5 酥盒

【用料规格】富强粉500 g，熟猪油1 000 g，细沙馅300 g，鸡蛋1只。

【工艺流程】擦干油酥→揉水油面→起酥→切成油酥坯皮→包馅→合上另一片坯皮→捏成圆盒状→温油炸制

【制作方法】

1. 熬制豆沙馅心。

2. 调制水油面和干油酥，制成小包酥。擀成长方形薄片，将两边向中间叠为3层，叠成小长方形。再将小长方形擀成大长方形，顺长边由外向里卷起卷紧，卷成圆柱形。

3. 用快刀将圆柱形面团横切成4截，横截面朝上，按扁，轻轻擀成圆皮，圆皮内侧四周涂上蛋液，将馅心放在皮子的中间，按扁。再用另一张皮盖上，四边要吻合。捏紧两层边皮的收口处，用食指推捏出绳状花边，接头处用蛋液粘牢。

4. 用四成热油温炸制5~7 min，炸至膨大时将油温控制在八成热，待成品浮起，即熟。

【制作要点】

1. 起酥必须小包酥。

2. 食指推捏出的绳状花边要细。

【成品特点】层次分明，纹路清晰，口味鲜嫩，酥松香甜。

6 萱花酥

【用料规格】富强粉250 g，熟猪油1 000 g，硬枣泥馅150 g，鸡蛋1只。

【工艺流程】擦干油酥→揉水油面→起酥→卷成圆柱形切成段→对剖成两片，酥层向外→包馅→按成饼状→温油炸制

【制作方法】

1. 将硬枣泥馅制成20只小团。

2. 调制水油面和干油酥，制成小包酥，按卷筒酥的方法卷成圆柱形，用快刀一切两段，再把每一段对半剖开，共成4个半圆柱形。按同样的方法将其余的面团也做成半圆柱形，共20只。

3. 将半圆柱形面坯切面朝上，用右手的两个指头将其按扁，尽量使酥纹面扩大。包进枣泥球1只，再将收口窝起，涂上蛋液，收口捏紧朝下，有纹的一面朝上，稍按扁，即成萱花酥生坯。

4. 用四成热油温炸制5~7 min，炸至膨大时将油温控制在八成热，待成品浮起，即熟。

【制作要点】

1. 起酥必须小包酥。

2. 酥纹清晰均匀。

【成品特点】呈直线形，条纹匀称清晰，色泽洁白，酥松香甜。

7 枣泥拉糕

【用料规格】糯米粉300 g，熟猪油80 g，粳米粉200 g，白糖250 g，红枣300 g，瓜子仁10 g，细沙馅100 g，糖猪板油丁100 g，糖玫瑰花适量。

【工艺流程】糯米粉、粳米粉拌和成镶粉→白糖、水拌制糕粉→装入梅花形模具一半→撒上馅心→再铺上另一半糕粉→蒸制成熟

【制作方法】

1. 将红枣去核搓泥，浸泡半小时，上笼蒸熟，用细眼筛筛去枣皮成枣泥。枣泥、细沙馅、白糖和水加热，变稠后稍微冷却，放入两种米粉，拌和均匀成厚糊状。

2. 取梅花形模具12只，内壁涂油，底部放几个糖猪板油丁和瓜子仁，将拌好的厚糊分别装进模子，上笼蒸熟后取出，花形朝上，装盘后再加少许糖玫瑰花，即成。

【制作要点】

1. 红枣去皮、去核要干净。

2. 糯米粉、粳米粉配比要适当。

【成品特点】糕质松软细腻，口味香甜，枣香浓郁。

8 花糕

【用料规格】糯米粉1 000 g，粳米粉800 g，白糖500 g，玫瑰酱25 g，干豆沙300 g，青菜汁35 g。

【工艺流程】糯米粉、粳米粉烫成熟芡→沸水煮透→与米粉揉团蒸熟→制作白色、绿色、紫色3种粉团→分别擀成15 cm或17 cm长，10 cm宽的长条→由两头朝中间对卷粘牢→蒸10 min即熟

【制作方法】

1. 两种粉合并拌匀，取1/3烫成熟芡，沸水锅煮透，捞起过凉，与剩下的米粉加水揉成团，旺火蒸20 min待用。

2. 将揉好的粉团分成7等份，其中，3份加玫瑰酱、干豆沙揉成紫色粉团；1份加青菜汁揉成绿色粉团；3份为白色粉团，并将其分成7块待用。

3. 将3块紫色粉团和2块白色粉团，分别擀成长15 cm、宽10 cm的长方形皮子，叠成紫白相间的块，再擀成约2 cm厚的块，修切四边，改刀成长2 cm的条共3条待用。将另两块粉团擀成长12 cm、宽10 cm的长方形皮子，白色的在下，绿色的在上。将3条长条在两头、中间各放1条，由两头朝中间对卷粘牢，用刀切成长条形花糕。食用时，蒸10 min即可。

【制作要点】熟芡要烫透。

【成品特点】吃口糯润，色彩分明，既可食用，又可观赏。

9　南京薄皮包

【用料规格】碱嫩酵面1 500 g，净猪肉（肥三瘦七）1 000 g，猪皮冻600 g，酱油200 g，绵白糖35 g，葱末、姜末各15 g，料酒25 g，香油50 g，胡椒粉少许。

【工艺流程】将猪肉洗净→绞成肉泥调味→皮冻切碎，加入调味品调味→和面、制皮→包捏→蒸制→装盘

【制作方法】

1. 把猪肉洗净，剔去筋膜，用刀剁成肉蓉，放入盆内，加酱油、料酒、绵白糖、葱末、姜末、清水300 g拌匀。猪皮冻切成末，与香油一起放入盆内，拌匀即成馅心。

2. 酵面搓成长条，摘成80个面剂，上面撒上一层面粉，逐个按扁，用小擀面杖擀成直径约8 cm、边缘薄、中间稍厚的圆形皮子，平放在左手中，将25 g馅心放入面皮中心，左手拇指按住馅心，右手拇指和食指顺面皮边缘捏出24个褶子，留一小洞口，似鲫鱼嘴状，即成生包坯。

3. 生包坯逐个放入垫有席草并抹过油的蒸笼内，每笼12个，上锅蒸10 min即成。同姜丝、米醋同食，味道更佳。

【制作要点】

1. 制馅心时只加酱油，不加精盐、味精，要原汁原味。

2. 肉蓉要分次加清水，边搅拌边加水，搅至上浆起筋为宜，不能一次加足水。

3. 上锅蒸时要用沸水旺火，蒸至包口卤汁外溢、包皮色白光亮、无水气、皮不粘手即可。

【成品特点】卤多肉嫩，甜咸适口，宜现做现吃。

10　蟹黄汤包

【用料规格】精白面粉500 g，猪后臀肉400 g，猪肋条肉400 g，光鸡1只，螃蟹肉200 g，猪肉皮250 g，浓鸡汤1 000 g，虾子5 g，绵白糖50 g，酱油100 g，精盐25 g，葱花25 g，绍酒25 g，姜末15 g，食碱3 g。

【工艺流程】光鸡、猪筒子骨、肉皮、冷水→文火炖焖，切成小粒→煮成汤冻→面粉、冷水制成稍硬硬面团→摘剂→擀皮→包馅→蒸制成熟

【制作方法】

1. 将后臀肉和猪肉皮洗净，焯水，切成绿豆大小的丁，放进原汁浓鸡汤内，同时加入虾子、酱油、葱花、姜末、绍酒、精盐，熬至汤汁收浓，冷却成冻，捣碎备用。熬制蟹黄，使其上劲，加入皮冻拌匀即可。

2. 面粉250 g发酵，对碱，稍饧片刻。另将面粉250 g加入冷水调成面团，再和饧透的酵面揉成混合面团备用。

3. 搓条，摘成40只坯子，擀成直径约8 cm的圆形面皮，包入馅心，用右手拇指和中指捏成鲫鱼嘴形即成。

4. 生坯用旺火沸水蒸约10 min，待外皮不黏手、鲫鱼嘴内冒出卤汁即可出笼。

【制作要点】

1. 正确掌握冻蓉馅的制作方法和软硬度。

2. 擀皮大小适当，包子收口要紧。

3. 蒸制时间不宜过长，防止露馅。

【成品特点】外形美观，皮薄卤多，味鲜汁浓，食用时若蘸上姜末、香醋，则口味更佳。

[评分标准]

"双百分"实训评价细则见表2.15。

表2.15 "双百分"实训评价细则

评价项目	评价内容	评价标准	分 值	说 明
实践操作过程评价（100%）	职业自检合格（15%）	工作服、帽穿戴整洁	3	符合职业要求
		不留长发、不蓄胡须	3	
		不留长指甲、不戴饰品、不化妆	3	
		工作刀具锋利无锈、齐全	3	
		工作用具清洁、整齐	3	
	工作程序规范（20%）	原料摆放整齐	4	符合技术操作规范
		操作先后有序	4	
		过程井然有序	4	
		操作技能娴熟	4	
		程序合理规范	4	
	操作清洁卫生（15%）	工作前洗手消毒	2	
		刀具砧板清洁卫生	2	
		熟制品操作戴手套、口罩	2	
		原料生熟分开	3	

续表

评价项目	评价内容	评价标准	分 值	说 明
实践操作过程评价（100%）	操作清洁卫生（15%）	尝口使用专用匙（不回锅）	2	
		一次性专项使用抹布	2	
		餐用具清洁消毒	2	
	原料使用合理（20%）	选择原料合理	4	
		原料分割、加工正确	4	
		原料物尽其用	4	
		自行合理处理废脚料	4	
		充分利用下脚料	4	
	操作过程安全无事故（10%）	正确使用设备	3	
		合理操作工具	2	
		无刀伤、烫伤、划伤、电伤等	2	
		操作过程零事故	3	
	个人职业素养（20%）	操作时不大声喧哗	2	
		不做与工作无关的事	3	
		姿态端正	2	
		仪表、仪态端庄	2	
		团结、协作、互助	3	
		谦虚、好学、不耻下问	2	
		开拓创新意识强	3	
		遵守操作纪律	3	
实践操作成品评价（100%）	成品色泽（6%）	色彩鲜艳	3	
		光泽明亮	3	
	成品味道（20%）	香气浓郁	5	
		口味纯正	5	
		调味准确	5	
		特色鲜明	5	
	成品形态（10%）	形状饱满	4	
		刀工精细	3	
		装盘正确	3	

评价项目	评价内容	评价标准	分值	说明
实践操作 成品评价 （100%）	成品质地 （10%）	质感鲜明	5	
		质量上乘	5	
	成品数量 （6%）	数量准确	3	
		比例恰当	3	
	盛器搭配合理 （6%）	协调合理	6	
	作品创意 （7%）	新颖独特	1	
		创新性强	3	
		特色明显	3	
	食用价值 （15%）	自然原料	5	
		成品食用性强	5	
	营养价值 （10%）	营养搭配合理	4	
		营养价值高	3	
		成品针对性强	3	
	安全卫生 （15%）	成品清洁卫生	5	
		不使用人工合成添加剂	10	

二、京式筵席面点

京式筵席面点多以面粉为主要原料，最擅长于面食品的制作，不但制作技术精湛，且口味爽滑，口味筋道，韧中带劲，深受人们的喜爱。京式面点的主要特点是：口味鲜咸、柔软松嫩。在包馅制品中，多以水打馅。其馅心肉嫩汁多，具有独特风味。

① "狗不理"包子（三鲜馅）

【用料规格】上白面粉600 g，酵面5 g，三成肥七成瘦的猪肉500 g，鲜虾仁250 g，水发海参200 g，鸡蛋3只，葱末60 g，姜末5 g，精盐5 g，酱油100 g，湿淀粉12 g，花生油300 g，香油60 g。

【工艺流程】制馅→调制面团→制皮→包馅→蒸熟

【制作方法】

1. 将猪肉绞成肉蓉，加姜末、酱油、清水或骨头汤、葱末、味精、香油，拌匀待用。另将鸡蛋1只磕入碗内，用筷子打匀，滑熟。再用两只鸡蛋磕入盆内打散，调入精盐4 g，炒熟。将虾仁、水发海参和炒好的鸡蛋切碎，一起搅入肉馅内，即成三鲜馅心。

2. 和面、发酵制成圆皮。

3. 圆皮中包入馅料，捏成鲫鱼嘴形小包，上笼，旺火蒸熟即可。

【制作要点】包馅捏纹时不封口。

【成品特点】馅料考究，营养丰富，鲜味突出，香醇可口。

2 火锅白肉水饺

【用料规格】精面粉250 g，熟白肉、净蟹肉各100 g，熟虾仁50 g，韭黄、酱油各25 g，葱末、姜末、精盐、味精各5 g，湿淀粉10 g，高汤750 g，熟猪油20 g，香油15 g。

【工艺流程】制馅→调制面团→制皮包馅→煮熟

【制作方法】

1. 将熟白肉、蟹肉均切成细丁，熟虾仁切成碎末，韭黄择洗干净切成末。炒锅置火上，加熟猪油150 g烧热，放入葱姜末炒出香味，再放入白肉丁、蟹肉丁煸炒，随即烹入酱油，用湿淀粉勾芡，盛入盆内晾凉，加精盐4 g、味精、香油、熟猪油拌匀，放入熟虾仁拌匀，撒上韭黄拌匀，即成馅料。

2. 盆内放入精面粉250 g、精盐少许、冷水100 g和成面团，揉匀略饧，放在撒有补面的案板上，搓成直径约1 cm的长条，摘成100个剂子，逐个擀成直径约2 cm、中间略厚的圆薄面皮。

3. 面皮放左手掌上，右手持馅板挑馅料长约2 cm，抹在面皮中间，对折，双手把面皮捏在一起，捏成边薄肚大的木鱼形水饺生坯。随高汤火锅上桌，随下随吃，放入火锅中煮熟即可。

【制作要点】

1. 制皮时要擀成中间厚、边缘薄的皮子。

2. 饺子要随下随吃。

【成品特点】小巧玲珑，馅鲜汤美，是富有天津特色的冬令美食。

3 三鲜烧卖

【用料规格】猪肉馅500 g，水发海参150 g，对虾（或鸡蛋）100 g，面粉630 g，酱油60 g，黄酱60 g，姜末6 g，精盐6 g，绍酒12 g，味精1 g，香油60 g。

【工艺流程】调制面团→擀皮→制馅→包馅→蒸熟

【制作方法】

1. 将面粉500 g用开水烫熟，另100 g用冷水调成团，两块面混合揉匀。面团搓条下剂，按扁，用烧卖槌擀成荷叶边备用。

2. 将猪肉切末，加入调料拌匀，海参去内脏洗净，切成小丁，虾仁去沙线切成小丁，加入猪肉末中拌匀，淋上香油，即成三鲜馅。

3. 把馅放在皮坯中间，右手用尺板在馅上转动，左手五指回拢成菊花形，表面抹平馅，放入笼里蒸熟。

【制作要点】

1. 调制面团要硬。

2. 制馅时要切小丁，不能太大。

【成品特点】色白，皮薄，味鲜。

4 玻璃烧卖

【用料规格】上白面粉250 g，猪肉（三成瘦七成肥）500 g，绿叶鲜菜250 g，酱油10 g，川盐5 g，淀粉250 g（实耗50 g），香油10 g，鸡蛋1只，胡椒粉1 g，味精1 g，绍酒少许。

【工艺流程】制馅→调制面团→擀皮→包馅→蒸熟

【制作方法】

1. 先将肥肉在沸水锅中煮熟晾凉，与瘦肉分别切成绿豆大的粒。鲜菜在沸水中焯过，切碎挤干水分。鸡蛋磕入碗中，打散。

2. 在瘦肉粒中加入绍酒、味精、香油、胡椒粉、酱油、川盐，拌和均匀，再加入鸡蛋糊、肥肉粒、鲜菜，搅拌均匀调成馅心。

3. 面粉加清水100 g和匀，反复揉搓，出条，分成20个剂子，撒上淀粉，擀成中间厚、四边薄的荷叶形面皮，越薄越好。

4. 在皮中间放上馅心40 g，捏成白菜形的烧卖坯，入笼，上沸水锅，用旺火蒸约3 min后揭开笼盖，将适量冷水均匀地洒在烧卖上，再盖笼蒸约3 min即熟。

【制作要点】

1. 烧卖皮一定要擀得很薄、很透。

2. 蒸制的时间不能过长，否则影响制品的形态。

【成品特点】皮薄透明发亮，形状美观，馅心细嫩饱满，鲜香可口。

5 山药饼

【用料规格】山药500 g，白糖250 g，蜜桂花50 g，干淀粉100 g，豆沙450 g，香油1 000 g（约耗150 g）。

【工艺流程】山药制泥调制成团→制馅→制皮包馅→成形→炸熟

【制作方法】

1. 将山药洗净，入笼蒸熟去皮，压碎成泥，放入盆内，加干淀粉揉成山药粉团。

2. 锅置微火上，加香油50 g烧热，放入白糖炒至溶化，再放入豆沙、蜜桂花炒匀，即成桂花豆沙馅。

3. 将山药团略搓，摘成20个小剂，逐个按成边薄中厚的圆皮，包入馅料，放在湿布上，按成直径约4 cm的小圆饼。

4. 将锅置旺火上，加香油烧至四成热，分批放入山药饼，炸至金黄色，捞出沥油即可。

【制作要点】

1. 山药粉团要揉匀略饧。

2. 炒糖以刚溶化为宜，炒过会发黑。

3. 包好的山药生坯收口朝下，放在湿布上按成圆饼。

4. 油炸时油温应适中，不宜过高或过低。

【成品特点】色泽金黄，外脆内软，醇香爽口。

6 炸鸡丝春卷

【用料规格】面粉1 kg，鸡脯肉1 kg，冬笋300 g，大葱200 g，猪油200 g，精盐、白糖、味精、胡椒粉、淀粉、香油、鲜汤、花生油适量。

【工艺流程】调制面团→制皮→制馅→包馅成形→炸熟

【制作方法】

1. 面粉加少许精盐，用水拌和，搋至发亮、起泡，静置稍饧。

2. 将面团摊成每张重8 g，直径约15 cm的圆形皮子。

3. 将鸡脯肉、冬笋、大葱切成细丝，锅内加猪油烧热，用葱丝烹锅，投入鸡丝和冬笋丝煸炒，加入盐、白糖、胡椒粉、鲜汤和味精，炒熟后用淀粉勾芡，淋上香油出锅，冷却后待用。

4. 将摊好的皮子打上馅，从一边卷起（两端包严），用湿淀粉把口粘住；将春卷生坯下入旺油锅内炸制，呈金黄色时捞出即可。

【制作要点】

1. 馅心要冷却后再包，以免烫破表皮。

2. 包馅时要用湿淀粉把封口粘好。

3. 炸制时油温要高，春卷在锅中的时间不能太长。

4. 炸制时要及时翻动，以便受热均匀。

【成品特点】酥脆香嫩，色泽金黄。

7　三鲜龙须卷

【用料规格】面粉500 g，鲜虾仁50 g，水发海参50 g，鸡脯肉50 g，时令蔬菜30 g，味精、盐、小调料适量。

【工艺流程】和面→制馅→溜条→出条→成形→烤坯→酿馅→蒸熟

【制作方法】

1. 将面粉加入清水和少许精盐，调制成面团，盖上湿布饧1 h。

2. 鲜虾仁、鸡脯肉、海参、蘑菇均切成小丁，笋尖切小段，下锅炒匀，加入味精、胡椒粉、葱姜末等调味，淋入水淀粉勾芡，加入香油调拌均匀，制成三鲜馅心待用。

3. 取饧好的面团搓成圆条，抓住两端，提起连抻带抖交叉打扣，反复抻抖数次；再反复抻拉，对折，制成极细的面条，在面条上刷匀豆油，对折抻拉数次，至细若发丝时，切成小段，逐段缠绕在一个圆柱形铁模筒上，摆在烤盘上，入炉烤至色泽金黄时取出，脱去铁模筒，即成龙须卷。

4. 在制好的卷内装入炒熟的三鲜馅心，上笼旺火蒸10 min，取出即可。

【制作要点】

1. 炒馅时不要出汤汁，可"勾芡"。

2. 烘烤时要注意色泽及形状。

3. 酿馅要紧。

4. 蒸制时间不要过长。

【成品特点】口味鲜香，形状特别。

8　佛手卷

【用料规格】精面粉2 250 g，酵面375 g，香油50 g，五香盐20 g，葱末100 g，食碱适量。

【工艺流程】调制面团→下剂→制皮→上馅→成形→蒸熟

【制作方法】

1. 盆内加面粉、酵面（用水调稀），揉匀揉光，盖上净湿布饧置。

2. 饧好的面团加食碱放在案板上揉匀，按圆，擀成长约1 m、宽约26.5 cm的薄面皮，刷上一层香油，撒上葱末，抹匀五香盐，横着卷叠4层，斜切成重75 g的卷坯50个。

3. 取卷坯1个，在1/3处下刀，并排切4刀，形如5个手指，将中间3个手指往下折叠，两边2指伸开。按此方法制成50个佛手卷，饧5 min。

4. 佛手卷放入笼内，置旺火沸水锅上蒸15 min即熟。

【制作要点】面皮应薄而均匀，卷坯大小一致，造型逼真。

【成品特点】形似佛手，色泽洁白，松软咸香。

⑨ 定胜糕

【用料规格】粗粳米粉600 g，粗糯米粉400 g，白糖200 g，红曲粉少许。

【工艺流程】米涨发→入模→蒸制成熟

【制作方法】

1. 盆内加粳米粉、糯米粉、红曲粉、白糖和少量清水拌匀，静置涨发1 h。

2. 取定胜糕模型，放入米粉按实，面上用刀刮平，入笼蒸约20 min至熟，翻扣在案板上即成。

【制作要点】蒸制时要用旺火沸水速蒸。

【成品特点】色泽淡红，松软清香，吃口甜糯。

⑩ 玫瑰蜂糖糕

【用料规格】精面粉1 000 g，鲜酵母1/2块，糖板油丁、白糖各250 g，红枣50 g，玫瑰酱150 g，红瓜丝、青梅丝、桂花、花生油各适量。

【工艺流程】调制面团→入屉→成形→蒸熟

【制作方法】

1. 盆内加鲜酵母、温水250 g搅匀，倒入面粉500 g，搓匀揉透，饧2～3 h即成酵面。

2. 擀开酵面，加白糖、糖板油丁、温水250 g、面粉500 g、桂花少许，反复搓揉均匀，再揉成馒头形状。

3. 取钵头一只洗净，里面涂上花生油，放入酵面（面团大小要占钵体的70%，以免酵面涨发时溢到钵头外面），盖上布，放入盛有六成热水的锅中焐1 h，待酵面发起与钵头平齐时即成。

4. 笼内铺上清洁湿布，倒入糖糕生坯，用手按平，再放上红枣、红瓜丝、青梅丝排成图案，上锅蒸30～40 min即熟。

5. 出笼后用刀横剖成相等的两片，中间涂上玫瑰酱，再合起来。吃时用刀切成小块即可。

【制作要点】

1. 酵面要揉匀饧透，揉至表面光滑为宜。

2. 钵头入热水锅焐时要勤换水，以便保持水温。

3. 入笼蒸时用竹筷插入蜂糕，抽出不黏糕面即熟。

4. 用旺火沸水速蒸，以便蜂糕胀发膨松。

【成品特点】色泽洁白，松软有劲，甜香可口。

[评分标准]

"双百分"实训评价细则见表2.16。

表2.16　"双百分"实训评价细则

评价项目	评价内容	评价标准	分　值	说　明
实践操作过程评价（100%）	职业自检合格（15%）	工作服、帽穿戴整洁	3	符合职业要求
		不留长发、不蓄胡须	3	
		不留长指甲、不戴饰品、不化妆	3	
		工作刀具锋利无锈、齐全	3	
		工作用具清洁、整齐	3	
	工作程序规范（20%）	原料摆放整齐	4	符合技术操作规范
		操作先后有序	4	
		过程井然有序	4	
		操作技能娴熟	4	
		程序合理规范	4	
	操作清洁卫生（15%）	工作前洗手消毒	2	
		刀具砧板清洁卫生	2	
		熟制品操作戴手套、口罩	2	
		原料生熟分开	3	
		尝口使用专用匙（不回锅）	2	
		一次性专项使用抹布	2	
		餐用具清洁消毒	2	
	原料使用合理（20%）	选择原料合理	4	
		原料分割、加工正确	4	
		原料物尽其用	4	
		自行合理处理废脚料	4	
		充分利用下脚料	4	
	操作过程安全无事故（10%）	正确使用设备	3	
		合理操作工具	2	
		无刀伤、烫伤、划伤、电伤等	2	
		操作过程零事故	3	

评价项目	评价内容	评价标准	分　值	说　明
实践操作 过程评价 （100%）	个人职业素养 （20%）	操作时不大声喧哗	2	
		不做与工作无关的事	3	
		姿态端正	2	
		仪表、仪态端庄	2	
		团结、协作、互助	3	
		谦虚、好学、不耻下问	2	
		开拓创新意识强	3	
		遵守操作纪律	3	
实践操作 成品评价 （100%）	成品色泽 （6%）	色彩鲜艳	3	
		光泽明亮	3	
	成品味道 （20%）	香气浓郁	5	
		口味纯正	5	
		调味准确	5	
		特色鲜明	5	
	成品形态 （10%）	形状饱满	4	
		刀工精细	3	
		装盘正确	3	
	成品质地 （10%）	质感鲜明	5	
		质量上乘	5	
	成品数量 （6%）	数量准确	3	
		比例恰当	3	
	盛器搭配合理 （6%）	协调合理	6	
	作品创意 （7%）	新颖独特	1	
		创新性强	3	
		特色明显	3	
	食用价值 （10%）	自然原料	5	
		成品食用性强	5	

续表

评价项目	评价内容	评价标准	分 值	说 明
实践操作 成品评价 （100%）	营养价值 （10%）	营养搭配合理	4	
		营养价值高	3	
		成品针对性强	3	
	安全卫生 （15%）	成品清洁卫生	5	
		不使用人工合成添加剂	10	

三、广式筵席面点

广式筵席面点的主要特点是：用料精博，品种繁多，款式新颖，口味清新多样，制作精细，咸甜兼备，能适应四季节令和各方人士的需要。除了采用各种烹饪手段外，馅料的选择也非常广泛，甜咸、荤素各种食材均有。同时，也融合了西点的一些技巧和特色，在原料上也会选择某些西点原料，如巧克力、奶油等。其口感总体较为清爽。

1 潮州粉粿

【用料规格】澄粉340 g，生粉60 g，猪肉160 g，虾仁40 g，沙葛160 g，油炸花生米40 g，蚝油25 g，精盐20 g，白糖5 g，胡椒1 g。

【工艺流程】粉粿皮→下剂→制皮→粉粿馅→包捏、成形→蒸熟

【制作方法】

1. 淀粉、生粉混合，冲入沸水，搓匀，成粉粿皮待用。

2. 猪肉洗净剁碎，虾仁洗净，沙葛去皮切成粒。油锅烧热，放入猪肉、虾仁、沙葛炒熟，加油炸花生米炒匀，再加蚝油、精盐、白糖、胡椒粉调成粿馅。

3. 粉粿皮切成10个剂子，压成皮，包入馅心，放入笼中蒸15 min即成。

【制作要点】

1. 调味不宜过重，该面点可单独食用。

2. 适宜现做现吃，不宜久放。

【成品特点】味道香浓，清口爽滑。

2 蛋黄水晶包

【用料规格】猪板油500 g，面粉650 g，发面种50 g，橄榄仁150 g，白芝麻150 g，椰蓉150 g，奶油100 g，绵白糖900 g，发酵粉15 g，熟猪油50 g，咸鸭蛋黄3只。

【工艺流程】发面团→分坯→馅心→包捏→蒸熟

【制作方法】

1. 橄榄仁油炸后切碎；白芝麻淘洗后炒香；猪板油切成泥状，加奶油、绵白糖（750 g）、橄榄仁、芝麻仁、椰蓉、面粉（150 g）拌匀，制成水晶馅心。

2. 发面种放绵白糖（150 g）、发酵粉、熟猪油、清水混合，再放面粉（500 g）和成匀

滑柔软的发面团，饧20 min。

3. 面团和馅心各分成30等份进行包制，生坯粘上包底纸，排放蒸笼内，包顶放咸鸭蛋黄1小粒，旺火蒸10 min左右即成。

【制作要点】生坯旺火蒸熟，食用时去除包底纸。

【成品特点】表皮雪白，馅心晶亮，香甜绵软。

3 叉烧酥

【用料规格】面粉500 g，熟猪油120 g，黄油120 g，鸡蛋5只，叉烧肉250 g，猪肉100 g，精盐10 g，味精2 g，白糖15 g，白酱油10 g，香油5 g，胡椒粉1 g，料酒5 g，葱末10 g。

【工艺流程】干油酥→下剂→水油面→下剂→起酥→制皮→馅心→包捏→成形→烤熟→装盘

【制作方法】

1. 面粉取一半加入90 g熟猪油和90 g黄油擦成干油酥；另一半面粉加入30 g熟猪油和30 g黄油，以及鸡蛋2只、清水调成水油面。

2. 叉烧肉切成黄豆大的粒，猪肉剁成末，加入精盐、味精、白糖、白酱油、香油、胡椒粉、料酒、葱末、2只鸡蛋，搅拌均匀调成馅心。

3. 干油酥和水油面分别摘成20只剂子。水油面逐个按扁，包入干油酥，擀成长条，再卷起按扁，擀成中间厚、四周薄的圆皮，包入馅心，制成酥坯，排放在烤盘内。

4. 鸡蛋1只搅匀，涂抹在生坯表面，入烤箱烤至上下成金黄色即可。

【制作要点】

1. 馅心在坯皮的中心位置，不偏不歪。

2. 中火烤制成熟。

【成品特点】色泽金黄，甘香酥脆，叉烧味浓。

4 江米团

【用料规格】糯米200 g，火腿10 g，猪瘦肉90 g，猪肥肉10 g，虾仁50 g，冬菇10 g，虾米15 g，鸡蛋清20 g，味精3 g，精盐10 g，葱3 g，生姜5 g，料酒5 g，胡椒粉3 g。

【工艺流程】制作丸子→糯米浸泡→滚沾→蒸熟→装盘

【制作方法】

1. 糯米洗净，浸泡30 min，沥水；火腿切成末；猪瘦肉剁成蓉，肥肉切成小丁；虾仁制成蓉；冬菇、虾米切成末。

2. 猪瘦肉、虾仁、鸡蛋清、味精、精盐、料酒、葱、姜混合，搅打成虾肉胶；加入虾米、冬菇、肥肉、火腿末（5 g）、胡椒粉，制成12只丸子。

3. 取一盘子，底部抹上熟猪油，丸子逐个滚沾上糯米，摆放在盘中，顶部放上火腿末，入笼蒸20 min即成。

【制作要点】丸子光滑，滚沾糯米均匀。

【成品特点】色白晶莹，鲜美可口。

⑤ 翡翠馄饨

【用料规格】面粉160 g，猪肉160 g，韭黄20 g，生抽10 g，料酒5 g，香油2 g，精盐5 g，菠菜500 g。

【工艺流程】菜汁→和面→制皮→制馅→成形→煮熟→装碗

【制作方法】

1. 菠菜洗净切成末，用洁净纱布包起，挤出绿色汁水备用；猪肉洗净剁碎，加生抽、料酒、香油、精盐调匀；韭黄洗净切成小段，拌入肉馅。

2. 面粉放盆内，倒入菠菜汁，搅拌调成翡翠色面团，擀成大薄片，再切成方形面皮。取一面皮，放上馅心，提起有角的一端，折成三角形，将两端合拢粘住，即成馄饨生坯。

3. 锅中加水烧开，馄饨下沸水煮熟后，捞出盛入有调味汤的碗中。

【制作要点】

1. 馅心制蓉要细腻。

2. 用开水煮制馄饨，其间加冷水养透。

【成品特点】色泽悦目，馅嫩韭香，软滑鲜美。

⑥ 鱼蓉鸡冠饺

【用料规格】澄粉1 000 g，草鱼800 g，猪油（炼制）150 g，盐10 g，红色食用色素少许。

【工艺流程】澄面团→下剂→鱼蓉馅→成形→蒸熟

【制作方法】

1. 澄粉放入盆中加猪油、盐拌匀，用开水烫成面团。

2. 鱼肉用刀剁成蓉，制成鱼蓉馅，加入一定量的水，再加入调味料。

3. 面团切成剂子，压成圆片，边沿沾上红色面片少许，对折，用手捏成鸡冠形状，上笼蒸熟即可。

【制作要点】捏制动作轻柔，防止破皮。

【成品特点】形似鸡冠，馅心嫩滑，外皮爽口。

⑦ 脆炸珍珠鸡

【用料规格】糯米200 g，面粉250 g，精盐10 g，酱油75 g，臭粉3 g，鸡脯肉150 g，水发冬菇6只，熟腊肠12片，鲜腐皮12块，荷叶1张，花生油少许。

【工艺流程】糯米蒸熟调味→加工辅料→馅心→腐皮→包裹成形→挂糊→炸制→装盘

【制作方法】

1. 糯米洗净，静置3 h。面粉、酱油、臭粉加清水调成面浆，静置1 h。干荷叶铺笼底，抹上花生油，糯米倒荷叶上，旺火蒸熟。熟糯米加精盐调味拌匀，分成12份。

2. 鸡脯肉切成12块，上浆，滑油；水发冬菇切成12块；鸡片、冬菇片、腊肠片加精盐拌匀成珍珠馅，分成12份。

3. 鲜腐皮铺在案板上，中间放馅心，加一份糯米饭盖上，包成4 cm长的扁卷，用面浆封口，制成生坯。

4. 生坯裹上面浆，入油锅炸至表皮硬脆，色泽微黄时捞出，摆放盘内。

【制作要点】

1. 糯米放入蒸笼蒸制，中间扒一坑，便于成熟。

2. 炸制油温不宜过高，现做现吃。

【成品特点】造型美观，外皮香脆，内馅鲜嫩。

8 虾饺皇

【用料规格】虾仁50 g，冬笋40 g，猪肥肉30 g，澄粉100 g，熟猪油20 g，精盐2 g，白糖2 g，鸡精2 g。

【工艺流程】制皮→切剂→制皮→制馅→包捏成形→蒸熟

【制作方法】

1. 虾仁洗净抹干水，大只的切粒；冬笋洗净切细丝，放入锅中炒干水，待冷；虾仁、笋丝、肥肉加调味料拌匀成馅料。

2. 将澄粉、熟猪油混合，加入适量开水和成面团，搓条切剂，用刀按成圆形薄皮，在皮边折约12个小褶纹，放入馅料包成虾饺形。

3. 将包好的饺皇入屉用旺火蒸约8 min即成。

【制作要点】

1. 现做现吃，不可久藏。

2. 褶纹的间距、长短要一致。

【成品特点】色泽洁白，形态美观，馅心可口，柔韧爽滑。

9 芝麻栗子糕

【用料规格】鲜栗子600 g，黑芝麻120 g，糯米粉120 g，莲子120 g，白糖粉300 g。

【工艺流程】原料制泥→蒸熟→晾凉→切片

【制作方法】

1. 栗子洗净加水，旺火煮约30 min，捞出，去壳和衣捣成泥。去心干莲子洗净，煮烂后捞出，搅烂。黑芝麻洗净，捣成末。将栗子泥、糯米粉放入盆内，加入糖、芝麻末和莲子泥充分搅拌均匀。

2. 笼内垫上湿布，放入拌匀的栗子米粉，轻轻抹平，戳几个孔，放在沸水锅上用旺火蒸25 min，熟后端下晾凉。

3. 晾透的栗子糕扣在干净的案板上，先切成长条，再切成1.5 cm厚的薄片码在盘内即可。

【制作要点】栗子米粉放入蒸笼，戳几个孔，便于成熟。

【成品特点】口感软糯，味甜可口，营养丰富。

10 杏仁酥条

【用料规格】高筋面粉85 g，低筋面粉35 g，鸡蛋50 g，蛋黄1个，起酥油100 g，杏仁25 g，鸡精10 g，白糖粉20 g，白醋3 g，精炼油20 g。

【工艺流程】干油酥→蛋酥皮面团→起酥→撒馅心→分坯→烤熟

【制作方法】

1. 高筋面粉、低筋面粉混合均匀，分成四六比例的两份。取四份与起酥油60 g擦匀，制成油酥面团。取6份与鸡蛋、白醋、白糖粉15 g、起酥油40 g和匀，制成蛋酥皮面团，饧置30 min左右。

2. 用蛋酥面团稍稍擀薄，包裹干油酥，捏紧收口处，用擀面杖擀成厚约0.2 cm的长方形面皮，折叠3层，形成层次。

3. 蛋黄和糖粉5 g拌匀，涂抹在酥皮面皮上面，再撒上杏仁丁。

4. 用刀子将面皮切成长8 cm、宽3 cm的长方条，码齐放入烤盘，放入180 ℃烤箱中烤30 min左右。

【制作要点】起酥用力要均匀，防止酥层厚薄不一致。

【成品特点】层次清晰，酥松可口。

[评分标准]

"双百分"实训评价细则见表2.17。

表2.17 "双百分"实训评价细则

评价项目	评价内容	评价标准	分 值	说 明
实践操作过程评价（100%）	职业自检合格（15%）	工作服、帽穿戴整洁	3	符合职业要求
		不留长发、不蓄胡须	3	
		不留长指甲、不戴饰品、不化妆	3	
		工作刀具锋利无锈、齐全	3	
		工作用具清洁、整齐	3	
	工作程序规范（20%）	原料摆放整齐	4	符合技术操作规范
		操作先后有序	4	
		过程井然有序	4	
		操作技能娴熟	4	
		程序合理规范	4	
	操作清洁卫生（15%）	工作前洗手消毒	2	
		刀具砧板清洁卫生	2	
		熟制品操作戴手套、口罩	2	
		原料生熟分开	3	
		尝口使用专用匙（不回锅）	2	
		一次性专项使用抹布	2	
		餐用具清洁消毒	2	
	原料使用合理（20%）	选择原料合理	4	
		原料分割、加工正确	4	
		原料物尽其用	4	

评价项目	评价内容	评价标准	分 值	说 明
实践操作过程评价（100%）	原料使用合理（20%）	自行合理处理废脚料	4	
		充分利用下脚料	4	
	操作过程安全无事故（10%）	正确使用设备	3	
		合理操作工具	2	
		无刀伤、烫伤、划伤、电伤等	2	
		操作过程零事故	3	
	个人职业素养（20%）	操作时不大声喧哗	2	
		不做与工作无关的事	3	
		姿态端正	2	
		仪表、仪态端庄	2	
		团结、协作、互助	3	
		谦虚、好学、不耻下问	2	
		开拓创新意识强	3	
		遵守操作纪律	3	
实践操作成品评价（100%）	成品色泽（6%）	色彩鲜艳	3	
		光泽明亮	3	
	成品味道（20%）	香气浓郁	5	
		口味纯正	5	
		调味准确	5	
		特色鲜明	5	
	成品形态（10%）	形状饱满	4	
		刀工精细	3	
		装盘正确	3	
	成品质地（10%）	质感鲜明	5	
		质量上乘	5	
	成品数量（6%）	数量准确	3	
		比例恰当	3	
	盛器搭配合理（6%）	协调合理	6	

续表

评价项目	评价内容	评价标准	分　值	说　明
实践操作成品评价（100%）	作品创意（7%）	新颖独特	1	
		创新性强	3	
		特色明显	3	
	食用价值（10%）	自然原料	5	
		成品食用性强	5	
	营养价值（10%）	营养搭配合理	4	
		营养价值高	3	
		成品针对性强	3	
	安全卫生（15%）	成品清洁卫生	5	
		不使用人工合成添加剂	10	

项目3

西餐筵席基础知识

　　西餐筵席是按照西方国家的礼仪习俗举办的筵席。其特点是遵循西方的饮食习惯，采取分食制，以西餐为主，用西式餐具，行西方礼节，遵从西方习俗，讲究酒水与菜肴的搭配，其布局、台面布置和服务都有鲜明的西方特色，突出西方的民族文化传统。通过本项目的教学，让学生了解西餐筵席的基础知识，贯穿西餐筵席菜单设计、西餐筵席摆台设计，让学生感悟西餐筵席历史沿革的同时，对筵席中的菜单、摆台等有一定的了解。

任务3.1 西餐筵席概述

1. 了解西餐筵席的主要形式和主要特点。
2. 掌握西餐筵席的主要内容。
3. 熟知西餐筵请的特点和程序。
4. 了解西方国家的筵请礼仪。

[学习要点]
1. 西餐筵席的主要内容。
2. 西餐筵请的特点和程序。

[相关知识]
由于举办筵席的目的、筵请的对象、人数的不同，西式筵席的形式也有所不同。

3.1.1 西餐筵席的主要形式

1）正式筵席

正式筵席通常是政府部门和团体等为欢迎应邀来访的宾客或来访的宾客为答谢主人而举行的筵席。正式筵席适宜招待规格较高、人数不是很多的客人。由于不同国家和民族的生活习惯不同，在菜点内容的安排上会有所不同。正式筵席有时要安排乐队奏席间乐，宾主按身份排位就座。许多西方国家的正式筵席十分讲究排场，在请柬上注明对客人服饰的要求，往往从服饰规定上来体现筵席的隆重程度，这是西餐筵席较突出的方面。

2）冷餐酒会

冷餐酒会的特点是不排席位，既可在室内、院里，又可在花园里举行。菜点的品种丰富多彩，以冷食为主，可上热菜。菜肴提前摆在食品台上，供客人自取，宾客可自由活动，按需取食，酒水陈放在桌上，也可由服务员端送。可设小桌、椅子，供宾客自由入座，也可以不设座位，站立进餐。根据宾主双方的身份，冷餐酒会的规格和隆重程度可高可低，举办时间一般为中午12时至下午2时，或下午6时至8时。这种形式多为政府部门或企业界举行人数众多的盛大庆祝会、欢迎会、开业典礼等活动所采用。

3）鸡尾酒会

鸡尾酒会是具有欧美传统的集会交往形式。鸡尾酒会以酒水为主，略备小吃食品，形式较轻松，一般不设座位，没有主宾席，宾客可随意走动，便于广泛接触交谈。食品主要是三明治、点心、小串烧、炸薯片等，宾客用牙签取食。鸡尾酒和小吃由服务员用托盘端上，或部分置于小桌上。酒会举行的时间较为灵活，中午、下午、晚上均可，可作为晚上举行大型筵席的前奏活动，或结合举办记者招待会、新闻发布会、签字仪式等活动。请柬往往注明整个活动延续的时间，宾客可在其间任何时候到达或退席，来去自由，不受约束。鸡尾酒会以饮为主，以吃为辅，除饮用各种鸡尾酒外，还备有其他饮料，但一般不上烈性酒。

3.1.2 西餐筵席的主要特点

1）主要用于交际

国际交流、政府、社会团体、单位、公司或个人之间进行交往，经常运用筵席这种交际方式来表示欢迎、答谢、庆贺。人们也常在品佳肴琼浆、促膝谈心、交朋友的过程中疏通关系、增进了解、加深情谊，解决一些其他场合不容易或不便于解决的问题，从而实现社交的目的。

2）讲究规格和气氛

西餐筵席一般要求格调高，有气氛、排场，服务工作周到细致。它对菜品的要求较高，对台面设计、环境布置、灯光、音响、前台、后台工作等都十分讲究，要求筵席部技术人员通力合作才能保证筵席成功，且要始终保持筵席祥和、欢快、轻松的旋律，给人以美的享受。

3）酒菜款待来宾

赴筵者通常由4种身份的人组成，即主宾、随从、陪客和主人。其中，主宾是筵席的中心人物，常安排在最显要的位置就座，筵席中的一切活动都要围绕他而进行；随从是主宾带来的客人，伴随主宾，烘云托月，其地位仅次于主宾；陪客是主人请来陪伴客人的，有半个主人的身份，起着积极的作用；主人即办筵的东道主，筵席要听从他的调度与安排，以达到筵请目的。

4）注重接待礼仪

西餐筵席礼仪是西方国家赴筵者之间互相尊重的一种礼节仪式，也是西方国家的人们出于交往的目的而形成的为大家共同遵守的习俗，其内容广泛，如要求酒菜丰盛，仪典庄重，场面宏大，气氛热烈；讲究仪容的修饰、衣冠的整洁、表情的谦恭、谈吐的文雅、气氛的融洽；讲究餐室布置、台面点缀、上菜程序等。重大国筵、专筵除了注意上述种种问题之外，还要考虑因时配菜，因需配菜，尊重宾主的民族习惯、宗教信仰、身体素质和嗜好忌讳等。

3.1.3 西餐中的主题筵席

一般来说，西餐筵席都有特定的主题，如国际友好往来，庆贺新婚、生日，宾朋团聚，各种庆典活动等，这类西餐筵席往往有着明确的目的和意义，整个西餐筵席都围绕主题进行。典型的主题筵席有以下6种：

1）国筵

国筵是国家元首或政府首脑为国家庆典或为欢迎外国元首、政府首脑而举行的正式筵席。这种筵席规格最高，不仅由国家元首或政府首脑主持，还有国家其他领导人和有关部门的负责人以及各界名流出席，有时还邀请各国使团的负责人及各方面人士参加。国筵厅内悬挂国旗，安排乐队演奏两国国歌及席间乐，席间有致辞或祝酒。国筵的礼仪隆重，要求严格，安排细致周到。

2）喜庆婚筵

婚筵是西方人在举行婚礼时，为筵请前来祝贺的宾朋和庆祝婚姻美满幸福而举办的喜庆筵席。主办者对婚筵的要求很高，要求提供精美的食品及最佳的服务。

3）生日筵席

生日筵席是西方人为庆祝生日而举办的筵席。生日筵席一般以老年人居多，老年人喜欢人多、热闹，现在为小孩过生日而举办筵席的也日益增多。生日筵席上要配有生日蛋糕，庆祝生日的程序包括点蜡烛、吹蜡烛、唱生日歌、切蛋糕等。

4）纪念筵席

纪念筵席是指为纪念某人、某事或某物而举办的筵席，要求有一种纪念、回顾的气氛。在布置筵席时有特殊要求，要有突出纪念对象的标志，或在西餐筵席厅里悬挂纪念对象的照片、文字或实物，或在纪念筵席上可能有较多的讲话或其他活动，需及早准备，并相应地做好服务工作。

5）商务筵席

商务筵席在西餐筵席中占有一定比例。西方国家商务筵席的消费水准以中上等为多。有的是事先预订，有的是临时决定。

6）庆典筵席

庆典筵席是西方国家社会团体为庆贺各种典礼活动而举办的各种筵席，如毕业典礼、庆功筵席、颁奖筵席等。这类筵席的特点是筵席规模大，气氛热烈。事先要作充分准备，服务程序以简洁为主。筵席突出庆贺的主题，往往在开筵前进行简短的致贺词，在开筵过程中，人们互相举杯庆贺。

3.1.4　西餐筵席的主要内容

在一般情况下，西餐筵席通常分3个阶段。

第一阶段：晚上6时至8时为筵席的前奏，进行鸡尾酒会，主要由小吃、小点、鸡尾酒、饮料等组成。就餐方式有自助台，客人可以自取，也可由服务员分派。主办场地通常可在花园、中厅等地方举行，但此时不能进入主筵席厅。

第二阶段：晚上8时至11时，此时为正餐时间。古典式西餐筵席菜的道数较多，如今已大大减少，有3～4道就足够了。

一般西餐筵席菜单的排列有：

①古典传统筵席菜单：冷盆，通常是一种原料为主，然后加一些配菜，装在7寸盆内；汤，有清、浓、冷、热之分；热头盆，即热的开胃菜，可以是小虾、蜗牛等；鱼，俗称小盆，可以是野味类；主菜，猪、牛、羊、禽类，装在10寸盆内；烧肉、冷烧肉，为两道主菜中间的开胃菜；烧烤肉，即烤牛肉，为两道主菜之一；碎冰果汁，用果汁或香槟酒做成的开胃冰霜；沙律，即素生菜，在吃牛肉中间上，起清口作用；蔬菜，热的主菜的配菜；甜品，甜的西式点心，有冷热之分，或是冰激凌；小点，巧克力、奶酪等；水果、咖啡红茶。

②现代西餐筵席菜单：冷盆跟干雪利酒；汤跟雪利酒；热头盆跟白葡萄酒，如果是野味，则跟玫瑰酒；主菜肉跟红葡萄酒；沙律、甜品跟钵酒；水果、咖啡红茶跟白兰地。

西餐筵席有时很简单，菜的道数也少。例如，墨西哥总统福克斯2002年10月26日款待参加APEC会议的各国领导人的筵席，首先是鸡尾酒会，各位领导人可以品尝白葡萄酒或红葡萄酒，墨西哥特有的龙舌兰酒或用龙舌兰酒调制的各种鸡尾酒，享受几种非常有特色的墨西哥风味小吃。正式筵席开始，第一道菜为棕榈嫩芽汤，第二道菜为韦腊克鲁斯风味的瓦奇南科鱼（一种海鱼，外表为红色，把鱼做熟后，浇上用西红柿、葱头等炒成的汁，为墨西哥韦腊克鲁斯州的一道名菜），第三道菜为浇巧克力汁加椰子丝、芒果丁的冰激凌。

第三阶段：餐后酒会部分。此时可以在会客室进行，也可以在餐桌边进行。一般男女分开，男宾们谈生意、谈政治；女宾们聊家常。此时主要提供咖啡、红茶、立娇酒、巧克力等。此阶段酒会有时也是举行舞会的时间。

3.1.5 西餐筵请的特点和程序

1）西餐筵请的特点

西餐筵请是指筵请时的菜点饮品以西式菜品和西洋酒水为主，使用西餐餐具，并按西式服务程序和礼仪服务。其基本特点如下：

①筵席菜点以欧美菜式为主，饮品使用西洋酒水。西餐酒类较多，不同的酒选用不同的酒局，并与不同的菜肴相搭配。

②筵席餐具用品、厅堂风格、环境布局、台面设计、音乐伴餐等均突出西洋格调，如使用刀、叉等西式餐具，餐桌为长方形等。

③西餐采用分餐制，各点各的菜，想吃什么点什么。上菜后，人各一盘，各吃各的，各自随意添加调料，一道菜吃完后再吃第二道菜，前后两道菜不混吃。按西餐进餐习惯应当右手拿刀，左手持叉，由左手将食品送入口中。不同形状、不同大小、不同规格的刀叉为不同食品之餐具。

④西餐筵席菜肴通常包括开胃品、汤、主菜、甜食4大类。西餐的上菜顺序与中餐不同，以冰水、开胃菜、汤、海鲜、肉食、主菜、甜食、水果、咖啡、红茶为先后顺序。

⑤西餐筵席服务程序和礼仪有严格要求，进餐讲究文雅而有风度。席间不宜大声谈笑，进餐时尽量不发出声响。

⑥西餐筵席形式多样，根据菜式与服务方式的不同，可分为法式筵席、俄式筵席、英式筵席和美式筵席等。

2）西餐筵请的接待程序

在西餐厅请客吃饭，从预约到结账，都必须依各式各样的礼仪程序来进行。

（1）预约

事先预约，无论是对提供服务的一方还是对享用餐点的一方来说，都能够让用餐进行得更加顺畅。

（2）到达

作为主人，应提前到达西餐厅，以便迎接客人。

正式筵席上，由一位男服务员站在大门口迎接客人，帮助客人脱外衣。男、女主人则在大厅里迎接客人，微笑握手表示欢迎。

在客人到达时，要热情迎接。打招呼时应该遵循女士优先的礼节。如有多位女士，问候应从年长的女士开始。一般伸出右手递给对方，握手要真诚实在，以表你的真心实意。进入餐厅时，男士应先开门，请女士进入。如果有服务员带位，也应请女士走在前面。入座、餐点端来时，都应让女士优先。

许多餐厅的进门处都设有衣帽间，客人要看管好自己的物品，如有丢失，餐厅对此不作任何经济赔偿。如不担心衣物被偷，可以把钱包等贵重物品从兜里掏出，把大衣或外衣留在衣帽间。也可以把衣物带到座位上，放在周围，以确保衣物安全。男士可在女士脱下外衣时，助一臂之力。

（3）入席

进了餐厅，先不要着急找座位坐。西方人在这种场合一般都要各处周旋，等待主人为自己介绍其他客人。这时可以从服务员送来的酒和其他饮料里面选一杯合适的，边喝边和其他人聊天。

西餐入席的规矩十分讲究，席位一般早已安排好，欧美人认为熟人聊天的机会很多，要趁此机会多交朋友，因此，同来的先生或女士不会被安排坐在一起。男女主人分别坐在长方形桌子的上、下方，女主人的右边是男主宾，男主人的右边是女主宾。男士在上桌之前要帮右边的女士拉开椅子，待女士坐稳后自己再入座。

最得体的入座方式是从左侧入座。进入餐厅后，应由服务员带领并从椅子的左方入座。不要自行就座。帮助女士安置座位这是男士体现绅士风度的另一个小细节。在女士站在桌子和椅子之间的一瞬间，男士可把椅子适当向后拉一下，以便女士靠近桌子，然后再把椅子向前推进，直至女士有个安稳舒适的位置坐定为止。

（4）就餐

在点完餐点，第一道菜尚未被上桌之前，应先将餐巾展开，将餐巾对折或是折三折，把折痕对向自己放于膝盖。除了起身离开桌子，餐巾始终在腿上，不应该放在桌子盘碟下面。

吃饭的时候不要把全部精力都放在胃的享受上，要多和左右的人交谈。

3.1.6 西方国家的筵请礼仪

不同的国家、不同的民族，有不同的商务筵请礼仪。比如，法国商人视筵客为工作场所活动的一部分。美国商人因工作需要，过了吃饭时间才会请吃快餐和晚餐。一般来说，在美国工作午餐比较多，商务晚餐很少。德国商人一般不筵客，除非有重要的合约，因为他们不愿意浪费时间。

1）美国

美国人请客吃饭，属公务交往性质的，多安排在饭店、俱乐部进行，由所在公司支付费用，关系密切的亲朋好友才邀请到家中赴筵。美国人不喜欢大摆筵席，喜欢借早餐、午餐之机，边进餐、边谈工作，讨论业务，称为"工作早餐"或"工作午餐"。美国总统就常和国会负责人一起共进早餐，以了解他们所提出的法案完成立法手续的前景。

在美国，商务午餐很普及，时间也很紧凑，一般在中午11：30左右开始。午餐时一般不喝酒。当美国人请你去作客时，一定要给人以明确回复并记清时间、地点，不可错过，若突然有事去不了，一定要打电话说明原因，好让主人早作准备。赴筵需准时到达，或者在约定时间的5 min前后到达。

受邀参加筵席，不需要携带礼物。但如果受邀到家里作客，最好带一点小礼物，如鲜花、酒或糖果，送给女主人，表示感谢。至于圣诞晚宴，是一定要准备礼物的。在美国圣诞节时交换礼物是一种很平常的习俗，就像中国人过年拿红包一样。

2）法国

对法国人来说，吃饭是做生意的开幕式，他们很重视选择适当的饭馆和菜式，以此来表达对客人的尊重和诚意。法国人把工作餐看得很重要。因此，在开始谈生意之前，要明白是和一个什么样的人做生意，最好的办法就是吃工作餐，脱离正式的工作环境，来到一个轻松的环境。有人做了一个统计，法国人工作餐的平均时间为124 min，美国人的工作餐平均时间为67 min。法国人与新客户的工作餐可以维持3 h，而晚筵在下班后可能持续几个小时。

在法国，商务筵请的另一种形式是公司酒会。公司酒会有时候仅限于职员参加；有时候则由每个职员另带一位客人，这位客人可以是妻子或丈夫，也可以是其他人。在公司酒会上，上级对下属可以亲昵一些，但是作为职员不要忘形而表现出对上司过于随便。在有来宾的酒会上，作为来宾的妻子或丈夫，与公司老板谈话时要注意，不要抱怨自己的丈夫或妻子工作太忙、收入太少，或透露家庭困难。

商界筵请一般不需要像社交请客那样回请。比如，与上司一起出差，上司请了下属，下属不必回请上司。公司中下属一般不能邀请上司外出吃饭。如果上司请下属到家中吃饭，则可以回请上司，邀请应以书面的形式向上司及其配偶发出，男性下属应由妻子写邀请函。

3）英国

英国商人一般不喜欢邀请客人到家中饮筵，聚会大都在酒店进行。在英国，不流行邀对方在早餐时谈生意。午餐和晚餐是业务筵客中的两种最普通的形式，与正常的社交惯例有两种主要区别：一是完全为了"谈业务"；二是由于资辈次序不同而可以不按常规排列席位。同时，即使有妇女参加，通常也为数极少。重大的筵请活动，大都放在晚餐时进行。

假如没有女主人的话，主宾应坐在主人的右边，第二位重要客人则应坐在左边。业务上所居的地位优先于社会地位，一个高级负责人所坐的席位应优先于下级负责人，即使这个下级是一位伯爵。但有时席位的先后可全都不考虑，人们往往坐在最需要和他们谈话的人旁边，或者公司职员与来宾相间就座。在正式的筵席上，一般不准吸烟。

英国商人的饮筵，在某种意义上说，以简朴为主。比如，要泡茶请客，如果客人只有3位，他们一定只烧3份水。英国对饮茶十分讲究，各阶级的人都喜欢饮茶，尤其是妇女嗜茶成癖。英国人还有饮下午茶的习惯，即在下午3点钟至4点钟的时候，放下手中的工作，喝一杯红茶，有时也吃块点心，休息一刻钟，称为"茶休"。

4）德国

德国人很少邀请同事或业务上的客人去家中吃饭，一旦邀请，应当视为一种荣誉，一定要接受邀请，并要得体，准时到达，还要为女主人带一束鲜花，但不要送带有浪漫色彩的红玫瑰。

若是小型的私人晚筵，有时贴心的主人也会特别发函邀请，而筵请的方式在这张邀请卡上多半都会注明清楚，到底是派对式的热闹场面，还是正式的晚筵，是否需要帮忙准备餐点等细节，如还有不太清楚的地方，不妨直接询问主人。

如果主人是位女性，又是在饭馆里筵请客人，作为女主人应当注意避免男宾尴尬，因为西方商业传统上是男人的天下，尽管妇女担任高级职务的人逐渐增多，许多男士仍不习惯由女士支付账单。如果只有一两位客人，可以选择在办公室里筵客。在餐馆中筵客，女主人应该在请柬上或在用餐一开始就向客人清楚说明他们是公司的客人，而不是她个人的客人。

5）俄罗斯

商务用餐一般用于庆祝合同的签订而非谈判。让主人点菜，需要适当喝一点酒，以帮助建立紧密的关系。在大部分商务和社交筵请中，都会有很多轮祝酒。伏特加是俄罗斯的国酒，一般用小玻璃杯盛，且不加冰。

用餐时，俄罗斯人多用刀叉。他们忌讳用餐发出声响，不能用匙直接饮茶，或让其直立于杯中。通常，他们吃饭时只用盘子不用碗。参加俄罗斯人的筵请时，宜对其菜肴加以称道，并且尽量多吃一些，俄罗斯人将手放在喉部，表示已经吃饱。

6）意大利

意大利人热情好客，如果你被人邀请，则不能拒绝，拒绝是不礼貌的。午餐是一天中最丰盛的一餐，时间一般持续两三个小时。意大利商人经常在午餐时谈业务。在意大利，互相赠送商务性礼物很普遍。意大利人交谈的话题一般有足球、家庭事务、公司事务以及当地新闻等，避免谈美式足球和政治。

意大利食物不仅仅是通心粉和披萨饼，至少有7种不同地区风味的菜肴。意大利人为他们的奶酪、红酒、面包和调味品感到自豪。在意大利，喝酒宜浅酌而不要过量，喝醉酒被认为是一件有失体面的事。

7）荷兰

荷兰商人喜欢相互招待筵请，往往早餐丰富，上午10时休息吃茶点，中午大吃一顿，下午4时又休息吃茶点，晚上7时正式吃晚餐，睡前还有一次夜宵。如果你请上司吃顿中餐，他们会非常乐意，毕竟中国的美食是无法抗拒的。如果荷兰人邀请你到他家坐坐，大多只请你喝几杯酒，再去饭馆吃饭。

工作午餐通常十分简单，也许只有三明治、奶酪和水果。上午和下午都有休息时间，可以用些小点心。咖啡是全天最好的选择，一般只在下午才喝茶。荷兰的奶制品世界闻名。荷兰人习惯吃西餐，但对中餐也颇感兴趣。荷兰人倒咖啡有特别的讲究，只能倒到杯子的2/3处。倒满是失礼的，被视为缺乏教养。

[实施和建议]

本任务重点学习西餐筵席的主要内容、西餐筵请的特点和程序。

建议课时：6课时。

[学习评价]

本任务的学习评价见表3.1。

表3.1　学习评价表

学生本人	量化标准（20分）	自评得分
成果	学习目标达成，侧重于"应知""应会" （优秀：16～20分；良好：12～15分）	
学生个人	量化标准（30分）	互评得分
成果	协助组长开展活动，合作完成任务，代表小组汇报	
学习小组	量化标准（50分）	师评得分
成果	完成任务的质量，成果展示的内容与表达 （优秀：40～50分；良好：30～39分）	
总分		

[巩固与提高]

1. 西餐筵席的主要形式和主要特点各有哪些？
2. 西餐筵席的主要内容有哪些？
3. 西餐筵请的特点和程序有哪些？
4. 根据所学西餐筵席的基础知识，试述西方国家的筵请礼仪。

 任务3.2　西餐筵席的历史沿革

[学习目标]

1. 了解古罗马、古希腊时期的筵席。
2. 了解西餐筵席原料运用的发展。
3. 熟知西餐筵席上菜顺序的发展。
4. 了解西餐筵席餐具的发展和礼仪的发展。

[学习要点]

1. 西餐筵席上菜顺序的发展。
2. 西餐筵席餐具的发展和礼仪的发展。

[相关知识]

西餐筵席有着悠久的历史和文化，与人们的生活紧密相连。筵席的历史，也就是美食发展传承的历史。

3.2.1　古罗马的筵席

有关西餐筵席最早的描绘出自公元1世纪彼得罗尼的《情狂》，书中的描写是这样的："首先是餐前小吃：开场菜盘里立着一尊古雅的科林斯铜驴，背上驮着两个篮子，篮子一端装着白橄榄果，另一端装着黑橄榄果……提前接好的小桥架在盘子上；盘子里装着浸在蜂蜜里的睡鼠，上面撒着罂粟籽。烤架上还有热香肠，下面是李子和石榴米。硕大的长圆形托盘里面装着一个盛有木鸡的篮子，木鸡身下是达半磅的大鸡蛋。蛋是以面粉为原料，油炸制成，打开鸡蛋，调过味的蛋黄里面包着啄木鸟。

随后第一道主菜配合甜葡萄酒享用，它们是黄道十二宫食物——双子宫盘中放着腰子，金牛宫盘中放着牛肉，摩羯宫盘中放着鹰嘴豆，室女宫盘中放着骟母猪肚，等等。

第二道主菜是一头巨大的公猪，头上戴着自由帽，猪牙上挂着棕榈叶编织成的小篮子，一个篮子里装有新摘的枣，另一个里面装着各种埃及干果。公猪被用油酥面做成的小乳猪包围着。猎人模样的切肉工用屠刀刺进公猪的两肋，一群画眉鸟立即飞了出来。

……最后还有甜食。"

在公元1世纪的罗马时代，大型筵席已成为界定身份的场所，主人用山珍海味、肉山酒海让客人对他刮目相看。到了公元1世纪的中叶，西餐筵席在技艺和礼仪上都达到了非常成熟的高度，人们赴筵时衣着讲究，餐前沐浴，甚至带着仆人赴筵，并按照一定的等级秩序被安排在躺椅上。烹饪技法奢华考究，有诸如长翅膀的兔子和装饰成海胆的梨这样的造型菜。筵席上还有歌手、舞蹈演员、杂技演员和话剧演员的表演。

每个时代都有其可以称为原型的筵席，维多利亚时代的晚筵可以标志英国人的身份，古罗马的筵席则界定了人们的社会地位。从一开始，大家聚在一起吃饭就把一个必需的生理功能转化为更为重要的有社会意义的事件了，逐渐形成了此类聚会的行为准则。对古希腊和古罗马人而言，筵席是代表文明的一块重要基石。餐桌和那些应邀聚在桌子周围享受筵席之乐的人可以把筵席当作社交聚会和结盟的手段，可以通过排座次把人分成三六九等，甚至把人拒之门外，由此强化阶级区别。

古罗马人的筵席有别于古希腊的筵席，因为伊特鲁里亚人的影响，古罗马的妇女可以参加筵席。从不举办筵席的人被看作吝啬，而参加筵席太多的人又被贬斥为寄生虫。筵席的主人既要避免显得小气，同样又要避免不必要的炫耀。西塞罗、塞尼加、塔西佗、小普利尼的著作里充满了对受过教育的上层社会人士一同进餐的描写，这些人既在城里参加筵席，又在乡下别墅参加筵席，还到海边参加筵席。对他们而言，筵席是标志文明的高雅礼仪，是个人在家中同亲朋好友一道品尝自己的成就，进而向同僚展示成就的时候。作为一种社会运行机制，古罗马的筵席同18世纪法国的沙龙或者英国维多利亚时代的晚筵一样重要。

到了古罗马共和国晚期，出席筵席需要穿特殊的衣服，由短袖束腰长外衣和一个看起来不大的披风组成，两者质地相同，印染鲜艳，绣着复杂的图案。根据季节和天气的不同，披风可轻可重，披风的大小和下垂方式则根据个人喜好和所出席的场合变化多端。妇女同样穿这种服装。

古罗马公元前2世纪开始有个人资助的公共筵席。当时，富人担心会出现社会动荡，把资助筵席当作安抚大众的手段。公共筵席成了古罗马人一年的几个标志。例如，3月17日是筵席之父利伯的纪念日，所有的人都到大街上开怀畅饮。其他在诸如孩子出生、17岁成年、结婚等场合也举办公共筵席。事实上，结婚要举办两次筵席——结婚当天在新娘家举行一次，第二天在新婚夫妇自己家再举办一次。在给亡者最后的洁身礼前，也要在准备安葬亡者的地方举办筵席。

3.2.2 古希腊的筵席

早在公元2世纪，巴比伦人就建立了将一起吃饭喝酒等同于书面合同的传统，如在婚礼和签订盟约时就如此。美索不达米亚的君主们在诸如取得军事胜利或者是使节到来、新的宫殿或庙宇落成等重大场合，大摆筵席。这种场合的礼节极为讲究：国王在一旁斜躺在躺椅上，不远处是他的王后，客人们则根据身份分成若干组。侍臣要讲究很多礼仪。如洗手礼仪，客人们得到一个小玻璃瓶油，里面泡着香椿、姜和番樱桃，用来在筵席开始和结束时涂在身上。烤肉和炖肉放在薄面包上上桌，之后是水果和蜂蜜浸过的精制糕点。另外还有音乐、歌曲、小丑表演、摔跤、杂耍和话剧等娱乐活动。

这种筵席规模宏大，阿瑟纳色帕尔二世在新宫殿落成之际为至少69 574名客人大摆了10天筵席。吃掉的食物生动地向所有到场的人表明统治者是如何令整个波斯帝国进贡的。从遥远地区运来的食品和酒水突出了政府的优越地位。

古希腊菜肴以海产品为主。古希腊水域里的鱼种类繁多，有金枪鱼、青鱼、梭子鱼、鲐鱼、海鳗、鳊鱼、鲟鱼、鲤鱼、旗鱼、鲨鱼，还有章鱼、鱿鱼、墨鱼、牡蛎、螃蟹和龙虾。肉被看作上等食品但相对稀有。在早期社会里，驯养的牲畜更多地是用来挤奶剪毛、在田间耕作，而不是用来杀了吃肉。但是，古希腊人吃绵羊、猪、山羊、狗、马，野味包括野兔、野猪、野山羊、野驴、狐狸、鹿和狮子，以及画眉、华鸡、百灵、鹌鹑、雷鸟、野鹅、鸽子、野鸭和雉鸡等飞禽。随着园艺学的改进，蔬菜的品种也相当可观，有芹菜、水芹、芦笋、甜菜、马蹄、甘蓝、茴香、黄瓜。在水果方面，有橄榄、李子、樱桃、甜瓜、苹果、无花果、梨和葡萄，以及众多的坚果。葡萄用来酿酒，橄榄用来榨油。这两种产品对古希腊烹调的演变非常关键。

随着锅的发明，肉或鱼可以用煮或炖的方式加工了。之后，有人开始向锅里加其他佐料，如加盐提味，用蜂蜜作甜味剂，用一些植物作香料。烹饪技术就这样诞生了，并且在古希腊迅速成熟起来。雅典纳斯的书至少提及30本古希腊的烹饪著作，最早的一部可以追溯到公元前5世纪。这些书所记载的烹饪技艺似乎大多是由公元三四世纪从西西里岛来的厨师传到古希腊的。当时的烹饪技术所追求的是达到甘和苦的平衡，酸和其他异味的平衡，所用的新鲜的和晒干的草本植物和香料不可胜数，同时，还有蜂蜜、醋和一种在后来的古罗马和拜占庭菜肴里作为基本佐料的鱼酱油，古希腊人的鱼酱油制作方法是用盐腌整条鱼，发酵3个月后挤干水汁装瓶。这种调料从一开始就接近工业化批量生产。

一首由菲洛克斯纳斯写的题为《筵席》的诗描绘了一场可以追溯到公元前5世纪后期或者公元前4世纪早期的筵席，场面宏大，很可能是在像公元前4世纪早期的雅典那样的城市举行，参加筵席的只有男人。筵席以洗手和分发长春花花环拉开序幕。随后"装在篮子里的雪白的大麦卷"上桌，接着是一系列悦目的鱼盘：海鳗、鳊鱼、墨鱼、鱿鱼和闪着蜂蜜光彩的大虾，以及"裹着一层薄薄的油酥面的幼鸟"。下一道菜是肉：猪肉、小山羊、校绵羊肉（炖烤两吃）、香肠、小公鸡、鸽子和鹌鹑。吃完这些菜接着喝酒，还有被罗马人称为"第二桌"的东西："甜油酥卷"、烤饼、奶酪糕、芝麻奶酪、蜜饯、杏仁和胡桃。

事实上，古希腊有许多形式的筵席，但都是以献贡品开始，再是进餐，最后喝酒，酒在古希腊社会占有重要的位置。筵席由男人统治，吃饭和喝酒被视为相对独立又彼此相连的两个部分。然而，任何形式的筵席都已经涉及礼仪、等级和表演，且不论艺术——不仅是指烹调艺术，而且还有同舞台演出相关的艺术，如音乐、舞蹈和歌曲，都在那个社会有所表现。

3.2.3 奢华的皇家御筵

筵席同社会生活的方方面面交织在一起。但是，什么筵席都比不上皇帝举行的御筵排场。御筵已经成为烹调传奇的一部分。这些筵席把古罗马社会各个阶层的关键人物都聚集在一起。克劳迪厄斯皇帝一次邀请的客人就多达600人，而另一次筵席据说用了1 000张桌子。然而，御筵在后代人的脑海里留下难以磨灭的印象并不仅仅因为其规模的宏大，而是因为其豪华奢侈的程度。

例如，伊拉嘎巴列斯皇帝夏天举行筵席时每次都要变换颜色，他是第一个大肆炫耀银器的皇帝，第一个吃鱼火腿的皇帝，也是第一个吃软体动物、虾、牡蛎、鱿鱼、螃蟹做的火腿的皇帝。他的客人吃到了各种稀奇古怪的东西，如骆驼掌、活母鸡冠、活孔雀冠和夜莺舌。装在大盘子里的鲻鱼肝、画眉脑、鹦鹉头、野鸡头、孔雀头都可以为筵席添彩。

有关中世纪晚期筵席最好、最为完整的描写是有关富瓦伯爵加斯顿四世1457年在图尔举办的那次筵席。筵席是为欢迎匈牙利国王的外交使团而举办的，使团中不仅有匈牙利人，还有日耳曼人、波西米亚人和卢森堡人。除了来自各国的150名客人外，出席筵席的还有法国宫廷的全体成员。客人们按照严格的等级在12张桌子周围就座。按惯例，主人同使团的领队以及最显赫的法国贵族单独在一张高桌子上进餐。

这场筵席非同寻常之处不仅在于所上的菜道数之多，而且还在于其奢华和丰盛上。这次筵席的开场并不显山露水，上的是面包片，大家蘸姜汁滋补葡萄酒食用，但席间很快就出现了"巨无霸阉鸡团""野猪火腿"和7种不同的浓汤，用的全是银餐具。每张桌子上摆了140个银盘子，这种炫耀在随后的几道菜中反复重复。随后上桌的是浓味菜汁炖野味：野鸡、鹧鸪、野兔、孔雀、鸠、野鹅、天鹅和各式各样的河鸟，当然少不了鹿肉，同时伴有好几种其他菜和浓汤。

演出过后，筵席继续，上桌的是称为"禽徽"的菜，同浓汤一道食用。这道菜与众不同之处在于"满桌镀金"——所有食物的外观都似乎镀过金，至少是呈金黄色。接着是果馅饼、小碟甜食、炸橘子，还有甜食、姜汁滋补葡萄酒和几种小饼。

食物无疑比以往考究得多，一整道菜呈金黄色，而另一道菜竟然以糖制动物园的形式出现，这些都充分证明对菜的外观、颜色和形象的日益重视。另外，还有银器的大量使用，其规模之大使得此前的餐具显得小气。进餐成了大型演出的一个部分。以往为活跃筵席气氛而举行的简单的杂耍和杂技演出同参加"附加菜"演出的移动布景、穿彩色演出服的演员、歌手、乐师和舞蹈演员相比，古老而又愚昧无知。

14世纪末，法国王宫使用了七八百人为其庞大的宫廷提供食物。同一时期，理查德二世每天用300人的厨师队伍供上千人吃饭。就数量而言，王子家的情形同国王家相去无几。例如，盖耶那公爵每天供250人吃喝。爱德华四世15世纪70年代以后的训令列出了一系列家庭待哺之口的数目：公爵家庭约250人，公侯家庭约200人，伯爵家庭约70人，骑士家庭约23人。各个家庭又分门别类，各个部门对盛大筵席的记载生动地描述了当时车水马龙的情境。萨沃亚德名厨奇夸特为在1420年举办的为期两天的筵席列出清单，令人瞠目结舌。他每天要100头肥牛、130头羊、120头猪、200头乳猪、60头肥猪（炼油用）、200头羔羊、100头牛犊、200只家禽。每天要用600个鸡蛋，对姜、辣椒、桂皮和胡椒的需求更是不计其数，就连肉豆蔻、丁香、芸蔻、藏红花的预订量也相当惊人。筵席共用3 600磅面粉和奶酪、200箱镀光杏仁。所需厨房用品更是五花八门，有两个大水壶、两把大烤箱铲、一千马车木材和一粮仓煤。

3.2.4 西餐筵席原料运用的发展

文艺复兴时期古代食物的复兴开始于对法国松露和菌类的使用，海鱼、牡蛎和鱼子酱的地位逐渐上升到淡水鱼之上，并且开始利用内脏、软骨和碎骨制作菜肴，人们尤其偏爱猪肉、龙须菜、甘蓝和洋葱属的蔬菜。除此之外，水果种类大增。人们的口味有了新的变化，即喜欢咸酸，因为盐在古代作为圣物被推崇，烧菜时增加了用盐量。

香料的出现代表着富贵，这对以展示财富为精髓的宫廷烹饪来说无疑至关重要，于是，古老的中世纪调味汁继续被使用，对烧烤、馅饼、果馅饼及造型食品的热情丝毫不减，有了很多新的方法来烹制这些食品。譬如，一个烹饪作家就给出了227种烹制牛肉、47种烹制舌头、147种烹制姆鱼的食谱，中世纪没有任何烹饪书籍可以与这个数字相媲美。

糖点首先在英国发明，这是餐饮史上英国人首先发明新奇事物的一个例子。在英国，中世纪晚期筵席后前往另一间屋子享受美酒香料的习俗变得更加复杂。16世纪，正式场合仆人在大厅用餐，家人及其宾客在大会客室用餐，不太正式的场合在餐堂用餐。

16世纪有了来自美洲的新材料，如南瓜、番茄、玉蜀黍和豆类植物，当然还有火鸡。对待一些传统材料，人们的口味也有所改变。譬如，牛肉在中世纪被认为只适合仆人吃，不能登大雅之堂，地位却与小牛肉看齐。在古典资料的影响下，令当今的人作呕的一些动物和鱼的部分肢体和内脏被认为是美食享乐之极品：鼻子、眼睛、臀部、肝脏、肠子、头、腰子、肚、舌、百叶、鸡冠及动物的生殖器，与之对应的是鱼类的一些器官。

17世纪，人们对食物的品位改变了。食用来自异国的鸟（如孔雀和天鹅、仙鹤与苍鹰）的习惯，和吃八目鳗、鲸鱼一样不再时髦。猪肉从此只是以乳猪或火腿的形式出现，或降低其格调，以肉末的形式做馅或做猪油。这个时期受青睐的是牛肉、小牛肉和羊肉（小羊肉被认为没有滋味）。就禽类而言，人们喜爱各种各样的鸡、鸭子、鸽子及猎鸟。一般来说，法国大革命之前，打猎一直是贵族阶级的特权，于是继续作为身份的象征加以限制。鱼仍然被大量地消费——在天主教国家，古老的斋戒日依旧——只不过人们青睐的是鲑鱼、鳟鱼等淡水鱼。

路易十四的大牌园丁在凡尔赛取得了园艺胜利。栽植的水果和蔬菜的品种成倍增加，由于温床的出现，隆冬时节也可以生产出芦笋、草莓等娇嫩之物。各种蘑菇、法国松露、菊芋、莴苣，尤其是豌豆走上了烹饪前线。食谱和菜单表明，蔬菜作为附加的小菜占有受瞩目的地位。

3.2.5 西餐筵席餐具的发展

公元1世纪，主人开始提供餐巾，尽管有些客人自己带着餐巾，而且还是很大的餐巾，目的是将没有吃完的美食打包带回家。食物装在盘子里，客人可以用左手端起盘子，将难以嚼烂的食物切成小块。客人一般用手指捻起食物吃，时刻小心翼翼，以免弄脏了手或脸。也可以用刀尖把食物送入口中，还可以用品种繁多的勺子，从长柄大勺到吃鸡蛋或扇贝一类的小食品所用的小勺。叉子到罗马帝国晚期才出现。个人用的盘子和上菜用的盘子制作考究、华丽，西欧地区出土的堆积如山的银盘子足以证明。酒杯有水晶的、金的、镍银的和萤石的，后者是一种昂贵的不透明的石头，据说能增加酒香。

13世纪末出现了其他容器，分别被称为"酒坛"和"水坛"。这些东西放在桌子或者餐具架上，随着时间的推移，制作材料也变成了金银，那个为人们熟知的名曰"戒酒"的杯子尤为如此。事实上，有钱人把从前用陶土或者木头制成的餐具改为用珍贵的金属制作。到15世纪，国王和王子用的面包盘已经一律由金银制作。这样的餐具已经比较接近后来筵席上用的盘子了。

中世纪晚期的餐具带有形形色色的图案，其中有的滑稽可笑，有的充满智慧。图案的设计既是为了娱乐也是为了给人以教育，有飞禽走兽、传说中的人物、乡间村夫、海上妖魔、锦旗纹章和带有基督教的各种象征画。这些物品既有碧玉、玉髓、玻璃、水晶，也有奇异的贝壳、坚果和鸵鸟蛋，所有的材料镶金镀银，搪瓷抛光，或镶嵌宝石。

在较低的社会阶层，餐具通常用铜、铁或者木头制作。但是逐渐地，任何想显示地位的人都有了几个银勺子。同盘子出现时的情形一样，为了适应越来越复杂考究的进餐方式，新式样的餐具应运而生。瓷器上的釉不仅反映了地域差异，还标志着不同的用途。例如，在法国一些地方，灰色是厨房用品，而红色或者白色才是餐桌用品。但是，随着起源于西班牙的艳丽彩釉陶器的兴起，陶瓷制品在1450年后逐渐失宠。彩釉陶器是专供展览的上等餐具。当然，酒杯和酒壶还是用玻璃制作。处在社会金字塔底层的农民发现，木头和树根为他们提供了所需的盘子、碗、勺子和餐具刀。即便如此，这也比他们以前使用的餐具有了进步。

3.2.6 西餐筵席上菜顺序的发展

传统的西餐筵席进餐时首先吃的是餐前小吃，主要是蔬菜、草本植物、橄榄、煮鸡蛋片、蜗牛和扇贝，同时饮用一种加有蜂蜜的酒。如果是盛筵，还可能有诸如牡蛎、画眉和剥睡鼠等。然后才是筵席的核心部分，最重要的菜无一例外的是利用祭神的肉做成的，或许是一头猪，或许是一头怀胎的牛。小山羊肉被认为是上等美食。可能会有野鸡或者鹅、火腿或兔肉，同时还有形形色色的鱼，其中最受偏爱的是七鳃鳗。

文艺复兴时期的意大利筵席比过去更多地用了蔬菜，而新的上菜顺序与餐饮供应桌有关，所谓供应桌是在墙角支起的一张桌子，在上面摆放上桌前的凉菜。人们开始更看重白肉，如小牛肉和野味，吃这些东西代表着贵族的地位。16世纪出现的筵席结构发展成被广受青睐的"意大利式上菜法"，以这种方式，凉菜以不同的顺序与热菜交替上桌。譬如，筵席开始时可以先从餐饮供应桌上开胃小菜，如凉色拉和肉、鲜果肉馅饼、果肉冻、瓜、葡萄，以及蘸葡萄酒吃的特殊饼干等。接下来厨房送来一道或几道烧烤、煎炸或填塞的肉菜，如炸肉饼、炖肉丁、肉馅饼、各式馅饼、香肠意大利式馄饨、意大利宽面、通心面、意大利汤团、片状通心面、八宝鹅和八宝阉鸡。

一般认为意大利式上菜法是凉菜与热菜交替，凉菜从餐饮供应桌上，热菜从厨房上。即使在盛大的场合下，菜的道数大量增加，这个节奏却得以维持。例如，1583年5月，教皇克里蒙七世在圣天使城堡筵请巴伐利亚公爵威廉五世的3个儿子。首先，筵席囊括了文艺复兴时期筵席的全部标准食物。第二道菜令人恶心：给每个客人上了一个雏鸡，同时还上了一个用鸡冠、睾丸和西洋醋栗果做馅的面粉糕饼，装着羊眼、羊耳和睾丸的大馅饼，以及去骨填馅的小牛头。第三道菜是一碟公鸡睾丸和用山羊脚做的色拉。

3.2.7　西餐筵席充分体现等级制度

社会等级不仅决定进餐者的座位，还决定其食物分配。瓦卢瓦统治时期，皇太子亨伯特二世曾颁布法令，将其家人分为5类：皇太子本人、男爵和上等骑士、下等骑士、乡绅及小教堂里的神父牧师、仆人。法令进一步规定了每个等级的供应量，而定量的前提是社会等级越高，获得的食物越多。家禽从不给地位卑微的客人吃，也不给仆人吃，只有上面几个等级的人才能吃到鸡。小羊肉和新鲜猪肉也被认为只有上等人才配食用，仆人们有牛肉和腌猪肉吃就足够了，但所有的人都能吃新鲜的蔬菜。

将食物同等级联系在一起的做法极其普遍。塞维利亚的万圣公会详细记载了他们1838—1469年的进餐情况，记载表明，虽然万圣公会成员同他们的穷客人同桌吃饭，他们吃的食物却不同。诺瑟姆勃兰德五世公爵的家法明确规定食物紧缺时，只有他本人可以享用鸡和小羊肉。举办筵席的日子里，只有公爵的餐桌上才能吃到野鸡、仙鹤和野鸭等山珍。事实上，限制个人消费的立法承认食物同社会等级之间有直接的联系。15世纪德国北部城镇的立法不仅规定了每次筵席可以上菜的数目，而且还规定了可以参加筵席的人数。

进餐过程也弥漫着等级观念。在理查德三世的加冕典礼筵席上，只有国王的餐桌上上了三道菜；贵族及女士的桌上上了两道菜；普通人的桌上只上了一道菜。贵族及女士得到了稍微次一等的精美食品，只有国王享用了孔雀。1416年，亨利五世在温莎为获得嘉德勋章者举办了一次筵席，西吉斯芒德皇帝出席了筵席，3个图案精美的菜都送到了主桌上。1517年，英国花在筵席上的开支失控，颁布了旨在控制筵席的政令。政令规定，筵席所上菜的数目应该根据在场最高等级之人予以调节：红衣主教九道菜，国会成员勋爵六道菜，年收入达到500英镑的公民三道菜。

1900年，作为大规模生产的结果，仅仅拥有一系列餐具已不足以将一个人区别为上层阶级。于是，那些时髦的人们采用了新的使用餐具的方法。譬如，刀从过去的尖刃发展出圆滚刀。这是因为现在可以用无处不在的叉子将食物按在盘子里。最安全的规则是能用叉子的时候不要去用汤匙或刀。

用刀食用任何东西都被宣布为"昭彰的粗俗"。刀应在食用炸肉排、禽类或野味时使用，刀与叉用来食用芦笋，一切烹制的菜肴都要用叉子来食用，所有的甜食也要用叉子，但食用水果馅饼时，允许加用勺子。

3.2.8　西餐筵席礼仪的发展

所有重要筵席都有一个固定的仪式，即桌布的层叠。1475年，在科斯坦佐·斯福扎与亚拉冈的卡米拉的婚宴上，主桌更换了几次桌布，其他餐桌的桌布也换了两次。16世纪的论文谈及3层桌布：第一层入席时就有；第二层在筵席中间揭开；第三层是为甜点准备的。

17世纪，每一道菜的碟数根据就餐人数按一定比例计算。譬如，一顿25人用的四道菜酒席就意味着要有100个菜肴。在此基础之上还可以成倍增减。增加就餐者的人数并不像今天一样意味着只是将相同的那些菜肴加量制成。相反，这要求更多不同的菜肴。结果是，虽然像烤肉这样的大盘菜肴仍保持着地位，它们更倾向于成为餐桌上的垫底菜，周围会有一大群小盘菜围绕着。

饭菜分道上——两道、三道或四道，虽然筵席可能只有一道菜，另加甜点。准备任何饭都需要内廷两个完全独立的部门来完成，炊事房负责大部分菜，配膳室负责甜点。1742年版的《现代厨师》提供了一次两道菜晚餐的餐桌设计图和菜单，对此进行研究能够给人们一些启示：16个银质餐盘摆在一个长方形的餐桌周围，所有盛食物的容器均为银器。在中央位置上，有一个椭圆形大浅盘，内盛一只小牛腿，两边的豪华汤盘和一对砂锅里盛着汤。餐桌四角是4盘以家禽为料的附加菜，它们中间有6盘其他菜肴，两盘小的，4盘大的，以及各式主菜前的小菜：菊芋羊肉段、鸡胸，还有意大利汁鳝鱼，这些菜肴同样对称摆放。上这一道菜时，两个汤盘会被撤去，换上汤后菜：一盘鲽鱼、一盘鲑鱼，摆在与原来完全一样的位置以保持整体平衡。第二道菜重复这一模式，但换上了新的菜肴，火腿成了中心菜，蛋糕取代了鲑鱼和鲽鱼先前的位置。清理餐桌，为上配膳室所准备的一道菜，而这总是一道奇观，一幅精致的画卷，可能包括奶酪，新鲜的、腌制的或煮制的水果，冰激凌，冰果汁饮料和布丁。

18世纪末，从巴洛克时代演化而来的传统法国餐饮形式已经受到冲击。这种形式开始时十分合理。一系列菜肴摆放在餐桌上，人们要么自己动手，要么有仆从伺候。一切都完全对称地摆放，一道菜过后，盘碟被清理掉，换上同样对称的另一道菜。当时的规矩是菜肴数目根据客人的数目成打增加，这就意味着一张餐桌可能一次就会摆上多达100只盘碟，其中主要的有两种：带盖的深汤盘以及椭圆形或圆形的杂烩炖锅。1800年，容器和餐桌其他用品大大增加，于是庆典餐桌上着葡萄酒冷却器、玻璃冷却器、盛调味汁器皿、粗罐、油罐、芥末罐、奶油罐、糖罐、糖匙、冰激凌瓶、面包篮、开胃菜盘碟、火锅及香料盒，尚未提及倍增的餐具。

女主人上汤，男主人在餐桌上切肘子。餐桌的一头放着带盖的深汤盘，旁边是一摞碟子。女主人盛汤，由一仆从端给用餐的宾客。喝完汤之后，盖在餐桌另一头烤肉上的钟形盖被撤去，男主人过来切肉。这时，其他各种各样汤盘盖子被同时揭去，仆从上来帮忙。温热的菜肴从厨房端进来或从壁炉旁的菜肴加热器里端出来。烫菜放在桌垫上，以免烫坏桌面，每个位置上有面包和餐巾，旁边还有刀叉。

在更讲究的筵席上，鱼和汤会一起被摆上餐桌，接下来，炸烤的荤菜作为第二道菜被端上来。以后，每上一道菜前，餐桌都要清理干净，直到最后撤去桌布，端上甜点。用餐者不打算再吃某一盘菜肴时，会将刀叉平行放置于盘子上（与今天的做法一样，而在欧洲大陆餐具是交叉而放的），这时仆人会将盘子撤去，为他拿来新的干净餐具。

上层阶级迫切地效仿发源于法国的变化。1810年6月在巴黎附近的克里奇的一个招待会上，俄罗斯外交官以一种全新的方式筵请宾客。与以往人们一进入餐厅就发现食物已摆在餐桌上做法不同的是，这次餐桌上什么都没有。相反，餐桌中央点缀着一个镶边的狭长桌垫，上面摆放着分支烛台、花瓶和搁物架，同时还陈列着人造花卉（大约1850年前，人们一直认为真花的气味能转移人们对食物的注意力）以及作为甜点的水果和甜肉。然后，当客人们落座后，等待他们的是一个更大的惊奇。仆从一对一地为每位就餐者端上一个已经盛满的盘子，他们要自己动手享用，食物已经准备好，去了骨或切成薄片，配合合适的调味汁、配料或小菜。

在法国，直到19世纪最后10年俄式餐饮才成为常轨。即使如此，国筵或是盛大场合，为了显示豪华，仍然保留法式餐饮，俄式餐饮主要用于职业性较浓厚的场合，或主要目的是进行融洽地交谈的场合。俄式餐饮最终普及后建立了至今人们仍然熟悉的上菜顺序：开胃小菜或汤、鱼、肉、蔬菜、甜食、咸味食品和甜点。

大量的餐具、杯子和亚麻制品摆列在那里迎接客人。白色的锦缎仍然具有不可取代的特质，挺直、浆硬、具有映衬效果等品质使其备受青睐。大量的餐具摆放在白色的锦缎之上。典型的布置包括两把大型的刀具，食用鱼时用的银质刀叉、汤匙，以及3把大叉子。18世纪，餐具没有这么多，那时的风俗是将餐具拿开，清洗后随着筵席菜肴的更换将其重新摆上。刀刃是朝里还是朝外，叉齿朝上还是朝下都可以不同。同时，出现了特殊种类的餐具，譬如鱼刀。水果中的酸被认为可以腐蚀钢质的餐具，从而导致了特殊甜点餐具的出现：银质的、镀银的或金质餐具。

用餐者左边放一个侧盘，盘子里面，一块餐巾包裹着一卷或一片面包；右边是一小组玻璃杯；正前方放着菜单，而手边则是盐罐。这些是当时常用的餐具摆放方式，只有那些玻璃杯例外。一般会有3个：第一个用来盛雪利酒；第二个盛德国白葡萄酒；第三个盛香槟酒。盛水的大杯放在餐具厨架上，只要客人要求，仆从就会将其取来。18世纪的餐桌上不摆放玻璃杯。那时，仆从把玻璃杯端上餐桌，客人饮酒后再拿走去清洗。随着19世纪时尚潮流的推进，由于不同形式酒的发展，出现了特殊的大小和形状的玻璃杯。

与此同时，会客室中的女士们会得到咖啡，之后餐厅里的绅士们也会得到咖啡。男士们最终出来后，可能会上茶，继续交谈，也许某个人会弹奏一曲或唱一段。这一切最多持续1个小时，晚上10：30时，活动结束。这时，男主人要送主要女客们到她们的马车跟前。19世纪早些时候还有个风俗：仆人们排队等待小费。然而到19世纪中期，这种行为被认为"极端粗俗和不明智"。还有一个小的尾声：筵请过后一周内，客人们要回访主人。这时主人们无疑已经在忙碌筹划下一次聚会，而这整个过程又要重新开始。

[实施和建议]

本任务重点学习西餐筵席上菜顺序的发展、西餐筵席餐具的发展和礼仪的发展。
建议课时：6课时。

[学习评价]

本任务学习评价见表3.2。

表3.2　学习评价表

学生本人	量化标准（20分）	自评得分
成果	学习目标达成，侧重于"应知""应会" （优秀：16～20分；良好：12～15分）	

续表

学生个人	量化标准（30分）	互评得分
成果	协助组长开展活动，合作完成任务，代表小组汇报	
学习小组	量化标准（50分）	师评得分
成果	完成任务的质量，成果展示的内容与表达 （优秀：40～50分；良好：30～39分）	
总分		

[巩固与提高]

1. 西餐筵席原料运用的发展依据是什么？

2. 西餐筵席上菜顺序、礼仪等是怎样发展的？

3. 根据所学西餐筵席的基础知识，简述西餐筵席的发展历史。

任务3.3　西餐筵席的菜单设计

[学习目标]

1. 了解西餐筵席菜单的形式。

2. 熟知西餐筵席菜单的基本内容。

3. 掌握西餐筵席菜单的外形设计。

4. 学会西餐筵席菜单的制作。

5. 了解西餐筵席菜点名称的命名与翻译方式。

6. 灵活掌握本任务的西餐筵席菜单实例。

[学习要点]

1. 西餐筵席菜单的外形设计。

2. 西餐筵席菜单的制作。

3. 西餐筵席菜点名称的命名与翻译方式。

[相关知识]

　　西餐筵席设计好之后，要通过西餐筵席菜单予以陈列并向宾客介绍。西餐筵席菜单制作和菜点设计是不同的工作，由不同的人员协作完成。随着饭店的经营策略和顾客需求的不断变化，单个人很难设计出既满足客人需求，又保证饭店盈利的菜点。一套完美的西餐筵席菜点往往由4方面的人员共同设计完成，即厨师长、采购员、筵席预订员和顾客。厨师长熟知厨房的技术力量和设备条件，使设计出的菜点能保质、保量生产加工，还能发挥专长体现饭店特色；采购员了解市场原料行情，能降低菜点的原材料成本，使筵席利润增加；筵席预订员掌握预订客人的相关信息，能及时将客人的需求落实到菜点之中；顾客是上帝，能让顾客参与设计菜点，就一定能够使顾客称心如意。

菜单制作是将设计好的菜点呈现于印刷与装帧都很考究的印刷品上。由于西餐筵席体现情、礼、仪、乐的传统，因此，西餐筵席菜单应有别于其他套菜菜单。

3.3.1 西餐筵席菜单的形式

1）预先制订的标准筵席菜单

西餐筵席部根据客源市场及消费能力，预先制订出不同销售标准规格的若干套菜单，可将饭店提供的具有多种不同特色的菜点，经过巧妙地设计组合，预先设计好菜单，就像说明书一样，向客人介绍本筵席厅的筵席产品，供举办筵席者进行选择。事先确认的筵席菜单可以提供给客人不同档次与特点的套菜信息，以适合不同的主题筵席，满足各种档次的消费者的设筵要求。

2）即时制订的高规格西餐筵席菜单

高规格或重要宾客筵席菜单的制订与标准筵席菜单相似，不同之处在于高规格筵席菜单能保证突出重点，更加具有针对性。这要求设计者充分了解宾客组成情况和宾客的需求；根据接待规格标准，确定菜肴道数和结构比例；结合客人饮食喜好、设筵者地方特色，拟订菜单具体品种。

3）选择性西餐筵席菜单

选择性西餐筵席菜单是让顾客选择合适的菜点，再组合成筵席菜单。被选菜点每一类准备数种，让顾客进行选择，排列组合成菜单，使客人选择的范围增大。

总之，西餐筵席部应拥有丰富的筵席菜单供客人选择，同时，又能根据客人需求即时设计西餐筵席菜单，使客人看到菜单后产生强烈的消费欲望，从而达到推销筵席的目的。西餐筵席菜单既是一种艺术品，又是一种宣传品。一份制作精美的菜单可以增强用餐气氛，反映西餐筵席厅的格调，提高饭店声誉，使客人对所列的美味佳肴留下深刻印象。西餐筵席菜单也是推销西餐筵席的有力手段，通常在菜单上印上饭店的名称、地址及位置、预订电话号码等信息，一般列在菜单的封底下方，西餐筵席封面则列有醒目的饭店标志。

3.3.2 西餐筵席菜单的基本内容

1）传统西餐筵席菜单

根据法国现在所流传下来的记载，法国早期的筵席分三梯次出菜，1656年有上168盘菜的记录。到了埃斯科菲时代，他率先采用俄国人一直保持的一道菜吃完再上另一道菜的服务方法，这种上菜习惯，为防止餐桌上太空，常摆放插花、烛台等装饰品。根据瑞士出版的《烹饪技术》一书所述，传统西餐筵席菜单的结构与内容见表3.3。

表3.3　传统西餐筵席菜单的结构与内容

序 号	菜单项目	内容说明
1	冷前食	（1）具有促进食欲的食物安排为第一道菜 （2）适用于酒会或客人未到齐时先点的菜
2	汤	（1）泛指用汤锅煮出来的食物 （2）有清汤与浓汤两种，具有开胃的功能
3	热前菜	（1）传统大排场时代，放置于大盘菜旁的小盘菜 （2）分量较小的热菜，以蛋、面或米类为主的菜肴
4	鱼餐	排序于肉类菜之前，以鱼或其他海鲜类为主的菜肴
5	大块菜	整块的家畜肉加以烹调，并在客人面前切割
6	热中间菜	（1）排序于大块菜与炉烤菜的中间，称为"中间菜"
7	冷中间菜	（2）材料须切割小块后才烹煮，为现代餐厅的主菜
8	冰酒	以果汁加酒类的饮料，制成似冰沙状的一道菜 功用：调整口中味觉
9	炉烤菜附沙拉	用炉烤烹调，以大块的家禽肉或野味为主的菜肴，搭配色拉上桌，是大块菜的补充
10	蔬菜	均衡用餐者的营养，增加主菜的色香味，属陪衬的菜肴，被称为"装饰菜"
11	甜点	以甜食为主，包括热甜点和冷甜点
12	开胃点心	属于英国式的餐后点心，与热前菜相似，味浓 奶酪或酒会小点都属于此类
13	餐后点心	排序为最后一道菜，此菜一出表示全部服务完毕 内容：仅限于水果以及小甜点或巧克力

2）现代西餐筵席菜单

用餐者在质与量上的改变，致使西餐筵席菜单的内容更为简化，于是将传统的菜单重新归类简化为6类，欧陆式及美式西餐筵席菜单的内容见表3.4、表3.5。

表3.4　欧陆式西餐筵席菜单

序 号	菜单项目	内容说明
1	冷前菜	冷前菜与部分冷中间菜
2	汤	汤类
3	头盘菜	热前菜与鱼餐
4	肉与蔬菜	大块肉、热中间菜、炉烤菜及色拉与蔬菜
5	甜点	甜点与冰酒
6	餐后点心	餐后点心

表3.5　美式西餐筵席菜单

序　号	菜单项目	内容说明
1	开胃品	西餐中第一道菜，又称开胃菜或头盘。分量少，美观鲜艳，具有开胃与刺激食欲的功用
2	汤	保留传统菜单中的汤类，分为清汤与浓汤两种 具有开胃的功能（可在开胃品与汤任选一种）
3	副主菜	分量较主菜少且味轻，出两道主菜时，以此为副主菜，按先鱼后肉的顺序。以鱼或其他海鲜为主的又称为鱼类菜
4	主菜	传统中间菜统称主菜，是西餐的重头戏。以大块肉、家禽或野味为原料，搭配两种以上的蔬菜，增加营养与美观
5	餐后点心	甜点和餐后点心的合称
6	饮料	大多限于咖啡或茶

以上6项菜单内容可依需要结合成不同的道数（如开胃品与汤、主菜与副主菜可二选一），通常午餐仅出4～5道、晚餐5～6道、筵席6～7道（增加炉烤菜及冰酒），若需较多道数时，可依照传统的菜单结构设计。

3.3.3　西餐筵席菜单的外形设计

菜单是餐饮业宣传的利器，菜单的设计要与餐厅塑造出来的形象相吻合，外形上要能体现出餐厅的主题，颜色、字体要能搭配餐厅的装潢和气氛，甚至经由菜单内容的配置可以体现出服务的方式。知名餐饮学者曾指出，最赚钱的餐厅是那些能提供符合市场需求的菜单的餐厅，它们将平淡无奇的菜单赋予魅力，以吸引顾客的青睐。

1）菜单的格式

菜单的规格和样式大小应能满足顾客点菜所需的视觉效果。除了满足顾客视觉艺术上的设计外，经营者对于菜单尺寸的大小，插页的多少及纸张的折叠选择等，也不可掉以轻心。

（1）尺寸大小

餐厅对于菜单尺寸的大小应谨慎选择，以免对顾客造成不必要的麻烦与困扰。

①尺寸适中。菜单尺寸太大，客人拿起来不舒适；菜单尺寸太小，造成篇幅不够或显得拥挤。

②标准尺寸。菜单最理想的尺寸为23 cm×30 cm。

③其他尺寸。小型：15 cm×27 cm或15.5 cm×24 cm；中型：16.5 cm×28 cm或17 cm×35 cm；大型：19 cm×40 cm。

（2）插页张数

餐厅可利用插页或其他辅助文字来促销特定的食物及饮料，刺激产品的销售量。插页页数太多，客人眼花缭乱，反而增加点菜时间；插页页数太少，造成菜单篇幅杂乱，不易阅读。

（3）纸张折叠

菜单的配置形式很多，不论餐厅采用何种方式，都要详细考虑西餐上菜的整体顺序。但是也可以匠心独具地配上不同的颜色、形状来显示创意。

①折叠技巧。菜单折叠后会显得美观，并达成客人阅读方便的目的。

②折叠原则。菜单折叠后要保持一定的空白，一般以50%的留白最为理想。

2）菜单封面设计

封面是西餐筵席菜单最重要的门面，一份色彩丰富而又漂亮雅致的封面，不仅可以点缀餐厅，还可以成为餐厅的重要标志。因此，西餐筵席菜单封面必须精心制作使其达到点缀餐厅和醒目的双重作用。

在设计菜单封面时，要考虑以下5项因素：

（1）封面成本

套印在封面上的颜色种类越多，封面的成本也会越高。

①低成本的做法。最节省的封面设计是在有色底纸上再套印一种颜色，如白色或淡色纸底上套印黑色、蓝色或红色，这样可以有效地降低成本。

②高成本的做法。在有色底纸上套印两色、三色或四色，形成鲜艳丰富的图样。

（2）封面图案

菜单封面的图案必须符合餐厅经营的特色和风格，顾客通过封面的图样可以了解餐厅传达的特性与服务方式。

①古典式餐厅。菜单封面上的艺术装饰要体现出古典色彩。

②俱乐部餐厅。菜单封面应具有时代色彩，最好能展现当代流行风格。

③主体性餐厅。菜单封面应强调餐厅的主要特色，并显现浓厚的民族风味。

④连锁性餐厅。菜单封面应该放置餐厅的一贯服务标记，借此得到顾客的肯定与支持。

（3）封面色彩

封面的设计必须具有吸引力，才易引起顾客的关注，因此，善用色彩是影响西餐筵席菜单设计效果的主要利器，为此要做到以下3点：

①色调和谐。菜单封面的色彩要与餐厅的室内装潢互相辉映。

②色系相近。菜单置于餐桌上并分散在客人的手中，其色彩要跟餐厅环境的整体感觉相近，自成一个体系。

③色系相反。使用强烈的对比色系，使其相映成趣，展现不同的风格。

（4）封面讯息

菜单封面上有几项信息是不可少的，如餐厅名称、餐厅地址、电话号码、营业时间等。

①主要讯息。菜单封面要恰如其分地列出餐厅名称，此项讯息是不可缺少的。

②次要讯息。餐厅经营时间、地址、电话号码、使用信用卡付款等事项印于封底。

③其他讯息。有的菜单封面有外送的服务讯息。

（5）封面维护

顾客点菜时菜单的使用频率居高不下，容易造成毁损和破坏，需要定期更换。做好各种维护工作，可以有效保护菜单，降低餐厅成本。

①维护方法。将菜单封面加以特殊处理，如采用书套或护贝等方式，维护封面的整洁，使水和油渍不易留下痕迹，且四周不易卷曲。

②慎选材质。选择合适的纸质作为菜单封面用纸，以确保正题的美观与耐用。

③菜单存放。菜单的存放位置应保持清净干燥，才能延长菜单的使用年限。

④人人有责。服务人员和客人的手与菜单接触最频繁，应尽量避免沾上水渍和油污。

3）菜单文字设计

菜单是通过文字向顾客提供产品和其他经营信息的，因此，文字在菜单设计中发挥着重要的作用。

菜单文字的表达内容一定要清楚和真实，避免顾客对菜肴产生误解，如把菜名张冠李戴，对菜肴的解释泛泛描述或夸大，外语单词的拼写出现错误等，都会使顾客对菜单产生不信任感，造成菜肴销售的困难。中文的仿宋体容易阅读，适合作为西餐菜肴的名称和菜肴的介绍；行书体或草写体有自己的风格，但是在西餐筵席菜单上的用途不大。

英语字母有大写和小写之分，大写字母庄重有气势，适用于标题和名称；小写字母容易阅读，适用于菜肴的解释。西餐筵席菜单的文字排列不要过密，通常文字与空白应各占每页菜单50%的空间。文字排列过密，使顾客眼花缭乱；菜单中的空白过多，会给顾客留下产品种类少的印象。

无论是西餐厅菜单还是咖啡厅菜单，菜肴的名称都应当用中文和英文两种文字对照。法国餐厅和意大利餐厅的菜单，还应当有法文和意大利文以突出菜肴的真实性，且方便顾客点菜。当然，西餐筵席菜单的文字种类最多不要超过3种，否则给顾客造成烦琐的印象。菜单的字体应端正，菜肴名称的字体和菜肴解释的字体应当有区别，菜肴的名称可选用较大的字号，而菜肴解释可选用较小的字号。为了加强菜单的易读性，菜单的字体易采用黑色，纸张易采用浅色。

4）菜单色彩运用

西餐筵席菜单的颜色具有装饰及促销菜肴的作用，丰富的色调使菜单更动人，更有趣味，因此，在菜单上使用合适的色彩，能增加美观和推销效果。

（1）色彩多寡

菜单的色彩搭配合宜，才能展现餐厅的特色与气氛，因此，在色彩的运用上应注意以下5个方面：

①颜色种类越多，印刷成本就越高。

②单色菜单的成本最低，但过于单调。

③制作食品的彩色照片，一般以四色为宜。

④菜单中使用不同的颜料能产生某种凸显效果。

⑤人的眼睛最容易辨识的是黑白对比色。

（2）色泽选择

选择合适的色纸，不会增加菜单的印刷成本，同时还具有凸显餐厅主题的效果，因此，善用色纸，是美化菜单的不二法则。采用色纸能增添菜单的色彩，具有美化和点缀的效果。适合用于菜单的色纸有金色、银色、铜色、绿色、蓝色等。如果印刷文字太多，为增加菜单的易读性，不宜使用底色太深的色纸。不宜选用两面颜色相同的色纸作为菜单封面，造成印刷广告和刊登插图的困难。另外，采用宽彩带，以横向、纵向或斜向粘在封面上，也能改善菜单的外观。

（3）彩色照片

许多漂亮的菜肴和饮料无法用言语来形容，只有用照片才能显现其风貌，因此，利用彩色照片来描述食物，饮品的美味和可口，实为不错的销售方法。菜肴的彩色照片配上菜名及介绍文字，是宣传食物、饮品的极佳推销手段。餐厅通常将招牌菜、高价位和受顾客欢迎的菜肴，拍摄成彩色照片印在菜单上。菜单上通常需用彩色照片辅助说明的食品项目有开胃品类、沙拉类、主菜点、甜点及饮料等。

5）菜单纸张的选用

设计菜单时，必须选择合适的纸质，因为纸质品质的好坏与文字编排、美工装饰一样，会影响菜单设计质量的优劣。

（1）菜单用纸的种类

目前，餐厅中使用的西餐筵席菜单，主要采用的纸张类型有下列4种：

①特种纸。特种纸有各式各样的颜色，质地分粗糙和光滑两类。从成本上看，特种纸造价非常昂贵，因此，菜单如选用这类纸张，显得典雅、很有价值。目前，不少高星级饭店和高档西餐厅常选用这种纸张来印制菜单。

②凸版纸。凸版纸材质是新闻报纸的用纸，成本相对低廉。菜单选用凸版纸一般仅限于使用一次。

③铜版纸。铜版纸可以分为各种不同的型号，质地较好，较厚的铜版纸称为铜西卡。铜版纸的成本比凸版纸要高。从效果上看，护贝后的铜版纸非常光滑，显得格外精致。

④模造纸。模造纸可分为各种不同的型号，质地较薄，常用来印刷信纸。模造纸的成本廉价，使用其印刷的菜单不耐用。因为模造纸过于单薄，所以常被用于制作广告单邮寄给消费者。

（2）菜单的用纸方法

餐厅在决定采用何种纸张印制菜单时，必须顾虑到菜单的使用方法，是每日更换或长期使用。

①每日更换的菜单

a. 纸张磅数轻薄。菜单若是每日更换，则可选用较薄的轻磅纸，如普通的模造纸。

b. 菜单不必护贝。每日更换的菜单，不需要护贝，客人用完即可丢弃。客人用餐完毕后就可以及时作处理。

c. 纪念性的菜单。纪念性菜单也可使用轻薄型的纸张，一般筵席菜单常被客人带走作为留念。

d. 不必考虑污渍。每日更换的菜单无须考虑纸张是否容易遭受油污或水渍。

e. 不必顾虑破损。每日更换的菜单不必考虑拉破撕裂问题，可以随时补充或报废。

②长期使用的菜单

a. 纸张磅数厚重。菜单若是长期使用，则应选用磅数较厚的纸张，如高级的铜版纸或特种纸。

b. 菜单可以护贝。纸张要厚并加以护贝，才经得起客人多次周转传递，进而达到反复使用的目的。

c. 污渍不易沾上。经过护贝的菜单具有防水耐污的特性，即使沾上污渍，只要用湿布一擦即可去除。

d. 纸质交叉使用。作为长期使用的菜单，其制作费用高昂，为降低成本，菜单不必完全印在同一种纸质上，封面采用较厚的防水铜版纸，内页选用较薄的模造纸，插页使用价格低廉的一般用纸，因为插页的更换频率最高。

（3）菜单用纸的选择因素

①餐厅的档次。依照餐厅的档次选择合适的菜单用纸。一般而言，高档次餐厅所使用的纸张品质较好，即使是只使用一次的菜单，也会选用较佳的薄型纸或花纹纸。中低档餐厅常使用品质较低的纸张来印制菜单。

②纸张的费用。菜单用纸的费用在菜单设计制作过程中，虽然只能算是小额的零星支付，但仍是不可忽视的一环。

③费用额度。菜单用纸的费用应该审慎考量，不得超过整个设计印刷费用总额的1/3，以免徒增菜单制作成本。

④使用状态。纸张的选择会因餐厅层次不同而有所区别。大致上，高级餐厅的用纸费用较为昂贵；相反，一般平价餐厅的用纸费用则较为低廉。

⑤印刷技术问题。在选择纸张时，还要考虑印刷技术问题，设法排除各种障碍，才能印刷出精美的菜单。

⑥纸张的触感。有些纸张表面粗劣，有的光滑细洁，有的花纹凹凸，各有特色。菜单是拿在手中翻阅的，纸张的质地或手感非常重要，特别是在豪华、气派的高档餐厅里，菜单的触感更是不容忽视。

⑦纸张的质感。纸张的强度、折叠后形状的稳定性、不透光性、油墨的吸收性和纸张的白度等，都会形成印刷上的不便，必须加以改善。

3.3.4　西餐筵席菜单的制作

1）菜单的制作原则

一份完美的菜单要能体现出饮食口味的变化和潮流，才能符合消费者的需求。因此，菜单制作要考虑以下5个原则：

（1）坚持菜单内涵品质优越、创意领先的原则

重点加强菜单收录菜品的新鲜、奇特、异质、稀奇及安全等内涵要求。

①新鲜，一是要注意食物材料的新鲜程度是否符合规定；二是注意食品的安全存量，若有不足，及时予以补充。

②奇特，菜单要能够发挥对于食品的品质与数量详加控制的作用，能够制作出特殊的菜式，以满足各种类型消费者的需要。

③异质，菜单要能够提供与众不同的饮食口味，内容要能不断得以丰富。

④稀奇，菜单要能不断推出独一无二的特色菜，同时能根据市场趋势与变化潮流，作适当的调整。

⑤安全，确保任何一款菜品都可以安心食用，制作上必须达到卫生安全标准。

（2）坚持厨艺专精、价格合理的原则

该原则强调产品的有效性、适合性和多样性。其中，产品的有效性是指食品原料有无季节性，原料是当地生产还是需要依赖进口；产品的适合性是指食品是否被消费者接受，

是否合乎当地的风俗习惯；产品的多样性包括菜单是否独特有变化和食品饮料有无替代品两个部分。

（3）坚持菜单结构要形成营销高明、供需均衡的优势的原则

这里，要注重产品的可售性、有利性和均衡性3个方面的内容。产品的可售性考察的是菜单是否易于食物销售以及食品是否有足够的行销渠道；产品的有利性是指食品销售对经营者而言，是否有利可图，是否满足市场的需求与利益；产品的均衡性是指产品是否能满足消费者的营养需求，同时检验供给者与需求者之间是否达到平衡。

（4）坚持菜单要能体现出重视员工、强调专业的原则

通过菜单，要能检验出员工的制作能力及机械生产能力。员工的制作能力、工作技巧及效率会影响菜肴的供应，应给予员工充足的工作时间来完成各式菜肴，要培养出一批训练有素且技术优良的西餐厨师，以确保食物品质；机械生产能力体现在3个方面，厨房设备是否能展现食物在制备上的潜力，是否有足够且适合的用具来制备食物，是否有足够的炉面及烹调用具，以适合菜单需要。

（5）坚持菜单要能积极发挥服务顾客、掌握市场的原则

根据餐厅的种类、服务的形式及顾客的需求来制作菜单。餐厅种类对菜单制作有较大的影响，因为食物的烹饪方式和菜色因餐厅种类而有差别，不同类型的餐厅，提供不同的菜肴口味；服务形式要求服务方式因地制宜，以服务方式影响顾客对菜肴的选择；要具体调查顾客的需求，每个人对食品各有其不同的喜好，通过调查及统计方法，可以了解顾客的饮食趋势，系统地研究顾客的属性有助于开发潜在的餐饮市场。

2）菜单的制作要求

（1）菜单设计者应具备的条件

西餐厅的菜单一般由餐饮部门的经理和主厨担任设计工作，也可另外设置一名专职的菜单设计人员。菜单设计者应将焦点放在顾客身上，考虑各种相关因素，才能明白顾客用餐的需求。因此，菜单设计者应具备以下6项条件：

①具有权威性与责任感。

菜单设计者具有权威性才能有明确的食物决策权，具有强烈的责任感才能完成切实可行的计划。

②具有广泛的食品知识。

菜单设计者对于食物的制作方法及供应方式有充分的了解，能完美展现食物的最佳烹调状态，以满足消费者的口味，同时顾及食品的价格与营养成分，设计出价格合理且营养均衡的产品。

③具有一定的艺术修养。

设计的菜单要合乎艺术原则，对于食物色彩的调配，兼具理性与感性，能将食物的外观、风味等作良好的配合，使用合适的装饰物，以增添菜肴的面貌。

④具有创新和构思能力。

要随时使用新的食谱，大胆尝试新发明的菜单，并且留意食物发展的新趋势。

⑤具有调查和学习能力。

收集各种食物的相关资料，以供参考，吸收各方面的专业知识，以增加菜单设计的能力，根据调查资料或研究报告，分析消费者对食物的喜好程度，了解西餐厅内部厨房设备

的生产能力及各项用具如何妥善搭配。

⑥以顾客立场为出发点。

设计者应根据顾客的要求制作菜单，而非个人主观的好恶，要避免将客人喜爱或不太欢迎的菜肴集中于一份筵席菜单中，倾听客人的建议或投诉，将之作为菜单改善的最高指导原则。

（2）菜单设计者的主要职责

①与相关人员（主厨或采购部门主管）研制菜单。

②按照季节变化编制新的菜单。

③试吃、试做各式菜肴。

④检查为筵席预订客户所设计的筵席菜单。

⑤审核食物的每日进货价格。

⑥配合财务部门人员一起控制食品与饮料的成本。

⑦了解顾客的需求，提出改进及创新菜肴的建议。

⑧从事新产品的促销工作，向客人介绍餐厅的筵席菜肴。

⑨结合市场行情，制订食品的标准价格与分量。

⑩在不影响食物质量的情况下，找出降低食物成本的方法。

（3）菜单制作的要求

制作一份完善又精美的菜单，除了有合理的价格外，还要考虑其他各项需求，才能让菜单达到尽善尽美的境界。菜单的样式、颜色能与餐厅气氛相呼应；菜单摆放或坐或立，应能引起客人的注意；桌式菜单印刷精美，可平放于桌面，供客人观看；活页式菜单便于更换，可随时穿插最新信息；悬挂式菜单能美化餐厅环境，吸引客人的目光。

菜单项目不断创新，带给客人新鲜奇特的感觉，根据季节的周而复始变换餐厅的菜单内容，设计"周末筵席菜单"和"假日筵席菜单"，引起客人的兴趣。菜单不仅是西餐厅的销售工具，更是很好的宣传广告，客人既是西餐厅工作人员的服务对象，也是义务的推销员，举办各种促销或娱乐活动，融入当地人的生活习性，重视饮食的营养均衡及环保卫生，满足消费者视觉上和精神上的追求。

3.3.5　西餐筵席菜点名称的命名与翻译方式

1）命名

在西餐中，按照法国名厨A.Escoffier的分类法，菜品常用地名、人名、戏剧、战役、神灵以及主要原料等来命名。

（1）以地名命名

"Marengo"是一道典型的以地点命名的菜肴，讲的是在1800年6月14日，法国皇帝拿破仑一世在意大利的一个名叫Marengo的村庄与奥地利军队激战，士兵饥饿之时，厨师找到鸡、蛋、虾及面包等原料，做出了一道简便实惠的菜肴，士兵吃饱后与奥地利军队再战，最终取得胜利。为纪念此战役，拿破仑命令以此地名做菜名。类似的以地名命名的菜肴还有Waterloo（滑铁卢，拿破仑兵败之地）、Bolognaise（布朗尼斯，意大利出产肉肠的地方）等。

（2）以人名命名

"Dubarry"是一道以人名命名的菜肴。Madama Dubarry是法国路易十四的皇后，据说路易十四非常重视美食，经常在凡尔赛宫举行厨艺大奖赛，获得第一名的厨师，将由皇后亲自授予奖项。皇后去世后，路易十四十分伤心。有一天，御厨创制了一道菜肴，用奶酪白汁淋在椰菜花表面，再撒上奶酪粉以慢火焗匀，色泽金黄诱人。因其颜色酷似皇后的美艳头发，勾起了路易十四对已故皇后的情思，遂以Dubarry的名字做此菜式的名，以尽绵绵的思念。类似的以人名命名的菜肴有Alexander（亚历山大俄国皇帝）、Beillat-Savarin（倍拉特·赛帆，法国名厨兼品尝家）、Bechamel（白切尔，英国一位著名的管家）等。

（3）以神命名

"Veronique"是神话中的女神。据说，远航的海员在宁静的夜里都能听到她哀怨的琴声。有一次，一位海员厨师在感触之下，做出了一道白汁鱼的菜式，用鱼白汁比喻女神的美丽容颜，配在旁边的白提子比作她的泪。菜美情深，此菜后来成为一道法国名菜。类似的神灵命名的菜肴还有Diane（戴安娜，神话中的狩猎女神）等。

（4）以地方特产命名

"Lyonnaise"是以原料命名的菜式。众所周知，法国里昂（Lyon）出产有名的洋葱，用洋葱炒的菜都用此词。著名的有葱炒薯即里昂薯（Lyonnaise Pota-tose）、洋葱奄列（Lyonnaise Groupa）等。

（5）以剧中的人物命名

也有为庆祝一个戏剧的演出成功而特别用话剧名或剧中人的名字来命名那些特别的菜式，如Aida（阿依达，剧名）、Belle-Helene（贝勒·海伦，剧中人）、Carman（卡门，剧名）等。

（6）以想象命名

此外，还有一些菜式在命名时，不合常规，菜名让人忍俊不禁。如在英国，圆形的果子酥饼称为"Fat Rascal"（意为"胖乎乎的小淘气"）；将一根肉肠放在面浆里焗熟，称为"Toad-in-a-hole"（意为"洞中的癞蛤蟆"）；把三条猪肉肠放在面浆里焗熟名为"Three-pigs-in-a-blanket"（意为"毛毯下的三只小猪"）。由此可知，不管菜肴如何命名，它总是与各国的文化、风俗、习惯等紧紧相连。

2）西餐菜点名称的翻译方式

西餐菜名的翻译没有固定的方式，通常有以下3种模式可以参照：

（1）主料开头的翻译方法

①介绍菜肴的主料和辅料，形式为：主料（形状）+（with）辅料。如：

杏仁鸡丁色拉　　Chicken Cubes with Almond Salads

番茄炒蛋　　Scrambled Egg with Tomato

②介绍菜肴的主料和味汁，形式为：主料（形状）+（with，in）味汁。如：

煮鱼荷兰沙司　　Boiled Fish with Holland Sauce

红酒鸡　　Chicken in Red Wine

（2）以烹制方法开头的翻译方法

①介绍菜肴的烹法和主料，形式为：烹法+主料（形状）。如：

香炸猪排　　Deep-fried Pork Chop

烤羊排　　Roast Beef Steak

②介绍菜肴的烹法、主料和味汁，形式为：烹法+主料（形状）+（with，in）味汁。如：

红烩牛肉　　Braised Beef with Tomato Sauce

黄烩鸡块　　Stewed Chicken with Brown Sauce

（3）以形状或口感开头的翻译方法

①介绍菜肴的形状（口感）和主料、辅料，形式为：形状（口感）+主料+（with）辅料。如：

时蔬鸡片　　Sliced Chicken with Seasonal Vegetables

②介绍菜肴的形状（口感）、主料和味汁，形式为：形状（口感）+主料+（with）味汁。如：

素鸡块山歌沙司　　Fragrant Fried Chicken with Tyrolinne Sauce

鱼片番茄沙司　　Sliced Fish with Tomato Sauce

3.3.6　西餐筵席菜单实例

1）家筵菜单

A套

奶油黄瓜沙拉　　Cucumber Salad with Cream

北欧海鲜浓汤　　Nordic Seafood Soup

茄汁烩鱼片　　Stewed Fish Slices with Tomato Sauce

洋葱烟肉批　　Roasted Ham with Honey

冷杂拌肉　　Cold Mixed Meat

田园风光披萨　　Garden Veggies Pizza

麝香猫咖啡　　Sumatra Luwak Coffee

B套

鸡脯沙拉　　Chicken-breast Salad

德式都兰豆啤酒浓汤　　German-style Bean & Beer Soup

鸡蛋鲱鱼泥子　　Minced Herring with Eggs

蜜汁烤火腿　　Grilled Pork Chops

冷烤油鸡蔬菜　　Cold Roast Chicken with Vegetables

水果森林披萨　　Fruit Forest Pizza

波多黎各雅克精选咖啡　　Puerto Rico Alto Grande Coffee

C套

西红柿黄瓜沙拉　　Cucumber Salad with Tomato

地中海奶油松茸汤配野生黑松露　　Mediterranean Cream Matsu take with Wild Truffle

鸡蛋托鲱鱼　　Herring on Eggs

牛肝泥　　Mashed ox Liver

冷烤火鸡　　Cold Roast Turkey

玛格丽塔披萨　　Margarita Pizza

热巧克力奶油浓缩咖啡　Hot Chocolate Cream Espresso

D套

甜菜沙拉　Beetroot Salad

古拉式传统牛肉浓汤配黑麦面包　Traditional Rich Beef Soup with Rye Bread

酿馅鱼　Stuffed Fish

洋葱烟肉批　Bacon and Onion Pie

什锦肉冻　Mixed Meat Jelly

香浓牛肉披萨　Beef Lover's Pizza

热焦糖玛其朵　Hot Caramel Macchiato

2）婚筵菜单

A套

法式土豆沙拉　French Potato Salad

忌廉浓汤　Cream Soup

香辣基围虾　Spicy Shrimp Stew with Cucumber

黑椒牛仔骨　Wok-fried Beef Rib with Black Pepper Sauce

菠菜芝士批　Spinach & Cheese Quiche

三文鱼酸奶　Smoked Salmon with Yoghurt

贵格纳干红　Manoir Grignon Cabernet-syrah

白巧克力奶油布丁　White Chocolate Brulee

B套

泰式墨鱼仔沙拉　Thai Baby Cuttle Fish Salad

排骨藕汤　Pork Spare-rib Lotus Root Soup

日式烤鱼　Roasted Mackerel Japanese Style

泰式红咖喱鸡　Red Curry Chicken "Thai" Stly

白汁焗西蓝花　Grain Broccoli

鸡蛋木司　Egg Mousse

普瑞丽维蒂尔冰酒　Pillitteri Vidal Icewine

芒果布丁　Mango Pudding

C套

华道夫沙拉　Wardolf Salad

芸豆肚片汤　Pork Tripe and White Board Bean Soup

盐焗三文鱼　Salmon in Salt Crust with Herbs

凯郡鸡胸　Marinated Cajun Chicken Breast

咖喱蔬菜　Vegetable Curry

芝麻香蕉球　Banana & Black Sesame Ball

十字木桐　Corix Mouton

热枣布丁　Warm Sticky Date Pudding

D套

泰式凤爪沙拉　Thai chicken Feet Salad

蔬菜清汤　Clear Vegetable Soup

酱爆墨鱼仔　Wok-fried Baby Cuttle-fish with "XO" Sauce

香煎鸡胸　Pan-fried Chicken Breast

法式蔬菜　Vegetable Rataouille

芝士火腿三明治　Mini Sandwich

梅铎马逊红　Chateau Maison Blanche

香草布丁　Vanilla Pudding

3）生日筵菜单

A套

法式松露鹅肝酱佐青苹果乳酪及鱼子酱　French Style Foie Gras with Green Apple Cheese and Caviar

地中海奶油松茸汤配野生黑松露　Editerranean Cream Matsutake with Wild Truffle

地中海式甜虾色拉　Mediterranean Style Sweet Shrimp Salad

炭烤T骨牛扒配黑椒少司及炒蘑菇　T-Bone Steak with Black Pepper and Fried Mushrooms

海鲜茄汁炒意大利面　Tomato Cooked in Soy and Vinegar with Seafood Sauteed Italian Paghetti

北欧香梨布丁佐鲜巧克力慕斯　Nordic Snow Pear Pudding with Chocolate Mousse

旗岩龙树堡极品红　Flagstone Dragon Tree

冰卡布奇诺　Ice Cappuccino

B套

顶级鱼子酱及生煎冰岛带子配北极风味奶油菜花泥及鲜芦笋　Pan-fried Scallops with Arctic Flavor Spinach and Cauliflower Spread

古拉式传统牛肉浓汤配黑麦面包　Traditional Rich Beef Soup with Rye Bread

意大利蔬菜咔喱饼佐中式辣味汁　Italian Salad with Chinese-style Spicy Dressing

炭烤西冷牛扒配蘑菇少司及黑醋栗　Grilled Sirloin Steak with Mushrooms and Blackcurrant

地中海芝士香草焗粉团佐意大利萨拉米　Mediterranean Salami and Cheese Meatball

热中式甜饼配香草冰激凌及薄荷咔喱　Chinese Cake with Vanilla Ice Cream and Mint Jelly a La Mode

坎普侯爵珍藏干红　Marques De Campo Nuble Crianza

冰焦糖玛其朵　Ice Caramel Macchiato

C套

挪威烟熏三文鱼佐奶油蘑菇及香草烩蛋　Norwegian Smoked Salmon with Braised Mushroom and Sauted Vanilla Cream

法国栗茸南瓜汤佐新鲜罗勒及鹅肝油　French Chestnut Pumpkin Soup with Fresh Basil Oil

奥斯陆酸甜三文鱼配蔬菜色拉卷　Mediterranean Cream Matsutake with Wild Truffle

炭烤肉眼配香草牛肉少司及土豆饼　Grilled Rib-eye Steak with Mushrooms and Hash Browns

那不勒斯金枪鱼焗饭配车达芝士　Naples Tuna Rice with Cheddar & Cheese

黑巧克力慕斯佐法式奶油炖蛋　Dark Chocolate Mousse with Creme Brulee

梅铎马逊红　Chateau Maison Blanche

冰巧克力奶油浓缩咖啡　Ice Chocolate Cream Espresso

D套

卜艮第香草汁焗蜗牛　Bourgogne Vanilla Baked Snails

爱丽克斯巴伐利亚土豆汤伴法兰克福肠　Bavarian Potato Soup with Frankfurt Sausages

普罗旺斯土豆炙烤八爪鱼色拉　Provence Potatoes Brolide Octopus Salad

煎法国鹅肝配焦糖苹果汁黑块菌　Foies Gras with Caramel Apple Cider and Black Truffles

香浓咖喱牛肉饭　Sweet Curried Beef with Rice

鲜草莓慕斯蛋糕伴咖啡力娇　Fresh Strawberry Mousse with Kahlua

诺比罗特级黑皮诺干红　Nobilo Icon Pinot Noir

特调冰咖啡　Special Ice Coffee

4）节日筵菜单

A套（情人节菜单）

凯撒沙律　Caesar Salad

奶油野菌菇浓汤　Creamy Wild Mushroom Soup

香草扒银鳕鱼伴酸奶汁　Panfried Cod Fish

蜜汁烧猪肋排　Crossroad Home Made Smoked Pig Ribs

传统意大利肉酱面　Spaghetti Bologhese

木瓜香草冰激凌佐浆果酱　Papaya Stars with Vanilla Cream and Berry Coulis

巴巴莱斯科珍藏红　MGM Mondo Del Vino Barbaresco

白巧克力奶油布丁　White Chocolate Brulee

B套（感恩节菜单）

当日新鲜蔬菜沙律　Fresh Vegetable Salad

苹果番茄汤　Apple with Tomato Soup

烧烤原只秋刀鱼　Roast Stuffed Sardines

安格斯菲力牛排　Angus Beef Tenderloin

蒜香白酒海鲜扁面　Linguine W/Seafood

绿茶慕斯　Green Tea Mousse

翠岭珍藏赤霞珠　Veramonte Cabernet Sauvignon

焦糖布丁　Cream Caramel/Caramel Custard

C套（圣诞节菜单）

泰式海鲜粉丝沙拉　Thai Glassnoodle & Seafood Salad

每日列汤　Day's Soup of Chef

烧烤香蒜大虾　Roasted Prawns with Black Pepper and Garlic

意式香辣烤半鸡　Roasted Half Chicken

香料红茄虾宽面　Rigatoni Aragosta

热情果木司　Passion Mousse

杜诗山麝香甜白　Muscat De Rivesalte

芒果布丁　Mango Pudding

D套（元旦节菜单）

黑鱼子酱酿烟熏三文鱼拼鱿鱼筒　Inkfish Rolls with Caviare and Smoked Salmon

地中海海鲜汤　Seafood Soup

辣汁蚬肉青蚝薯船　Hot Clam，Mussel and Potato Mixtures Contained in Boat

香煎鸭脯配蓝莓汁　Panfried Duck Breast

青酱鸡肉蘑菇罗勒宽面　Fettuccine W/Chicken & Mushrooms and Oglio

波尔多皇冠贵族红　Maison Bouey

绿茶布丁　Green Tea Pudding

5）商务筵菜单

A套

蔬菜色拉　Vegetable Salad

意大利杂菜汤　Minestrone Soup

炭烤牛菲利配蒜味土豆泥　Charcoal Grilled Beef Tenderloin with Garlic Potato

西点　Dessert

夏日水果杯　Fresh Fruit

咖啡或茶　Coffee or Tea

B套

咖喱花菜腰果色拉　Cauliflower & Cashew Nuts Salad Curry Flavour

当日奶汤　Daily Cream Soup

香煎鱼排配甜椒沙司　Pan-fried Fish Fillet with Capsicums Sauce

西点　Dessert

水果盆　Fresh Fruit

咖啡或茶　Coffee or Tea

C套

尼可斯金枪鱼沙律　Nicoise Salad

匈牙利牛肉汤　Hungarian Beef Soup

意式猪排配炒饭　Pork Piccata with Fried Rice

西点　Dessert

水果盆　Fresh Fruit

咖啡或茶　Coffee or Tea

D套

厨师长特选沙律　Chef's Salad

洋葱汤　Onion Soup

台式烤鸡排配日式烧烤汁　Roasted Chicken with Teriyaki

西点　Dessert

水果盆　Fresh Fruit

咖啡或茶　Coffee or Tea

[实施和建议]

本任务重点学习西餐筵席菜单的外形设计、西餐筵席菜单的制作、西餐筵席菜点名称的命名与翻译方式。

建议课时：6课时。

[学习评价]

本任务学习评价见表3.6。

表3.6　学习评价表

学生本人	量化标准（20分）	自评得分
成果	学习目标达成，侧重于"应知""应会" （优秀：16～20分；良好：12～15分）	
学生个人	量化标准（30分）	互评得分
成果	协助组长开展活动，合作完成任务，代表小组汇报	
学习小组	量化标准（50分）	师评得分
成果	完成任务的质量，成果展示的内容与表达 （优秀：40～50分；良好：30～39分）	
总分		

[巩固与提高]

1. 西餐筵席菜单的形式是什么？
2. 西餐筵席菜单的基本内容有哪些？
3. 西餐筵席菜单的外形设计应该考虑哪些方面？
4. 西餐筵席菜单的制作原则是什么？
5. 西餐筵席菜单的制作要求有哪些？
6. 西餐筵席菜点名称的命名与翻译方式有哪些？
7. 根据所学的西餐筵席菜单知识，设计一份6人菜单。

 任务3.4　西餐筵席的摆台设计

[学习目标]

1. 了解西餐筵席餐桌设计与场地布置。
2. 掌握西餐筵席台面设计。
3. 熟知西餐筵席摆台。
4. 学会安排西餐筵席座次。

[学习要点]

1. 西餐筵席台面设计。

2. 西餐筵席摆台。

3. 西餐筵席座次安排。

[相关知识]

西餐筵席餐桌设计又称"台型设计"，是指西餐筵席厅根据宾客筵席形式、主题、人数、接待规格、习惯禁忌、特别需求、时令季节和西餐筵席厅的结构、形状、面积、空间、光线、设备等情况，设计西餐筵席的餐桌排列组合的总体形状和布局。其目的是：合理利用西餐筵席厅的现有条件，表现主办人的意图，体现西餐筵席的规格标准，烘托西餐筵席的气氛，便于宾客就餐和席间服务员进行西餐筵席服务。

3.4.1　西餐筵席餐桌设计与场地布置

西餐筵席厅通常都会预先备有数种不同的摆设标准图，提供给客人作为选择时的参考依据。这些摆设的基本图形事先要经过一番谨慎的计算并经实际采用后，才推荐给客人。完善的标准图是通过计算机测试绘制而成。一般而言，西餐筵席厅应尽量推荐选用标准安排，若顾客有特殊要求，仍需尊重其意见，并且综合考虑现场场地情况，以使布置完全符合客人需求。

1）西餐筵席厅桌椅及其他家具的选用

西餐筵席厅使用家具的选择非常重要，尤其是桌椅类型的选择。由于西餐筵席厅的桌椅需要根据筵席类型的不同而变更场地的布置，因此，在桌椅选择方面，应该考虑安全性、耐用性，以及桌椅所能承受的重量。具体可参考以下原则：

①所有桌子的高度必须统一规格化。一般都采用71~76 cm高的桌子，但若选用74 cm高的餐桌，则全部桌子的高度应均为74 cm。

②最好全部采用同一品牌，以免不同品牌的桌子在衔接时产生高低不一的情况。

③采用桌面与桌脚合一的餐桌，即桌脚与桌面一起收起的桌面，不要用两件式餐桌（桌脚与桌面分开的餐桌）。

④各种桌面大小尺寸应力求规格化，彼此之间要能完全衔接。

⑤需考虑桌子的安全性及耐用性。每张桌子都能承受一定的重量。

⑥需设计适合各种不同桌型及椅子大小的推车来协助搬运，以减少搬运时的危险性及员工体力的负荷。

⑦椅子以可叠放在一起者为佳，最好能10把一叠，置放于仓库时不占空间。

⑧椅子不能太笨重，以免叠起后因重量过重而倾斜，造成危险。

2）西餐酒会餐桌布局

（1）酒会场地的设计

酒会中不摆放桌椅，也不设置主宾席，只摆设餐台以及一些小圆桌或茶几，宾客在酒会中以站姿进餐。宽敞的空间使主人及宾客均得以自由地在会场内穿梭走动，自在地和其

他与会宾客交谈。

　　接受一场酒会的预订时，预订员必须根据顾客的需求提供一份酒会的布置设计图，同时向客人报价。在设计酒会场地之前，预订员要事先了解顾客办酒会的目的、与会人数以及所希望的菜色等，再就相关细节与行政主厨进行进一步的研究。

　　酒会菜色、菜肴道数、摆设方式、餐台大小等因素都足以影响一场酒会的成功与否，因此，预订员对于以上所述的诸多细节都要事先了解，否则一旦设计出来的餐台过大而菜色太少，会令人感觉空洞；反之，如果因餐台太小而使菜肴摆起来显得拥挤，则不论其菜色如何，都会给人压迫感，从而降低筵席的价值。

　　在酒会的场地设计中，舞台设计是其中非常重要的一环。倘若舞台布置适宜、主题明确，能让所有与会宾客在进场之后便留下深刻的第一印象，那么，这场酒会已经成功了一半。而另外一半的成功，有30%取决于餐台的布置，最后的20%则取决于服务人员的服务态度。也就是说，在一场成功的酒会中，单就布置方面便已占影响要素的80%，由此可知，场地的设计对举办一场成功的酒会是多么重要。

　　（2）场地及餐台的布置要求

　　①酒会中餐台的摆设方式主要着重于酒吧台与餐台的位置规划。酒会通常采用活动式的酒吧台，并且摆放一些辅助桌以放置酒杯。至于餐台的布置，不仅需要配合西餐筵席厅的大小，还应摆设在较显眼的地方，一般摆设在距门口不远的地方，让客人一进会场就可以清楚地看到。

　　②餐台摆放可用有机玻璃箱、银架或覆盖着台布的塑料可乐箱来垫高，使菜肴摆设呈现出立体效果。

　　③餐台的摆设要视菜单上菜肴道数的多少来准备，过大或过小的餐台都是不适当的布置，因此，要事先了解厨师所推出的菜肴分量，以作为布置的依据，有时也需要配合特殊餐具的使用来进行摆设。

　　④酒会会场除了放置餐台及酒吧台之外，还需要摆设一些辅助用的小圆桌。小圆桌中间可摆一盆蜡烛花，并将蜡烛点燃以增添酒会的气氛。

　　⑤小圆桌上可放置一些花生、薯片、腰果等食品，供客人取用。同时，小圆桌也具有让客人摆放使用过的餐盘、酒杯等功用。

　　⑥若要使餐台看起来更有气氛，可以使用透明的白色围布来围餐桌，并在桌下安置各种颜色的灯光来照射，可使酒会更添浪漫唯美的气氛。

　　⑦酒会不需要太亮的灯光照明，毕竟保持酒会的气氛非常重要，而微暗的灯光恰好可以提供酒会适宜的气氛。如果酒会中采用调整灯光的装置，则整体的灯光亮度适合设定在3～4段。但若酒会场地有舞台的布置，则舞台的灯光应比舞台周围的酒会场地要亮，必要时可用投射灯来照明，以凸显舞台的布置。此外，冰雕等装饰也可借灯光技术来增加效果，而冰雕的投射灯需以有色灯光来衬托其美感。

　　⑧如果酒会中只有少数一两个餐台，菜肴便可以不按照自助餐的摆设方式进行布置，而只需摆设出层次感，使菜肴呈现高低不同的视觉效果即可。但是如果餐台为数众多，则可依照菜肴类别分区摆设，比如，分成冷盘区、热食区、切肉区、小点心区、饮品区等不同的餐台以示区别。

　　⑨酒吧台的摆设以尽量靠近入口处为原则。如果参加酒会的人数很多，应尽可能在

会场最里面另设一个酒吧台，并将部分客人引导进入该吧台区，以缓解入口处人潮拥挤的状况。

3）冷餐会餐桌设计

冷餐会的餐桌应保证有足够的空间以便布置菜肴。按照人们正常的步幅，每走一步就能挑选一种菜肴的原则，应考虑所供菜肴的种类与规定时间内服务客人人数之间的比例问题，否则进度缓慢会造成客人排队或坐在自己座位上等候。

餐桌可以摆成H字形、Y字形、L字形、C字形、S字形、Z字形、1/4圆形和椭圆形。另外，为了避免拥挤，便于供应主菜，如烤牛肉等，可以设置独立的供应餐桌。如不在客人所坐位置供应点心，也可另外摆设点心供应餐桌，而与主要供应餐桌分开。

桌布从供应桌下垂至距地面6.6 cm处，这样既可以掩蔽桌脚，也避免了客人踩踏。如果使用色布或加褶，会使单调的长桌更加赏心悦目。将供应餐桌的中央部分垫高，摆一些引人注目的拿手菜，如火腿、火鸡及烤肉等。装饰架及其上面的烛台、插花、水果及装饰用的冰块，也会增加高雅的气氛。

4）自助餐餐台设计

自助餐台也称食品陈列台，可以安排在西餐筵席厅中央或靠某一墙边，也可放于西餐筵席厅一角；可以摆一个完整的大台，或由一个主台和几个小台组成。自助餐台的安排形式多样、变化多端，常见的自助餐台有以下设计：

①I字形台：即长台，是最基本的台型，常靠墙摆放。

②L字形台：由两个长台拼成，一般放于餐厅一角。

③O字形台：即圆台，通常摆在餐厅中央。

④其他台型：根据场地特点及宾客要求可采用长台、扇面台、圆台、半圆台等拼接出各种新颖别致、美观流畅的台型。

自助餐台的摆设要注意以下事项：

①餐台的设计布置方面，通常可以选定某一主题来发挥，譬如，以节庆为设计主题（如圣诞节便以圣诞节时的气氛来布置），或取用主办单位的相关事物（如产品、标志等）来设计装饰物品（如冰雕等），均可使西餐筵席场地增色不少。自助餐台要布置在显眼的地方，让宾客进入西餐厅就能看见。

②菜肴的摆设应具有立体感，色彩搭配要合理，装饰要美观大方，不要过于拥挤。另外，可在可乐箱上覆盖桌布作为垫菜的工具。

③菜色要按规矩来摆设。例如，冷盘、沙拉、热食、点心、水果等应依顺序排好。如果西餐筵席场地够大，可再细分为冰盘沙拉区、热食区、切肉面包区、水果点心区等。

④自助餐台要设在客人进门容易看到且方便厨房补菜之处，还要考虑其摆设地点应为所有客人都容易到达而又不阻碍通道的地方。

⑤在人数很多的大型西餐筵席中，可以采用一个餐台两面同时拿菜的方法。最好是每150~200位客人就有一个两面拿菜的餐台，这样可以节省排队拿菜的时间，以免客人等太久。

⑥自助餐台的大小要考虑宾客人数及菜肴品种的多少，并要考虑宾客取菜的人流方向，避免拥挤和堵塞。

⑦餐台的灯光要足够，否则摆设再漂亮的菜肴也无法显现其特色。尤其是冰雕部分更

需要不同颜色的灯光来照射。可用聚光灯照射台面，但切忌用彩色灯光，以免使菜肴改变颜色，从而影响宾客食欲。

5）西餐筵席厅场地布置整体要求

西餐筵席厅场地布置颇为讲究，具体要求如下：

①普通西餐筵席进行布置时，由筵席部指派一位领班负责现场即可。而特殊的西餐筵席则需请负责预订的人员到场说明，并配合美工及现场人员进行布置。

②布置要庄重、美观、大方，桌椅、家具摆放对称、整齐，并且安放平稳。

③桌子之间的距离要适当。大型西餐筵席厅的桌距可稍大，小型西餐筵席厅的桌距以方便客人入座、离座、便于服务人员操作为准。基本要求2 m以上，桌距过大，会使场面显得松散，不利于创造热烈的气氛。

④西餐筵席中除了餐桌的摆设外，服务桌同样需要备置妥当。其数量视西餐筵席厅大小及宾客人数而定，但应尽量避免多占据空间。

⑤如果席间要安排乐队演奏，乐队不要离宾客的席位过近，应该设在距离宾客席3~4 m位置的左右或侧后。如果席间有文艺演出，又无舞池时，则应该在布置桌椅时留出适当的位置，并铺上地毯，作为演出场地。

⑥酒吧台、礼品台、贵宾休息室等，要根据西餐筵席的需要和西餐筵席厅的具体情况灵活安排。

⑦整个会场布置完成后，领班或副经理要依照西餐筵席通知单或计划所述内容逐项核对，以免有所遗漏。

3.4.2　西餐筵席台面设计

西餐筵席的台面设计要求有一定的艺术手法和表现形式，其原则就是要因人、因事、因地、因时而异，再根据就餐者的心理需求，营造一个与之相适应的和谐统一的气氛，显示出整体美。要恰到好处地设计一桌完美的西餐筵席台面，不仅要求色彩艳丽醒目，而且每桌餐具必须配套，餐具经过摆放和各种装饰品的点缀，使整个西餐筵席的序幕拉开，就不难看出西餐筵席的内容、主题、等级和标准，同时吸引每位宾客对西餐筵席美的艺术兴趣，并能增加食欲，这就是西餐筵席台面设计的目的。

1）西餐筵席台面的种类

西餐筵席台面的种类主要是按台面用途划分为餐台、看台和花台。

①餐台：西餐筵席台面的餐具摆放都应按照就餐人数的多少、菜单的编排和西餐筵席标准来配用。餐台上的各种餐具、用具距离要间隔适当，清洁实用，美观大方，放在每位宾客的就餐席位前。

②看台：根据西餐筵席的性质、内容，用各种小件餐具、小件物品和装饰物品摆设成各种图案，供宾客在就餐前观赏。在开席上菜时，撤掉桌上的各种装饰物品，再把小件餐具分给各位宾客，让宾客在进餐时便于使用。

③花台：是用鲜花、绢花、盆景、花篮，以及各种工艺美术品和雕刻物品等点缀构成各种新颖、别致、得体的台面。这种台面设计要符合西餐筵席的内容，突出西餐筵席主题。图案的造型要结合西餐筵席的特点，要具有一定的代表性、政治性，色彩要鲜艳醒

目，造型要新颖、独特。

2）西餐筵席台面的装饰方法

西餐筵席台面的装饰方法与中餐筵席有相通之处，当然也有很多不同的细节。比如，西餐筵席台面可采用印有各种具有象征意义图案的台布铺台，并以台布图案的寓意为主题，组织拼摆各小件餐具和其他物品，使整个台面协调一致，组成一个主题画面。用水果装饰台面，根据季节变化，将各种色彩和形状的水果，衬以绿色的叶子，在果盘上堆摆成金字塔形状上台，既可观赏，又可食用，简便易行，此法传统的西餐筵席摆台运用较多。

关于国旗，在西餐筵席厅使用最多的是桌旗。一般桌旗的摆放方法为：桌旗在上位席的左侧，摆放桌旗的数量要根据桌子的长度，一处摆放桌旗的场合以餐桌中央为宜；两处摆放桌旗的场合，要间隔相等。这里需要注意的是桌花的高度，桌花要比桌旗略低一些。

3.4.3 西餐筵席摆台

1）西餐筵席中常用的餐具种类

（1）银器类

西餐厅使用的银器，按其材质可以分为纯银制品，镀银的镍银制品（铜、镍钢、锌合金）和镀银的不锈钢制品（也称为"镀银不锈钢"），一般经常用的是镍银不锈钢制品，镍银制品使用时间长了会变黑（氧化），因此，需要定期盘点和保养。银器使用时要精心爱护，防止磕碰，因为磕碰处容易氧化，且有氧化物附着，影响餐具美观。在洗涤银制餐具时，要用洗涤剂和漂洗剂洗涤，放在热水里浸泡后，趁热用干净的毛巾擦拭。银制餐具表面容易碰伤，最好将刀、叉等分开洗涤。收藏保管时，要分门别类，并作好防氧化处理。

西餐厅使用的银器按用途可以分为宾客就餐用的银器类（刀、叉、匙等）（表3.7），服务员用的银器类（各种托盘、调味品罐、咖啡壶等）（表3.8）和餐桌上放置的各种小附件（奶油碟、洗指钵、糖罐等）。

表3.7 客用银器

中文名称	英文名称	用　途
色拉刀	Salad Knife	吃色拉用
色拉叉	Salad Fork	吃色拉用
餐刀	Dinner Knife	肉类菜肴、蛋类菜肴用刀
餐叉	Dinner Fork	肉类菜肴、蛋类菜肴用叉
牛排刀	Steak knife	切牛排用
汤匙	Soup Spoon	汤用匙，主要用于喝汤
鱼叉	Fish Fork	叉鱼类菜肴用叉。整体厚实，也有较薄的，适合于调味汁少的烤鱼或炸鱼
鱼刀	Fish Knife	鱼类菜肴用刀，用途同鱼叉
甜点刀	Dessert Knife	西餐小吃、甜食、乳酪用刀

续表

中文名称	英文名称	用　途
甜点叉	Dessert Fork	西餐小吃、甜食、乳酪用叉
甜点匙	Dessert Spoon	吃点心用
水果刀	Fruit Knife	食用水果
水果叉	Fruit Fork	食用水果
糕点叉	Cake Fork	主要用来食用蛋糕等糕点
黄油刀	Butter Knife	涂奶油用
瓜用勺	Melon Spoon	白兰瓜等水果用匙
茶用勺	Tea Spoon	搅拌茶用
咖啡勺	Coffee Spoon	搅拌咖啡用
冰激凌用勺	Icecream Spoon	食用冰激凌的专用餐具
苏打勺	Soda Spoon	用于冻茶和冻咖啡搅拌糖浆的长勺
龙虾叉	Lobster Pick	挑龙虾肉
龙虾夹	Lobster Cracker	压碎龙虾壳
蜗牛夹	Escargot Tong	夹蜗牛
蜗牛叉	Escargot Fork	挑蜗牛肉
蚝肉叉	Oyster Fork	挑蚝肉

表3.8　服务用银器

中文名称	英文名称	用　途
分菜用叉	Serving Fork	派菜时使用
分菜用勺	Serving spoon	派菜时使用
沙拉分用叉	Salad Server Fork	为客人分派色拉时使用
沙拉分用勺	Salad Server Spoon	为客人分派色拉时使用
服务汤勺	Soup Ladle	为客人分汤时使用
食肉餐刀	Meat Carving Knife	为客人现场切割大块肉类食品时的专用工具
食肉餐叉	Meat Carving Knife	为客人现场切割大块肉类食品时的专用工具
食鱼餐刀	Fish Carving Knife	分鱼或现场烹制鱼类食品时使用
食鱼餐叉	Fish Carving Fork	分鱼或现场烹制鱼类食品时使用
糖夹	Sugar Tongs	用来夹取方糖
冰块夹	Ice Tongs	用来夹取冰块

续表

中文名称	英文名称	用　途
蛋糕用夹	Cake Tongs	用来服务蛋糕
鸡尾酒勺	Punch Ladle	用来盛鸡尾酒
汤汁匙	Sauce Spoon	在服务色拉或主菜时，帮助客人浇汁的用具
酒篮	Wine Holder	用于服务红葡萄酒
冰酒桶	Wine Cooler	用于服务白葡萄酒
烛台	Candle Light	用于展示蜡烛
冰桶	Ice Bucket	用于服务冰块
柠檬夹	Lemon Squeezer	用于服务柠檬块，便于挤出柠檬汁
水壶	Water Pitcher	用于服务冰水
油醋架	Oil and Vinegar	用于摆放油醋瓶

宾客用的餐盘、餐桌上的小附件、调味品罐、咖啡壶等，一般都是陶瓷的（表3.9）。瓷器比银器显得柔和、温暖，给宾客以热情的感觉，但容易碰坏，使用时需格外小心。壶或罐类的餐用具，内层容易存积污垢，一定要定期清洗和保养。

表3.9　瓷器用具种类表

中文名称	英文名称	使用说明
面包碟	Bread Plate	用于摆放面包，与黄油刀并用
甜品碟	Dessert Plate	用于服务头盘或甜点
主餐碟	Dinner Plate	用于服务主菜的餐盘
汤碗	Soup Cup	用于服务汤类
汤碗底碟	Soup Cup Saucer	用于汤碗的垫碟
面类碟	Pasta Plate	用于服务意大利面食
鸡蛋杯	Egg Cup	用于早餐煮的鸡蛋
海鲜碟	Seafood Plate	用于海鲜或鱼类菜式
咖啡茶杯	Coffee/Tea Cup	用于服务热咖啡或热茶
咖啡、茶杯底座	Soup Cup Saucer	用作咖啡/茶杯的底座
糖盅	Sugar Bowl	用于服务糖包，上咖啡或菜时一起用
牙签筒	Toothpick Holder	用于盛放牙签
奶缸	Creamer	用于服务咖啡/茶的伴奶
香烟缸	Ashtray	用于盛放烟灰

（2）酒具类

葡萄酒瓶盖开启后，酒的香气和味道会因空气的氧化作用而迅速发生变化。其变化程度因白葡萄酒、红葡萄酒以及气泡型葡萄酒的类型和制造方法的不同而异。为了能更好地品尝葡萄酒，不同的酒需要有不同的酒杯与之相配套，对酒杯的要求如下：

①要求酒杯无色、透明。

②由杯身（碗部）、杯柄（颈部）和杯座（底座）组成。

③有良好的稳固性。

④其形状要便于冲洗。

⑤重量适度，斟上适量的葡萄酒后，便于端起、放下。

白葡萄酒受氧气的影响最直接也最强烈，因此，用小型且竖长形酒杯最适宜。气泡型葡萄酒的酒杯以细长最理想，因为斟在酒杯里的酒的表面积越小，二氧化碳气就越难以挥发。红葡萄酒则相反，接触氧气越多，香气就越浓，因此，需要使用容积大的酒杯。西餐常用酒具及容量见表3.10。

表3.10　西餐常用酒具及容量

中文名称	英文名称	容量/oz（mL）
威士忌杯	Whisky Glass	1.5 ~ 3（45 ~ 90）
雪莉杯	Sherry Glass	2 ~ 3（60 ~ 90）
波特杯	Port Glass	1 ~ 1.5（30 ~ 45）
甜酒杯	Liqueur Glass	1 ~ 1.5（30 ~ 45）
白兰地杯	Brandy Glass	3 ~ 8（90 ~ 240）
鸡尾酒杯	Cocktail	2 ~ 4.5（60 ~ 135）
酸酒杯	Sour Cocktail Glass	4.2 ~ 6（126 ~ 180）
香槟鸡尾酒酒杯	Champagne Cocktail Glass	4.5 ~ 6（135 ~ 180）
古典杯	Old Fashioned Glass	6 ~ 8（180 ~ 240）
柯林斯杯或高杯	Collins or Tall Glass	10 ~ 12（300 ~ 360）
冷饮杯	Cooler Glass	15 ~ 16.5（450 ~ 495）
海波杯	Highball Glass	6 ~ 10（180 ~ 300）
啤酒杯	Beer Glass	10 ~ 12（300 ~ 360）
生啤酒杯	Mug	12 ~ 32（360 ~ 960）
水杯	Water Glass	10 ~ 12（300 ~ 360）

2）西餐筵席餐具和酒杯摆设原则

（1）西餐筵席餐具摆设原则

西餐餐具的摆设，与餐具的使用习惯有密切关系，服务人员在摆设餐具时，基于卫生考虑，尽量不要让双手碰触刀面、匙面、叉面等。由于西餐餐具多以金属制作，故拿餐具时必须握拿餐具的柄部。在摆设餐具时要注意以下细节：

①以餐盘放置的位置为准，左放叉，右放刀或匙，上放点心餐具，叉齿及匙面朝上，刀直摆时刀刃朝左，刀横摆时刀刃朝下。面包盘放在左手边，黄油刀摆放在面包盘上，即位于餐叉左侧。一般而言，只有在上奶酪时，才会将奶酪类的餐具摆设上桌。摆设时，点心叉紧靠装饰盘，点心匙或点心刀放在点心叉上方，摆放方向应以最容易拿取使用为原则。

②依餐具使用习惯，左右两侧餐具应依使用先后由外向内摆放。摆设时以装饰盘为主，最后使用的主餐餐具应先摆放在装饰盘左右两侧，依次向外摆设餐具。也就是说，餐中最先使用的餐具，将最后摆设在最外侧。

点心餐具通常只需先摆设一套即可，若遇有两种点心，另一道点心的餐具则可以随该点心一起上桌。若要先行摆设也可，但要做到全部摆法一致。

③筵席餐具悉数摆放上桌。如果是基于美化餐桌，西餐筵席摆设应以不超过5套餐具为宜，然而为了讲究效率，通常除特殊餐具外，正式西餐筵席场合都将菜单上所要求的餐具全部摆设上桌。这种摆设方式不仅使服务时得以节省很多时间，也可使服务人员进行服务时较为顺手。

④为讲究摆设的变化，两种相同形状、大小的餐具不同时摆在一起。唯一例外的是左侧可同时摆两只主餐叉，其中一只餐叉与餐刀成对，另一只单独使用。

⑤餐具附底盘一起服务时（如咖啡杯盘），餐具可放在底盘中一起服务（如咖啡匙放在底盘上）。

（2）摆设酒杯的原则

酒杯摆设，也与使用习惯有密切关系。拿酒杯时，基于卫生考虑，应拿杯柄，切勿将手放在杯口处。摆设酒杯时要注意以下细节：

①每次摆设不超过4个酒杯。在欧洲，每道菜普遍搭配一种葡萄酒，因此，常使用很多酒杯。但在西餐筵席中，由于海鲜类（或白肉类）会用白葡萄酒来搭配，红肉类会搭配红葡萄酒，点心类则搭配香槟，再加上水是西餐的必备之物，因此，西餐筵席餐桌上都摆设有4种不同的杯子，即水杯、红葡萄酒杯、白葡萄酒杯及香槟杯。其他一些如饭前酒酒杯和饭后酒酒杯都不预先摆上桌，以免餐桌显得过于杂乱，因此，摆设时应以不超过4个杯子为原则。

②酒杯摆设以靠近餐盘的主餐刀上端为基准点，根据葡萄酒饮用顺序，以左上右下的位置逐一排成一直线，最先使用的葡萄酒杯要放在右下方的位置，而水杯应放在最后使用的葡萄酒杯的左方。酒杯通常采用左上右下、斜45°的摆设方式。杯子的高矮设计与酒的饮用顺序一致，即最先饮用的杯子最矮，而水杯因为始终要摆在餐桌上，通常最高。在只有1个杯子时，摆放在主餐刀的正上方约5 cm处；有两个杯子时，高杯摆放在餐刀正上方5 cm的位置，矮杯则放在高杯右侧略为偏下之处；有3个杯子时，为了摆放整齐，可将最矮的杯子摆在色拉刀的正上方3 cm处，再按照左高右低、左上右下、斜45°的顺序依次摆放酒杯。如果设置有第4个酒杯——香槟杯，当香槟杯比水杯高时，便可将其摆放在水杯上方左侧，或放在水杯与红酒杯中间。

③不摆放形状、大小相同的酒杯。餐桌上不应摆放两个形状与大小都相同的酒杯。一般红葡萄酒杯的容量为0.21～0.27 L，白葡萄酒杯的容量为0.18～0.24 L。目前，一般采用通

用型的红、白葡萄酒杯。因此，红、白葡萄酒杯选用时要注意区分容量，否则便可能无法遵守这项摆放原则。

（3）餐具摆设的要求

餐具的摆设应兼顾美观、客人方便取用、服务员方便服务和全餐厅皆有统一的标准等要求。

在西餐厅服务的服务员，一定要心细，要善于观察客人的就餐情绪，并通过他们情绪的变化，来判断自己的服务是否到位，有哪些地方还需要改进等。

3）西餐筵席餐桌摆设

摆台前按规定铺好台布，并将椅子定位，椅子边沿正好接触到台布下沿。西餐筵席一般是使用方桌拼成各种形状，铺台布工作一般由两个或4个服务员共同完成。铺台布时，服务员分别站在餐桌两旁，将第一块台布定好位，然后按要求依次将台布铺完，做到台布正面朝上，中心线对正，台布压贴方法和距离一致，台布两侧下垂部分均匀、美观、整齐。餐桌摆设具体要求如下：

①装饰盘放在离桌缘1 cm处。若换上有饭店标志的装饰盘，摆设时要使其朝向正前方12点钟位置。装饰盘通常适用于正式筵席，在非正式西餐筵席场合不一定使用，注意盘与盘之间的距离要相等。

②摆设时应先从主餐餐具着手。以主菜是牛排为例，需使用牛扒刀及主餐叉。牛扒刀应摆设于装饰盘右方，离桌缘1 cm，主餐叉则摆放在装饰盘左方，同样距离桌缘1 cm。

③鱼类菜肴一般比较清淡，通常在主菜前食用，使用餐具主要是鱼刀和鱼叉。将鱼刀摆设在牛扒刀的右方，距离桌缘5 cm；鱼叉则置于主餐叉左方，距离桌缘5 cm。

④汤类菜肴需使用汤匙，摆设时应置于鱼刀右方，距离桌缘1 cm。

⑤开胃菜或头盘菜一般需使用色拉刀和色拉叉。色拉刀摆设在汤勺的右侧，离桌缘1 cm，色拉叉摆设在鱼叉的左侧，距离桌缘1 cm。

⑥当主餐之前所有菜肴的餐具都摆设完成后，将进行点心餐具的摆设。比如，如果点心是巧克力蛋糕，则需使用点心叉及点心匙。点心叉应摆设在装饰盘上方约1 cm处，叉柄朝左，点心匙则置于点心叉上方，匙柄朝右。

⑦正式筵席时，咖啡杯不应预先摆上桌，需放在保温箱保温，等上点心后再取出摆设，以保持咖啡杯的温度。小甜点不需要使用餐具，由服务人员端着绕场服务或放在桌上让客人直接用手取用。面包盘是西餐筵席必备的摆设，应置于叉子左侧1 cm处，面包盘的中心与装饰盘的中心在一条直线且平行于桌边。

⑧摆设黄油刀，将其放在面包盘右侧1/3处，刀刃朝左，或横摆在面包盘上方,刀刃朝下。

⑨当按菜单将餐具摆设完成后，便应开始摆设酒类杯子。假设客人点用白葡萄酒和红葡萄酒，摆放酒杯时可将白葡萄酒杯摆放在色拉刀正上方3 cm处，在其左侧摆放红葡萄酒杯，红葡萄酒杯左侧摆放水杯，三杯呈一条直线，与桌边形成45°角，三杯之间分别相距1 cm。

⑩摆设胡椒罐、盐罐、牙签筒，每桌至少应摆设两套。至于火柴、烟灰缸，如有禁烟规定可以暂时不摆设，视客人需求再行设置。

⑪摆放餐巾（餐巾折法可自行决定）、菜单（每桌最少两本）、烛台、花卉（摆设

时必须注意花饰的高度，不可挡住宾客彼此间的视线）。如图3.1所示是由头盆、汤、鱼、主菜、甜点组成的筵席菜单的餐具摆放。如图3.2所示是西餐筵席公共用具摆放示意图。

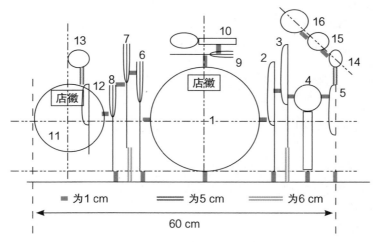

图3.1 西餐筵席用餐摆放示意图

1—主餐碟；2—主餐刀；3—鱼刀；4—汤勺；5—开胃品刀；6—主餐叉；7—鱼叉；

8—开胃品叉；9—甜品叉；10—甜品勺；11—面包盘；12—黄油刀；13—黄油碟；

14—白葡萄酒杯；15—红葡萄酒杯；16—水杯

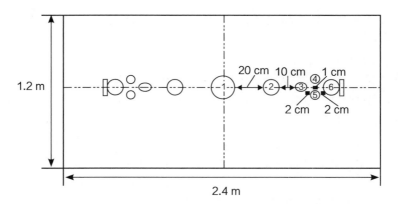

图3.2 西餐筵席公共用具摆放示意图

1—插花；2—烛台；3—牙签筒；4—盐瓶；5—胡椒瓶；6—烟灰缸和火柴

总之，摆台时，按照一盘底、二餐具、三酒水杯、四调料用具、五艺术摆设的程序进行，要边摆边检查餐具、酒具，发现不清洁或有破损的要马上更换。摆放在台上的各种餐具要横竖交叉成线，有图案的餐具要使图案方向一致，全台看上去要整齐、大方、舒适。

3.4.4 西餐筵席座次安排

在西餐用餐时，人们对于座次的问题十分关注。越是比较正式的场合，这一点就显得

越为重要。与中餐相比，西餐的座次排列既有不少相同之处，也有许多不同的地方。

1）台型设计

西餐筵席的台型主要有以下4种常见形式：

（1）一字形长台

一字形长台通常设在筵席厅的正中央，与筵席厅四周的距离大致相等，但应留有较充分的余地（一般应大于2 m），以便于服务员操作。

（2）U字形台

U字形台又称马蹄形台，一般要求横向长度应比竖向长度短一些。

（3）E字形台

E字形台的三翼长度应相等，竖向长度应比横向长度长一些。

（4）正方形台

正方形台又称回形台，一般设在筵席厅的中央，是一个中空的台型。

除上述基本台型外，还有T字形台、鱼骨形台、星形台等。现在，许多西餐筵席也使用中餐圆桌来设计台型。

2）西餐座位的安排原则

（1）恭敬主宾

在西餐中，主宾极受尊重。主宾是指主人重点邀请和招待的客人，即使用餐的来宾中有人在地位、身份、年纪方面高于主宾，但主宾仍是主人关注的中心。在排定位次时，应请男、女主宾分别紧靠着女主人和男主人就座，以便进一步受到照顾。

（2）女士优先

在西餐礼仪里，女士处处备受尊重。在排定用餐位次时，主位一般应请女主人就座，而男主人则退居第二主位。

（3）以右为尊

在排定位次时，讲究右高左低，同一桌上席位高低以距离主人座位远近而定。如果男、女主人并肩坐于一桌，则男左女右，尊女性坐于右席；如果男、女主人各居一桌，则尊女主人坐于右桌；如果男主人或女主人居于中央之席，面门而坐，则其右方之桌为尊，右手旁的客人为尊；如果男、女主人一桌对坐，则女主人之右为首席，男主人之右为次席，女主人之左为第三席，男主人之左为第四席，其余位次依序而分。

（4）面门为上

面门为上有时又称为迎门为上，即面对餐厅正门的位子，通常在序列上要高于背对餐厅正门的位子。

（5）距离定位

一般来说，西餐桌上位次的尊卑，往往与其距离主位的远近密切相关。在通常情况下，离主位近的位子高于距主位远的位子。

（6）交叉排列

用中餐时，用餐者经常有可能与熟人，尤其是与其恋人、配偶在一起就座，但在用西餐时，这种情景便不复存在了。商界人士在出席正式的西餐筵席时，在排列位次上要遵守交叉排列的原则，即男女应当交叉排列，生人与熟人也应当交叉排列。因此，一个用餐者的对面和两侧，往往是异性，而且还有可能与其不熟悉。

3）座次排列的原则

在吃西餐时，人们所用的餐桌有长桌、方桌和圆桌之分，最常见、最正规的西餐桌是长桌。

（1）长桌

以长桌排位，一般有两种排序方式。

方式一：男女主人在长桌中央对面而坐，餐桌两端可以坐人，也可以不坐人（见图3.3）。

方式二：男女主人分别就座于长桌两端（见图3.4）。

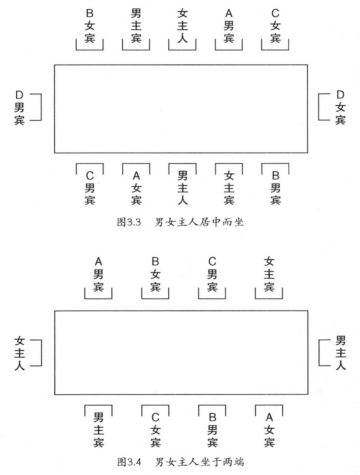

图3.3 男女主人居中而坐

图3.4 男女主人坐于两端

（2）U字形台和T字形台

U字形台和T字形台在西餐筵席中也是比较常见的台型，在座次安排上讲究对称（见图3.5和图3.6）。

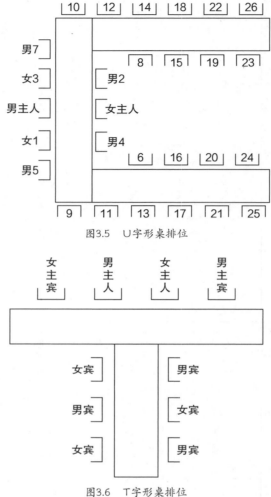

图3.5　U字形桌排位

图3.6　T字形桌排位

（3）方桌

以方桌排列位次时，就座于餐桌四面的人数应相等。在一般情况下，一桌共坐8人，每侧各坐两人的情况比较多见。在进行排列时，应使男、女主人与男、女主宾对面而坐，所有人均各自与自己的恋人或配偶坐成斜对角（见图3.7）。

（4）圆桌

在西餐里，使用圆桌排位的情况并不多见，在隆重而正式的筵席里，则尤为罕见，其具体排列，基本上是各项规则的综合运用（见图3.8）。

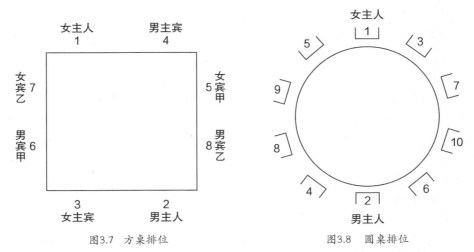

图3.7 方桌排位   图3.8 圆桌排位

便筵可以不拘束于正规的席位排列，但可以根据主宾关系和便筵规格、场合等，参照上面所列的桌次席位安排规则或惯例，选择随意或半正式或正式的桌次席位排列方法。

4）不同的西餐筵席对座次安排要求不一样

家庭、朋友式筵席在西餐厅或家中都可举办，参加的人互相之间比较熟悉，气氛活跃，不拘形式。在安排席位时要求不很严格，只有主宾之分，没有职务之分。为便于席上交谈，只需考虑以下两点：男女宾客穿插落座；夫妇穿插落座。这样安排为的是便于交谈，扩大交际。

如果属于外交、贸易性质的筵席，或国与国之间、社会团体之间的工作性筵席，则一般在西餐筵席厅举行。双方都有重要人物参加，气氛较之朋友、家庭式筵席相对要正规、严肃得多，安排座次时，需考虑参加筵席的双方各有几位首要人物，双方首要人物是否带夫人及译员，主客如何穿插落座，分桌时餐桌的主次安排等内容。

5）西餐筵席的上位席与下位席

一般有壁炉台的一侧为上位席，门口处为下位席。没有壁炉的房间，门口处为下位席，对面为上位席。如果门口处的对面不适合作上位席，可以将面向庭院靠墙的一侧作上位席，背对庭院的一侧作下位席。会客室的上位席是长沙发的右侧。上位席原则上是女主人（主人妻子）的座位，对面是男主人的座位。出席筵席的人全部为男性或全部为女性的场合，女主人的席位由主宾（年长者、有社会地位的人、上司）坐。总之，要以男女主人为基轴，按顺序男女交叉匀称地分坐在餐桌旁。要避免夫妻相邻或相对而坐。如果可能，餐桌两端由男性坐，不要安排已婚女士就座。主人女儿替代主人夫人出席筵席时，另当别论。除此之外，主人女儿应作为夫人客人坐在下位席。至于女主人以外的座位安排，有法式与英美式两种。

6）西餐筵席席位安排方法

（1）西式圆桌安排方法

女主人坐在面向门的位置，男主人则背对着门而坐。女主人左右两边应安排两位男宾，右边为第一男主宾，左边为第二男主宾。男主人左右两边也各为两位女宾，右边为第一女主宾，左边为第二女主宾。其余中间座位用以安排较次要的客人。理论上，座位安排应为一男一女交错而坐，但因男、女主人座位固定，所以将出现一边为两位男宾同坐，而

另一边则有两位女宾同坐的情形。上菜及斟酒时，一律以女士为优先服务对象。从第一女主宾开始，依序进行服务，女主人最后。女主人之后紧接着服务第一男主宾，男主人则为最后。

（2）法式（也称"欧陆式"）长方桌安排方法

长方桌必须配合西式服务的采用。餐桌的摆设为横向，主人坐中间，女主人面向门，男主人背对门。女主人右边为第一男主宾，左边为第二男主宾。男主人右边为第一女主宾，左边则为第二女主宾。餐桌两端安排较次要的宾客。座位安排应由较长的桌缘开始，若空间不够，则可再将其余座位安排在较短的桌缘。上菜时应先服务女士，从第一女主宾开始，依序服务。

（3）英美式长桌安排方法

餐桌的摆设为直向，男、女主人各坐餐桌的两个顶端，女主人座位面向门，男主人则背对门，男、女主宾各坐于男、女主人的左右两侧。女主人右边为第一男主宾，左边为第二男主宾。男主人右边为第一女主宾，左边则为第二女主宾。菜肴上桌应先服务女士，从第一女主宾开始，依序服务。

（4）西式大型筵席席位安排方法

大型西餐筵席上需要分桌时，餐桌的主次以离主桌的远近而定，右高左低；以客人职位高低定桌号顺序，每桌都要有若干主人作陪；每桌的主人位置要与主桌的主人位置方向相同。如用长桌，主桌只一面坐人，并面向分桌；主要人物居中，分桌宾客侧向主桌。

[实施和建议]

本任务重点学习西餐筵席台面设计、西餐筵席摆台和西餐筵席座次安排。

建议课时：6课时。

[学习评价]

本任务学习评价见表3.11。

表3.11　学习评价表

学生本人	量化标准（20分）	自评得分
成果	学习目标达成，侧重于"应知""应会" （优秀：16~20分；良好：12~15分）	
学生个人	量化标准（30分）	互评得分
成果	协助组长开展活动，合作完成任务，代表小组汇报	
学习小组	量化标准（50分）	师评得分
成果	完成任务的质量，成果展示的内容与表达 （优秀：40~50分；良好：30~39分）	
总分		

[巩固与提高]

1. 西餐筵席厅桌椅及其他家具的选用原则是什么?

2. 西餐筵席场地及餐台的布置要求有哪些?

3. 自助餐台的摆设要注意哪些事项?

4. 列举西餐筵席中常用的餐具种类。

5. 西餐筵席餐具和酒杯摆设的原则是什么?

6. 试述西餐筵席餐桌摆设的具体要求。

7. 西餐座位的安排原则有哪些?

8. 西餐座次排列的原则有哪些?

项目4

西餐筵席菜肴设计与制作

由于不同国家的民族生活习惯的不同，在菜点内容的安排上总有所不同。本项目从开胃菜、汤菜、主菜、配菜、沙拉5个方面进行研究，让学生了解正式西餐筵席的招待规格、菜式，再进行创新设计和制作。

任务4.1 西餐筵席开胃菜的设计与制作

[学习目标]

1. 了解开那批开胃菜及其特点。
2. 熟知鸡尾杯类开胃菜及其常见品种。
3. 掌握鱼子酱开胃菜和批类开胃菜的制作方法。

[学习要点]

1. 鱼子酱开胃菜的制作。
2. 批类开胃菜的制作。

[相关知识]

在西餐中，开胃菜，也称为头盘。开胃菜的内容一般有冷头盘或热头盘之分，常见的品种有鱼子酱、鹅肝酱、熏鲑鱼、鸡尾杯、奶油鸡酥盒、焗蜗牛等。开胃菜一般都具有特色风味，味道以咸和酸为主，而且数量较少，质量较高。

4.1.1 开那批开胃菜

"开那批"是英文Canape的译音，是以脆面包、脆饼干等为底托，上面放有各种少量的或小块冷肉、冷鱼、鸡蛋片、酸黄瓜、鹅肝酱或鱼子酱等食材的冷菜形式。

开那批的主要特点是食用时不用刀叉，也不用牙签，直接用手拿取入口。它还具有分量少、装饰精致的特点。

开那批的适用范围较为广泛，禽类、肝类、肉类、野味类、鱼虾类、蔬菜等均可制作。在制作过程中，为了使其口感较好，一般蔬菜类选用一些粗纤维少，质地易碎、汁少味浓的蔬菜；肉类原料往往使用质地鲜嫩的部位，这样制作出的菜肴口感细腻、味道鲜美。

4.1.2 鸡尾杯类开胃菜

鸡尾杯类开胃菜是指以海鲜或水果为主要原料，配以酸味或浓味的调味酱而制成的开胃菜，通常盛在玻璃杯里，用柠檬角装饰，类似鸡尾酒。一般用于正式餐前的开胃小吃，也可用于鸡尾酒会。

鸡尾杯类开胃菜原料较广，有各类海鲜类、禽类、肉类、蔬菜类、水果类等制成的各种冷制食品或热制冷食的品种，在各类正式筵席前、冷餐会、鸡尾酒会等场合用得较多，并深受欢迎。

鸡尾杯类开胃菜原料常见的品种如下：

①海鲜类：大虾、蟹肉、熟制的龙虾、海鲜罐头及鱼子酱等。

②禽类：热制冷食的烤鸡、烤鸭、烤火鸡、酱制禽类及肝类等。

③肉类：热制冷食的烤猪肉、牛肉、羊肉等。

④鱼类：各种煮鱼、熏鱼、烤鱼及鱼罐头类等。

⑤乳制品类：各种黄油、奶油等。

⑥肉制品类：各种香肠、火腿、烤肠等。

⑦蔬菜类：黄瓜、番茄、生菜、洋葱、蘑菇等。

⑧水果类：苹果、梨、香蕉、橙子、芒果等。

⑨其他类：各种酸菜、泡菜、酸黄瓜等。

4.1.3 鱼子酱开胃菜

鱼子酱开胃菜通常使用腌制过或制成罐头的黑鱼子、红鱼子，将鱼子放入一个小型玻璃器皿或银器中，再放在装有碎冰的大盘中，另配洋葱末和柠檬汁作调味品，如图4.1所示。

图4.1 鱼子酱开胃菜

黑鱼子酱是熏鱼所产的卵，经过精心筛选、轻微腌制之后经冷藏而制成的产品。鱼子酱是俄罗斯最负盛名的美食，也是俄罗斯人新年餐桌必不可少的美味。伊朗和俄罗斯境内的里海生产的3种鲟鱼就供应全世界95%的鱼子酱。黑鱼子酱目前由于数量稀少，也仅有鲟鱼才产，因此，其价格极其昂贵，一直以来，鱼子酱素有"黑黄金"之称。所谓红鱼子酱，其实就是鲑鱼卵，其中以大马哈鱼的鱼卵为上品。在食用鱼子酱时，为了避免高温烹调影响品质，一般生吃。

鱼子酱一般适合低温保存，可以把鱼子酱瓶放在碎冰里或者把鱼子酱倒在冰镇过的盘子里。至于配酒，如用于配香槟，则适合选酸味偏重香味清爽的，太香浓的味道会掩盖鱼子酱本身的味道。最适合跟鱼子酱相配的是俄罗斯产的冰冻到接近零度的伏特加。鱼子酱过去通常只有皇室贵族享用。

4.1.4 批类开胃菜

"批"是英文Pie的译音，是指各种用模具制成的冷菜，主要有3种：以各种熟制的肉类、肝脏，经绞碎，放入奶油、白兰地酒或葡萄酒、香料和调味品搅成泥状，入模冷冻成型后切片的，如鹅肝酱；以各种生地、肝脏经绞碎、调味（或加入一部分蔬菜丁或未绞碎的肝脏小丁），装模烤熟，冷却后切片的，如野味批；以熟制的海鲜、肉类、调色蔬菜，加入明胶汁、调味品，入模冷却凝固后切片的，如鱼冻、全力等。

　　批类开胃冷菜在原材料选择上范围较广，一般情况下，禽类、肉类、鱼虾类、蔬菜类及动物内脏均可以用于制作。在制作过程中，由于考虑到热制冷吃的需要，往往要选择一些质地娇嫩的部位。批类开胃冷菜适用的范围极广，既可用于正规的筵席，也可用于一般的家庭制作，一般用于大型冷餐会、酒会较多，深受人们的喜爱。

[实施和建议]

本任务重点学习西餐筵席中鱼子酱开胃菜的制作和批类开胃菜的制作。

建议课时：12课时。

[学习评价]

本任务学习评价见表4.1。

表4.1　学习评价表

学生本人	量化标准（20分）	自评得分
成果	学习目标达成，侧重于"应知""应会" （优秀：16～20分；良好：12～15分）	
学生个人	量化标准（30分）	互评得分
成果	协助组长开展活动，合作完成任务，代表小组汇报	
学习小组	量化标准（50分）	师评得分
成果	完成任务的质量，成果展示的内容与表达 （优秀：40～50分；良好：30～39分）	
总分		

[巩固与提高]

1. 列举开那批开胃菜、鸡尾杯类开胃菜、鱼子酱开胃菜、批类开胃菜的品种。

2. 根据西餐开胃菜制作的方法，尝试制作一道西餐筵席常用的开胃菜。

[实训]

1 吞拿鹅肝批

【用料规格】鹅肝250 g，蟹冻100 g，吞拿鱼250 g，清酒50 g，牛奶250 g，起酥皮10张，烤鸭半只。

【工艺流程】制成鹅肝批→吞拿鱼加工→烤酥皮→装盘

【制作方法】

1. 鹅肝、蟹冻放入清酒、牛奶腌制24 h，制成鹅肝批。

2. 吞拿鱼与时蔬拌匀，烤鸭取鸭胸带皮切成长方件备用。

3. 将以上原料码放在烤好的酥皮方件上即可。

图4.2　吞拿鹅肝批

【制作要点】

1. 严格控制烤箱温度。

2. 注意番茄糊的制作。

【成品特点】此菜番茄味浓郁，酸甜鲜美，营养均衡。

2 猪肉派对

【用料规格】猪腿肉250 g，青豆仁100 g，芦笋段100 g，洋葱丝50 g，开面团1块，水果、百里香、咖喱粉、白酒、奶油、盐、胡椒、柠檬汁各适量。

【工艺流程】原料初加工→装模→烤制→装盘

【制作方法】

1. 猪腿肉用绞肉机绞烂成泥，加入青豆仁、洋葱丝、芦笋段、百里香、奶油、白酒、盐、胡椒后搅拌均匀。

2. 模具内壁涂上油，将开面铺入，并将模具四壁覆盖，将猪肉等倒入模具内，盖上开面，四周封口，刷上油，放入上下火180 ℃的烤箱内烘烤至猪肉等成熟，冷却即为派对。

3. 用水按比例将咖喱粉化开，冷却至常温，在派对两头的面皮上各开1个穿透面皮的洞，注入咖喱水，灌满里面的空隙后，置于冰箱中，待咖喱水凝结成冻后取出，切片装盆。

4. 生菜以柠檬汁拌匀，与各式水果一起作装饰即成。

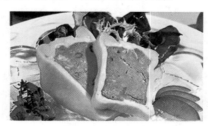

图4.3　猪肉派对

【制作要点】

1. 猪腿肉要绞得越细越好。

2. 严格控制烤箱温度。

【成品特点】此菜色泽诱人，肉香味美。

3 萨布里娜酿茄子

【用料规格】茄子2个（1大1小），番茄4个，马苏里拉奶酪100 g，番茄300 g，红洋葱150 g，蒜1瓣，罗勒1/2TBS，月桂叶（又名香叶）1片，橄榄油、辣椒末、胡椒末、盐各适量。

【工艺流程】原料初加工→烤茄子→做馅→加料再烤制

【制作方法】

1. 茄子选一大一小的两个，大的选长得较直的，将大的茄子剖成两半。

2. 用小刀在茄子的剖面，斜着划上1 cm深的小方格，再抹上少许橄榄油，撒上少许盐。烤箱上下各200 ℃，中层，烤15 min。

3. 烤的过程中，可以着手做馅。番茄2个去皮切丁，红洋葱切细，蒜切碎；锅中放油，下洋葱和蒜炒香；下番茄丁，炒均匀，再放入剪细的月桂叶、辣椒末、胡椒末，小火熬煮；熬煮至没有汤汁，番茄糊成团状。

4. 取出烤好的茄子，用小勺子将茄肉轻轻取出来，不要弄破了茄子皮。将取出的茄子肉放入煮好的番茄糊中，再加入马苏里拉奶酪50 g、罗勒，拌均匀。将做好的馅填入茄子皮中，略压紧。

5. 番茄2个去皮切半圆片，剩下的一个茄子也切成半圆片，将两种蔬菜交错着放在酿好馅的茄子上；均匀撒上50 g的马苏里拉奶酪。

6. 烤箱200 ℃，中层，烤10 min。取出后，撒上少许罗勒作装饰即成。

图4.4　萨布里娜酿茄子

【制作要点】

1. 严格控制烤箱温度。

2. 注意番茄糊的制作。

【成品特点】此菜番茄味浓郁，酸甜鲜美。

4 意大利泡汁烤蔬菜

【用料规格】茄子1个，云南小瓜半根，青黄甜椒各1/4个，洋葱半个，蒜1瓣，水1勺，葡萄酒醋1茶匙，柠檬汁1茶匙，鸡粉半茶匙，胡椒粉、意大利脱脂干酪、油各适量。

【工艺流程】原料初加工→制酱→烤制→点缀

【制作方法】

1. 将所有蔬菜洗净，切成块、片状，备用。

2. 用油热锅，将切好的蔬菜放入锅中炸，同时用水、葡萄酒醋、柠檬汁、鸡粉、盐和胡椒粉制成酱汁，待蔬菜炸熟上碟后，淋上酱汁，铺上薄薄的一层脱脂干酪放入上下火180 ℃的烤箱，8 min后取出点缀即成。

图4.5　意大利泡汁烤蔬菜

【制作要点】严格控制烤箱温度。

【成品特点】此菜美容养颜，清淡爽口。

5 蒜香核桃酱

【用料规格】核桃300 g，胡萝卜1根，大蒜1个，香槟30 g，橄榄油、水、醋、盐、黑胡椒、帕玛森奶酪各适量。

【工艺流程】烤核桃→调味→烤蔬菜→装盘

【制作方法】

1. 胡萝卜切成滚刀块；帕玛森奶酪和大蒜用擦皮器擦成蓉备用。

2. 核桃仁和胡萝卜用180 ℃烤10 min。

3. 烤好后的核桃打碎，把准备好的其他配料混合在一起搅拌即可。

4. 搭配烤胡萝卜，点缀即成。

图4.6　蒜香核桃酱

【制作要点】

1. 核桃不可烤焦。

2. 注意各调味料之间的比例，搭配均衡。

【成品特点】核桃酱蒜香润口，搭配烤蔬菜不显得油腻。

6 圣诞火腿配鲜橙蜂蜜汁

【用料规格】圣诞火腿1块，各式蔬菜丝、橙肉、雪利酒、盐、胡椒、黄油、鲜橙汁、蜂蜜等各适量。

【工艺流程】原料初加工→烤制→调汁→装盘

【制作方法】

1. 圣诞火腿切成片，浸入雪利酒与蜂蜜的混合液中腌制。

2. 用煎盘将火腿两面煎黄，置于烤箱内烤熟。

3. 各式蔬菜丝炒熟后，放入模具内塞紧。

4. 鲜橙汁加入少许蜂蜜，以小火浓缩至稠。

5. 从模具中取出蔬菜，与火腿一起装盘，淋上鲜橙蜂蜜汁，放上橙肉，点缀装盘即成。

图4.7　圣诞火腿配鲜橙蜂蜜汁

【制作要点】

1. 蔬菜丝可随意散放在火腿周围。

2. 严格控制烤箱温度。

【成品特点】火腿鲜香，鲜橙蜂蜜汁酸甜可口。

7 法式鹅肝酱

【用料规格】鹅肝250 g，红苹果2个，混合生菜1棵，草莓2个，食用金箔纸1卷，牛奶1盒，奶油100 g，盐、胡椒、白酒各适量。

【工艺流程】原料初加工→腌制→奶油打发→拌制→装盘

【制作方法】

1. 鹅肝洗净，浸入牛奶内，使其浸出血水（鹅肝血水要浸清），去筋粉碎成酱后，用白酒、盐、胡椒腌制1天。

2. 将鹅肝酱放入模具内，隔水蒸至鹅肝酱凝结，取出冷却，撇去表面的浮油，用调羹挖成梭形，置于盆内。

3. 红苹果去芯，切成块，用打发的奶油拌和。

4. 鹅肝酱旁放生菜，上面放红苹果、草莓，再铺上食用金箔纸即可。

图4.8　法式鹅肝酱

【制作要点】

1. 鹅肝血水要浸清。

2. 摆盘自然，不要刻意堆叠。

【成品特点】此菜味道鲜美，色泽诱人。

8 蔬菜派

【用料规格】各式蔬菜500 g，开面团1块，鸡蛋6只，牛奶2盒，盐、胡椒各适量。

【工艺流程】原料初加工→烤制→加料再烤制→改刀装盘

【制作方法】

1. 各式蔬菜改刀成大小相仿的块或片。

2. 开面团擀成薄片，放入圆铁盘内，紧贴盘的内壁，沿盘边削去多余的边料，放入150 ℃的烤箱内，烤至成形。

3. 牛奶中打入鸡蛋，搅打混合，加盐、胡椒调味。

4. 各式蔬菜放入开面盘内，淋入牛奶鸡蛋混合液，放入180 ℃烤箱内，烘烤至鸡蛋凝结即可，食用时切成三角块状，摆盘即成。

图4.9　蔬菜派

【制作要点】

1. 宜用球茎、根、块类蔬菜制作。

2. 把握好烤箱温度。

【成品特点】此菜造型美观，香气浓郁，美味可口。

9 芝士焗土豆泥

【用料规格】土豆2个，黄油、纯牛奶、西蓝花、芝士、盐、白胡椒粉、虾各适量。

【工艺流程】蒸土豆→捣泥→调味→装盘→铺东西→烤制

【制作方法】

1. 将土豆洗净、去皮，切成小块状放入蒸箱，蒸熟。

2. 西蓝花洗净，切小块，焯水，过冷水备用。

3. 蒸好的土豆倒入奶锅，用打蛋器捣成泥，加入水浴锅加热成液体的黄油和纯牛奶搅拌，加适量盐和白胡椒粉调味。

4. 把土豆泥倒入铁盘中不用铺满，放适量的西蓝花和虾，铺上芝士放入烤箱，烤10 min即成。

图4.10　芝士焗土豆泥

【制作要点】

1. 土豆泥不用捣得太细腻。

2. 注意烤箱温度。

【成品特点】此菜香味浓郁，口感软糯。

10　意式香草焗千层茄子

【用料规格】长茄子2个，洋葱1个，培根5片，鸡蛋2只，马苏里拉奶酪200 g，蒜2瓣，可达怡意大利香草调料意面酱、黑胡椒粉、芝士粉、盐、橄榄油各适量。

【工艺流程】蒸土豆→捣泥→调味→装盘→铺东西→放入烤箱烤制

【制作方法】

1. 茄子切成0.8 cm厚片，用盐沙一会儿，洗去盐分，控干。

2. 平底锅中加少量橄榄油，煎茄子片，至变软颜色金黄取出。

3. 锅中再加少许油，爆香蒜末，加洋葱、培根，炒香后关火。调入黑胡椒碎。

4. 耐热容器中，先铺一层茄子再加一勺意面酱抹匀，加一层洋葱培根，表面撒一些可达怡意大利香草调料，撒马苏里拉奶酪和芝士粉。

5. 如此反复约3层，至9分满，将鸡蛋中加少许盐，略微搅拌后倒入，让蛋液渗满空隙处。

6. 表面撒满马苏里拉奶酪和芝士粉，再撒上少许可达怡意大利香草调料，放入提前预热好的烤箱中，180 ℃烤制25 min即可。

图4.11　意式香草焗千层茄子

【制作要点】

1. 茄子要用盐腌制一下，这样可以去除部分水分，脱去涩味。

2. 注意烤箱温度和烤制时间。

【成品特点】此菜口味鲜香，诱人食欲。

[评分标准]

"双百分"实训评价细则见表4.2。

表4.2 "双百分"实训评价细则

评价项目	评价内容	评价标准	分 值	说 明
实践操作过程评价（100%）	职业自检合格（15%）	工作服、帽穿戴整洁	3	符合职业要求
		不留长发、不蓄胡须	3	
		不留长指甲、不戴饰品、不化妆	3	
		工作刀具锋利无锈、齐全	3	
		工作用具清洁、整齐	3	
	工作程序规范（20%）	原料摆放整齐	4	符合技术操作规范
		操作先后有序	4	
		过程井然有序	4	
		操作技能娴熟	4	
		程序合理规范	4	
	操作清洁卫生（15%）	工作前洗手消毒	2	
		刀具砧板清洁卫生	2	
		熟制品操作戴手套、口罩	2	
		原料生熟分开	3	
		尝口使用专用匙（不回锅）	2	
		一次性专项使用抹布	2	
		餐用具清洁消毒	2	
	原料使用合理（20%）	选择原料合理	4	
		原料分割、加工正确	4	
		原料物尽其用	4	
		自行合理处理废脚料	4	
		充分利用下脚料	4	
	操作过程安全无事故（10%）	正确使用设备	3	
		合理操作工具	2	
		无刀伤、烫伤、划伤、电伤等	2	
		操作过程零事故	3	

评价项目	评价内容	评价标准	分 值	说 明
实践操作过程评价（100%）	个人职业素养（20%）	操作时不大声喧哗	2	
		不做与工作无关的事	3	
		姿态端正	2	
		仪表、仪态端庄	2	
		团结、协作、互助	3	
		谦虚、好学、不耻下问	2	
		开拓创新意识强	3	
		遵守操作纪律	3	
实践操作成品评价（100%）	成品色泽（6%）	色彩鲜艳	3	
		光泽明亮	3	
	成品味道（20%）	香气浓郁	5	
		口味纯正	5	
		调味准确	5	
		特色鲜明	5	
	成品形态（10%）	形状饱满	4	
		刀工精细	3	
		装盘正确	3	
	成品质地（10%）	质感鲜明	5	
		质量上乘	5	
	成品数量（6%）	数量准确	3	
		比例恰当	3	
	盛器搭配合理（6%）	协调合理	6	
	作品创意（7%）	新颖独特	1	
		创新性强	3	
		特色明显	3	
	食用价值（10%）	自然原料	5	
		成品食用性强	5	
	营养价值（10%）	营养搭配合理	4	
		营养价值高	3	
		成品针对性强	3	

续表

评价项目	评价内容	评价标准	分　值	说　明
实践操作 成品评价 （100%）	安全卫生 （15%）	成品清净卫生	5	
		不使用人工合成添加剂	10	

 任务4.2　西餐筵席汤菜的设计与制作

[学习目标]

1. 了解清汤的种类。
2. 熟知茸汤的制作方法。
3. 掌握奶油汤的类型和制作方法。
4. 掌握基础汤的分类和制汤原料。

[学习要点]

1. 奶油汤的类型和制作方法。
2. 基础汤的分类和制汤原料。

[相关知识]

西餐中的汤菜，与中餐不同的是，西餐的第二道菜就是汤。西餐的汤大致可分为清汤、茸汤、奶油汤、浓肉汤、蔬菜汤、海鲜汤等，品种有牛尾清汤、各式奶油汤、海鲜汤、美式蛤蜊周打汤、意式蔬菜汤、俄式罗宋汤、法式焗葱头汤等。

4.2.1　清汤类

清汤是指将含有鲜味成分的各种基础汤，加入富含蛋白质的原料，如鸡蛋清、瘦肉末等，通过煮制，清除汤中的杂质，从而制成的一种清澈、透明、味道鲜美的汤品。

根据制作清汤的原料不同，可分为牛清汤、鸡清汤、鱼清汤等。

牛清汤是用牛基础汤料制作的清汤。由于牛的生长期较其他动物长，因此，肌红蛋白较多，呈味物质比较充分，煮制的汤颜色比其他清汤深，口味也更鲜醇。

鸡清汤是用鸡基础汤料制作的清汤。由于鸡组织中含有羰基化合物和含硫化合物等香料成分，因此，鸡清汤中具有特殊的香味和香气，并且有轻微的硫黄气味。鸡清汤呈淡黄色。

鱼清汤是用鱼基础汤料制作的汤。由于鱼组织中含有氨基酸酰胺、肌甘酸等鲜味成分，因此，鱼汤具有独特的鲜美气味。鱼组织中血管分布少，血红蛋白也较少，因此，汤色很淡，只略带浅黄。

4.2.2 茸汤类

茸汤是指将各种蔬菜制成的菜茸，加入基础汤或浓汤中调制而成的汤类。

茸汤是传统的汤类，西方各国几乎都有这种类型的汤。由于茸汤含有丰富的营养素和良好的风味，因此，经久不衰，至今仍广为流传。

茸汤根据制作方法和用料的不同，主要分为两种类型：一是将菜茸直接加入基础汤或清水中，依靠菜茸的浓度使汤变为浓稠的茸汤。大多数茸汤是用这种方法制作而成的，如栗子茸汤、土豆茸汤。二是将菜茸与白沙司混合，依靠菜茸和面粉使汤变为浓稠的茸汤。这种类型的茸汤相对较少，如胡萝卜茸汤、菜花茸汤。

4.2.3 奶油汤类

1）奶油汤的类型

①用油炒面+白色基础汤和奶油、牛奶调制的奶油汤。

②用油炒面+牛奶和蔬菜茸混合调制的奶油汤。

③在茸汤的基础上加上牛奶或奶油调制的奶油汤。

2）奶油汤的制作方法

制作奶油汤可分为制作油炒面粉和调制奶油汤两个步骤。

（1）制作油炒面粉

选料：面粉应选用净白面粉，并过细箩，去除杂物；油脂应选用较纯的黄油。

用料：面粉与油脂的比例一般为1∶1，油脂最少可减至1∶0.6。

制作过程：选用厚底的沙司锅，放入油加热至油完全熔化（50~60 ℃），倒入面粉搅拌均匀，在120~130 ℃的炉面上慢慢炒制，并定时搅拌，以免糊底，至面粉呈淡黄色，并能闻到炒面粉的香味即成。

（2）调制奶油汤

奶油汤的调制，现今主要流行两种方法，即热打法和温打法。

①热打法。

将白色油炒面粉炒好，趁热冲入部分滚热的牛奶或白色基础汤，慢慢搅打均匀，再用力搅打至汤与炒面粉完全融为一体。当表面洁白光亮，手感有劲时，在逐渐加入其余的牛奶或白色基础汤，并用力搅打均匀，然后加入盐、鲜牛奶等，开透即可。

这种方法制作的奶油汤，色白、光亮、有劲，不容易懈，但搅打时比较费力。制作中应注意以下问题：一是牛奶、白色基础汤和油炒面粉一定要保持较高温度，以使面粉充分糊化；二是搅打牛油汤时要快速、用力，使水和牛油充分融合，汤不易懈，并有光泽；三是如汤出现面粉颗粒或其他杂质，可用纱布或细箩过滤。

②温打法。

油脂中放切碎的胡萝卜、洋葱、香草束和面粉一起炒香，再逐渐加入30~40 ℃牛奶或白色基础汤，用蛋抽打均匀，煮沸后，再用微火煮至汤液黏稠，然后过滤。过滤后再放入鲜奶油，用盐调口即可。

制作中应注意以下问题：一是加入的牛奶或白色基础汤温度不宜过高，以防出现颗粒

或疙瘩；二是熬煮要用微火，不要糊底，一般煮制30 min以上。

4.2.4 浓肉汤类

浓肉汤也称菜肉粥，起源于英伦三岛，是用蔬菜丁、肉丁和米饭或大麦粒等调制的一种较浓稠的汤类。

4.2.5 蔬菜汤类

蔬菜汤是指将各种蔬菜等制作成汤料，加入各种基础汤中制成的汤类菜肴。由于这类汤中都带有一些肉类汤料，因此，也可以称为肉类蔬菜汤。

蔬菜汤色泽鲜艳，口味多样，诱人食欲。由于调制蔬菜汤所使用的基础汤和汤料各有不同，因此，蔬菜汤的品种也多种多样。

4.2.6 海鲜汤类

海鲜汤是指鱼、虾等海鲜类原料为主要汤料，辅以部分蔬菜汤料，用鱼汤或海鲜汤调制成的汤类菜肴。

4.2.7 冷汤类

冷汤的品种较少，有德式冷汤、俄式冷汤等。冷汤大多是用清汤或凉开水加上各种蔬菜或少量肉类调制而成的。冷汤的饮用温度以1～10 ℃为宜，有的人还习惯加冰饮用。各种冷汤大多具有爽口、开胃、刺激食欲等特点，适宜夏季食用。传统的冷汤大都用牛基础汤制作，目前用冷开水制作的比较多。

4.2.8 基础汤

西餐的基础汤（Stork），又称底汤，是用富含蛋白质、矿物质和胶原物质的动物性原料按一定方式煮制成的一种营养丰富、滋味鲜醇的汤汁，是西餐制作各种汤菜和沙司的基本用料。西餐的汤菜，各具特色和风味。每种类型的汤菜都使用特定的基础汤。西餐的汤菜制作考究，工艺细致，而基础汤则是汤菜的主要成分。西餐中的沙司（Sauce）为西餐广泛应用于各种冷、热菜式的调味汁，品种繁多，表明西餐味型的多样化。制取沙司需要量多质优的基础汤以确保沙司的质量。显然，制取基础汤是西餐烹调中不可或缺的重要环节。

基础汤根据色泽和制作工艺常区分为浅色基础汤和深色基础汤。浅色基础汤又称白色基础汤，是指煮汤原料（汤料）直接加入清水煮制的汤类，其色浅淡。常见的有牛基础汤（Beef Stork）、鸡基础汤（Chicken Stork）、鱼基础汤（Fish Stork）、基础奶油汤（Basic Cream Soup）。深色基础汤，又称棕红色基础汤，是指汤料先送入烤炉烤香、上色，然后加清水煮制的汤类，其色深，多为棕红。由于棕红色英文为Brown，故棕红色基础汤又称为布朗基础汤。常见的有牛布朗基础汤（Beef Brown Stork），是这类基础汤的主体。此外，还有鸭、猪、虾、野味等布朗基础汤。制作工艺过程大体如牛布朗基础汤。

用牛棒骨、小牛骨、牛肉用于制牛肉汤，用母鸡、鸡骨架、鸡翅、鸡颈、鸡脚等制鸡汤，用剔肉的鱼骨、鱼头、鱼皮、碎散鱼肉等制鱼汤。汤料要求新鲜无异味、杂味。生长期长的动物性原料较生长期短的鲜味成分多，因此，结缔组织多的牛肉、老母鸡、肉质密实的鱼肉均宜于制汤。牛肉中含有较多的呈味物质和肌红蛋白，制出的牛肉汤口味鲜醇，颜色较深。鸡肉组织中含有一定羰基化合物和含硫化合物等香味成分而血红蛋白又较少，故鸡汤口味鲜香而色浅淡。鱼肉组织中含氨基酸、肌苷酸等鲜味成分，但少血红蛋白，故鱼汤具独有的鲜味而色浅淡。西餐制基础汤时用到的蔬菜香料，可增加汤的香味和营养，并可减轻原料的异味。要注意畜、禽、鱼类加工得出的骨骼、骨架、碎散肉头等边角余料大都可利用制汤，物尽其用。

[实施和建议]

本任务在了解清汤的前提下，重点学习奶油汤的类型和制作方法、基础汤的分类和制汤原料。

建议课时：12课时。

[学习评价]

本任务学习评价见表4.3。

表4.3　学习评价表

学生本人	量化标准（20分）		自评得分
成果	学习目标达成，侧重于"应知""应会" （优秀：16～20分；良好：12～15分）		
学生个人	量化标准（30分）		互评得分
成果	协助组长开展活动，合作完成任务，代表小组汇报		
学习小组	量化标准（50分）		师评得分
成果	完成任务的质量，成果展示的内容与表达 （优秀：40～50分；良好：30～39分）		
总分			

[巩固与提高]

1. 中餐和西餐在制汤方面有哪些区别？
2. 根据西餐汤菜制作的方法，尝试制作一道西餐筵席常用的汤菜。

[实训]

1 罗宋汤

【用料规格】牛肉300 g，洋葱半个，土豆1个，番茄1个，包菜半棵，胡萝卜1根，番茄沙司100 g，面粉50 g，黄油50 g，黑胡椒、盐各适量。

【工艺流程】原料初加工→熟制蔬菜→熬汤→装盘

【制作方法】

1. 牛肉切小块，沸水后重新加清水煮炖2 h，直至熟软。

2. 洋葱、土豆、去皮番茄、圆白菜、胡萝卜切同样大小的丁。

3. 锅内放适量黄油与植物油，加洋葱煸炒出香味，继续加入土豆、胡萝卜、圆白菜、番茄翻炒。

4. 牛肉连同肉汤一起倒入锅中，继续煮炖0.5 h以上，土豆、胡萝卜变软即可。

5. 另起一锅，放入面粉、黄油，小火炒至微黄，倒入牛肉锅中搅拌，继续煮0.5 h，将出锅前，加番茄沙司、黑胡椒、盐调味即成。

图4.12　罗宋汤

【制作要点】

1. 蔬菜要切得大小均匀。

2. 注意油面糊的用量。

【成品特点】此菜营养均衡，番茄味浓郁，酸甜鲜美。

2 奶油蘑菇汤

【用料规格】蘑菇、牛奶、洋葱、高汤、油面酱、白胡椒粉、黄油

【工艺流程】原料初加工→炒油面糊→煮蘑菇→调味→装盘

【制作方法】

1. 将洋葱、蘑菇切块，加黄油炒香，加入高汤煮沸。

2. 煮沸后放入搅拌机研磨，过滤后再回锅。

3. 加入牛奶、油面酱，调整汤的浓稠度。

4. 调味、装盘，点缀即成。

图4.13　奶油蘑菇汤

【制作要点】

1. 蔬菜不要炒焦。

2. 注意汤品的浓稠度。

【成品特点】此菜奶香浓郁、口腔弥漫蘑菇的鲜香。

3 胡萝卜香草酸奶汤

【用料规格】胡萝卜1～2根、鲜披萨草2只、洋葱碎10 g、柠檬汁10 mL、蔬菜汤600 mL、盐5 g、黑胡椒碎3 g、低脂酸奶油60 g。

【工艺流程】原料初加工→加料煮制→打茸→加酸奶油→装盘

【制作方法】

1. 将胡萝卜去皮洗净，切成片备用。

2. 汤锅加热倒油，放入洋葱碎、披萨草1只炒香，加入胡萝卜片翻炒，倒入蔬菜汤煮10 min至胡萝卜软烂。

3. 煮好的胡萝卜汤用食品加工机搅打成细茸汤，再加入剩余的披萨草叶和柠檬汁，调入盐和黑胡椒碎略煮3～5 min。

4. 煮好的胡萝卜香草汤盛入碗中，加上低脂酸奶油，撒上少量的黑胡椒碎即成。

图4.14 胡萝卜香草酸奶汤

【制作要点】

1. 严格控制煮制时间。

2. 把握好柠檬汁的量。

【成品特点】此菜色泽诱人，口味鲜香。

4 法式咖喱胡萝卜浓汤

【用料规格】胡萝卜500 g，土豆1个，小洋葱1个，蒜头1粒，麦淇淋或黄油25 g，鸡汤750 mL，咖喱粉1/2汤匙，香葱碎1汤匙，盐和胡椒粉各适量。

【工艺流程】原料初加工→加料炒制→加料煮制→装盘

【制作方法】

1. 胡萝卜去皮切片，土豆去皮切小块，小洋葱及蒜头去皮切碎。

2. 锅里放麦淇淋，炒香小洋葱及蒜头，并不停翻炒5 min。

3. 加入鸡汤及土豆块，放盐、胡椒粉和咖喱粉，鸡汤沸腾后不盖锅盖，转小火慢煮15 min。

4. 加入胡萝卜，继续慢煮5 min后关火，等待片刻，等汤稍微凉一下，用搅拌机搅拌成糊状，撒上香葱碎，趁热喝。

图4.15　法式咖喱胡萝卜浓汤

【制作要点】

1. 炒制时，把握好火候。

2. 严格控制煮制时间。

【成品特点】此菜气味浓郁，鲜香爽口。

5　地中海海鲜汤

【用料规格】鲜贝250 g，明虾肉250 g，青口贝200 g，洋葱500 g，蘑菇、柠檬、面粉、白酒、奶油、蒜泥、盐、胡椒、黄油等各适量。

【工艺流程】原料初加工→加料炒制→煨制→炒面粉→装盘

【制作方法】

1. 鲜贝、明虾肉、青口贝切块（可用柠檬汁腌制），洋葱、蘑菇切成粒。

2. 用黄油将洋葱粒、蒜泥炒香，投入海鲜块及蘑菇粒翻炒，加入白酒，略煮后，加入鱼汤，煮沸后改用小火煨。

3. 另取锅用黄油将面粉炒香成面糊，倒入海鲜汤，化开至合适厚度。

4. 汤内加入盐、胡椒和奶油调味即可。

图4.16　地中海海鲜汤

【制作要点】

1. 炒制时，把握好火候。

2. 面糊化解要均匀、无粒子。

【成品特点】此菜味道鲜美，营养丰富。

6　蔬菜海鲜汤

【用料规格】鳕鱼肉200 g，虾4只，胡萝卜1根，西蓝花100 g，洋葱半个，鱼汤500 g，白酒10 g，盐、胡椒、混合香料等各适量。

【工艺流程】原料初加工→加料炒制→煨制→装盘

【制作方法】

1. 鳕鱼肉切成片，胡萝卜、西蓝花、洋葱均切成大小相仿的片或块。

2. 取锅先将洋葱翻炒至香味透出，再加入鳕鱼片、鲜虾、胡萝卜、混合香料，略炒，加入白酒后用小火收浓。

3. 加入鱼汤，先用大火烧开，再改小火煨烧约5 min后加盐、胡椒调味。

4. 汤中加入西蓝花，烧开即成。

图4.17　蔬菜海鲜汤

【制作要点】

1. 炒制时，把握好火候。

2. 把握好煨制的时间。

【成品特点】此菜色泽诱人，味道鲜美。

7 草莓奶油汤

【用料规格】草莓200 g，鲜奶油50 g，牛奶500 g，黄油10 g，低筋面粉40 g，罗勒叶几片，盐适量。

【工艺流程】原料初加工→加料炒制→煨制→装盘

【制作方法】

1. 热锅中放入黄油熔化，再加入面粉拌炒成酥油状。

2. 徐徐加入牛奶，迅速搅拌均匀成糊，一次性加入鲜奶油。

3. 汤调好后，加入切成片的草莓关火即可。

4. 吃的时候，可以按个人口味加些罗勒叶或盐调味即成。

图4.18　草莓奶油汤

【制作要点】

1. 奶油汤底制作时，牛奶不要一次全加进去，要徐徐加入，一定要视汤的浓稠度进行

调整。

2. 加热奶油容易起泡糊底，一定不能用大火，防止糊锅。

【成品特点】酒后头昏不适时，喝一些草莓奶油汤，有助于醒酒。

8 奶油鱼片汤

【用料规格】净鱼肉25 g，精盐3 g，白胡椒2 g，精面粉2.5 g，净番茄50 g，生菜油100 g，火腿10 g，炸面包丁10 g，鸡骨架1 000 g，牛奶1 000 g，鲜奶油150 g，黄油200 g，面粉200 g，精盐20 g。

【工艺流程】初加工→炸制→煮汤→调味

【制作方法】

1. 鱼肉用刀切成片，大小犹如玉米粒，撒匀精盐胡椒粉，蘸上面粉备用，番茄先用开水烫，剥皮去籽切成丁，火腿去皮切小片。

2. 菜油入锅旺火烧，八成热时放鱼片，炸至金黄控去油。

3. 锅内放入奶油汤，小火稍煮，放番茄、鱼片、火腿片，加精盐调味，撒上面包丁，即成。

图4.19　奶油鱼片汤

【制作要点】

1. 鱼片加工要细致。

2. 炸制油温要把握。

【成品特点】此菜色泽悦目，汤味鲜美。

[评分标准]

"双百分"实训评价细则见表4.4。

表4.4　"双百分"实训评价细则

评价项目	评价内容	评价标准	分　值	说　明
实践操作过程评价（100%）	职业自检合格（15%）	工作服、帽穿戴整洁	3	符合职业要求
		不留长发、不蓄胡须	3	
		不留长指甲、不戴饰品、不化妆	3	
		工作刀具锋利无锈、齐全	3	
		工作用具清洁、整齐	3	

评价项目	评价内容	评价标准	分 值	说 明
实践操作过程评价（100%）	工作程序规范（20%）	原料摆放整齐	4	符合技术操作规范
		操作先后有序	4	
		过程井然有序	4	
		操作技能娴熟	4	
		程序合理规范	4	
	操作清洁卫生（15%）	工作前洗手消毒	2	
		刀具砧板清洁卫生	2	
		熟制品操作戴手套、口罩	2	
		原料生熟分开	3	
		尝口使用专用匙（不回锅）	2	
		一次性专项使用抹布	2	
		餐用具清洁消毒	2	
	原料使用合理（20%）	选择原料合理	4	
		原料分割、加工正确	4	
		原料物尽其用	4	
		自行合理处理废脚料	4	
		充分利用下脚料	4	
	操作过程安全无事故（10%）	正确使用设备	3	
		合理操作工具	2	
		无刀伤、烫伤、划伤、电伤等	2	
		操作过程零事故	3	
	个人职业素养（20%）	操作时不大声喧哗	2	
		不做与工作无关的事	3	
		姿态端正	2	
		仪表、仪态端庄	2	
		团结、协作、互助	3	
		谦虚、好学、不耻下问	2	
		开拓创新意识强	3	
		遵守操作纪律	3	

续表

评价项目	评价内容	评价标准	分 值	说 明
实践操作成品评价（100%）	成品色泽（6%）	色彩鲜艳	3	
		光泽明亮	3	
	成品味道（20%）	香气浓郁	5	
		口味纯正	5	
		调味准确	5	
		特色鲜明	5	
	成品形态（10%）	形状饱满	4	
		刀工精细	3	
		装盘正确	3	
	成品质地（10%）	质感鲜明	5	
		质量上乘	5	
	成品数量（6%）	数量准确	3	
		比例恰当	3	
	盛器搭配合理（6%）	协调合理	6	
	作品创意（7%）	新颖独特	1	
		创新性强	3	
		特色明显	3	
	食用价值（10%）	自然原料	5	
		成品食用性强	5	
	营养价值（10%）	营养搭配合理	4	
		营养价值高	3	
		成品针对性强	3	
	安全卫生（15%）	成品清洁卫生	5	
		不使用人工合成添加剂	10	

任务4.3　西餐筵席主菜的设计与制作

[学习目标]

1. 掌握牛排的种类和成熟度的鉴定。
2. 熟知牛排的3个等级划分和选购窍门。
3. 掌握意面、海鲜饭、披萨的制作方法。

[学习要点]

1. 牛排的种类和成熟度的鉴定。
2. 牛排、意面、海鲜饭、披萨的制作方法。

[相关知识]

西餐中的主菜，指的是肉、禽类菜肴。肉类菜肴的原料为取自牛、羊、猪、小牛仔等各个部位的肉，其中，最有代表性的是牛肉或牛排。牛排按其部位又可分为沙朗牛排（也称西冷牛排）、菲力牛排、T骨形牛排、薄牛排等。其烹调方法常用烤、煎、铁扒等。肉类菜肴配用的调味汁主要有西班牙汁、浓烧汁精、白尼斯汁等。通常将兔肉和鹿肉等野味也归入禽类菜肴，品种最多的是鸡和鸭，有山鸡、火鸡、竹鸡等，可煮、炸、烤、焖，主要的调味汁有黄肉汁、咖喱汁、奶油汁等。

主菜又名主盆，是全套菜的灵魂，制作考究，既考虑菜肴的色、香、味、形，又考虑菜肴的营养价值。主菜多用海鲜、牛、羊、猪肉和禽类作主要原料，如大虾吉列、西冷牛排、惠灵顿牛排等。

4.3.1　牛排

食用牛肉的习惯最早来源于欧洲中世纪，猪肉及羊肉是平民百姓的食用肉，牛肉则是皇室贵族们的高级肉品，尊贵的牛肉被他们搭配上了当时也是享有尊贵身份的胡椒及香辛料一起烹调，并在特殊场合中供应，以彰显主人的尊贵身份。18世纪时，英国是著名的牛肉食用大国，19世纪中期牛排成了美国人最爱食用的食物。

各国对牛肉的态度、风俗不同，牛肉的食用方法也不同。美国食用牛排的方式粗犷且豪迈，不拘小节，整块腓力牛排烧烤后再切片。意大利的牛排则最让人津津乐道，回味无穷，烹调时用油煎至表面成金黄，并倒入白葡萄酒。而英国人则习惯于将大块的牛排叉起来烤。法式牛排特别注重酱汁的调配，用各式的酱汁凸显牛排的尊贵地位。

1）牛排的种类

英文Steak一词是牛排的统称，其种类非常多，常见的有以下4种以及1种特殊顶级牛排品种（干式熟成牛排）：

①Tenderloin又称Fillet（菲力），是牛脊上最嫩的肉，几乎不含肥膘，因此，很受爱吃瘦肉的朋友的青睐，由于肉质嫩，煎成3成熟、5成熟和7成熟皆宜。

②Rib-eye（肉眼牛排），瘦肉和肥肉兼而有之，由于含一定肥膘，这种肉煎烤味道比较香。食用技巧是不要煎得过熟，3成熟最好。

③Sirloin（西冷牛排，牛外脊），含一定肥油，由于是牛外脊，在肉的外延带一圈呈白色的肉筋，总体口感韧度强，肉质硬，有嚼头，适合年轻人和牙口好的人吃。食用技巧是切肉时连筋带肉一起切，但不要煎得过熟。

④T-bone（T骨牛排），呈T字形，是牛背上的脊骨肉。T形两侧一边量多一边量少，量多的是西冷，量稍小的便是菲力。此种牛排在美式餐厅更常见，法式大餐讲究制作精致，因此，对于量较大而质较粗糙的T骨牛排较少采用。

⑤干式熟成牛排（Dry Aged Steak），一般常用顶级肉眼牛排存放至少7～24 d风干，这个过程使牛肉颜色变深，牛肉的结缔组织软化，同时，又由于部分水分的蒸发而令牛肉的肉味更醇厚。恒温室采用斜面设计，在风干时将油分多的部分放在上方，油脂融化后就顺着斜面流到牛肉中，保证将所有宝贵的肉汁都封在牛肉之中。制作牛排时挑选的牛肉为120～140 d的谷饲牛肉，只挑选肉眼、西冷、菲力这几个部位，这些部分的分量通常不到一头牛的1/10，常常是各国政客喜爱的饕餮美食。

2）牛排的熟度

近生牛排（Blue）：正反两面在高温铁板上各加热30～60 s，目的是锁住牛排内湿润度，使外部肉质和内部生肉产生口感差，外层便于挂汁，内层生肉保持原始肉味。

一分熟牛排（Rare）：牛排内部为血红色且内部各处保持一定温度，同时有生熟部分。

三分熟牛排（Medium Rare）：大部分肉接受热量渗透传至中心，但还未产生大变化，切开后上下两侧熟肉棕色，向中心处转为粉色，再中心为鲜肉色，伴随刀切有血渗出（新鲜牛肉和较厚牛排这种层次才会明显，对冷冻牛肉和薄肉排很难达到这种效果）。

五分熟牛排（Medium）：牛排内部为区域粉红可见，且夹杂着熟肉的浅灰和棕褐色，整个牛排温度口感均衡。

七分熟牛排（Medium Well）：牛排内部主要为浅灰棕褐色，夹杂着少量粉红色，质感偏厚重，有咀嚼感。

全熟牛排（Well Done）：牛排通体为熟肉褐色，牛肉整体已经烹熟，口感厚重。

3）牛排的等级

用英文字母把成肉率分为3个等级：A级、B级、C级，A级成肉率最高，C级成肉率最低。后面的数字部分是根据"脂肪混杂""肉的色泽""肉质紧致和纹理""脂肪的色泽和品质"4个项目分出的5个等级。

"脂肪混杂"表示牛肉霜降的程度；"肉的色泽"以"新鲜的三文鱼色"为最好，目测判断牛肉的光泽；"肉质紧致和纹理"是考察肉的纹理细致和柔软程度；"脂肪的色泽和品质"颜色以白色或奶油色为标准，还要考虑光泽和品质。上述标准各分5个等级，数字越大级别越高。肉质的等级是由4个项目中得分最低的等级来决定的。

其中，"脂肪混杂"是最被重视的一个项目，5级之内又细分为12档，因此，会出现这样的级别——"A-5-11"——在成肉率、肉质等级之后再加上脂肪混杂的程度。

西方人爱吃较生口味的牛排，由于这种牛排含油适中又略带肉汁，口感甚是鲜美。东方人更偏爱七分熟，因为怕看到肉中带血，所以认为血水越少越好。

影响牛排口味的因素很多，如食用速度。当牛排上桌后，享用牛排的速度可以决定牛排是否好吃。因为牛排中既有牛油又含汁液，温度如果稍低其牛排的鲜香度会随之降低。

吃牛排讲究火候，而并非享受酥烂口感，这也是在西餐中炖牛肉和煎牛排的区别。另外，餐具也会影响牛排的口味。吃牛排的刀一定要锋利，在吃牛排前一定要先查看一下刀齿是否分明清晰。除此以外，配汁对牛排口味的影响也很大。

4）牛排的做法

牛排是西方传统饮食，国内做牛排存在中西差异，最大的不同就是由于中西方食用牛的品种不同而导致的肉质有根本上的区别。用国内的牛肉做牛排不能参照欧美的做法，主要原因是欧美做牛排所用的牛肉是专门的品种，非常细嫩，不经过前期处理就十分软嫩。

牛排可煎可烤，但想要内部嫩滑，并且肉香扑鼻，最有效的办法就是将制作温度分为两段。

以煎为例，牛排第一次下锅煎炸一定要大火高温，这时牛肉表面一层肉脱水变硬，发生美拉德反应，颜色变为深褐色，并且散发出煎炸的香味，在牛肉变焦之前翻一面，将另一面也煎成深褐色。这一阶段是为了制作出牛排的风味。

第二阶段就是让内部成熟，尽量让之前变硬外部的温度不要过高，导致肉的表里温差相差过大。此时有两种方法：一个是用原锅改成小火继续煎炸，但是需要勤翻面，1 min左右1次，让热力缓慢地进入牛肉内部；二是放入烤箱低温烤制，这样热力从四面八方稳定地加热肉品。这个阶段可以让肉品内部温度变高，渗出肉汁。

牛排煎烤的时间根据牛肉的面积厚度、烹饪器具、灶具火力大小的不同有相应的变化。

至于软嫩，如果肉质不行还需要腌制，用酸性液体（酸奶、醋）、盐水或者嫩肉粉都可以让肉软化。

5）选购牛排的窍门

菲力是从臀肉和腰肌肉取下的一块牛里脊，牛身上最柔软的部位，最适合煎或炭烤。T骨在去骨和切去菲力之后便是纽约客，肉质非常柔软。而肋眼切成1.5 cm厚，煎烤最适合。部位的选择要取决于烹调方法，比如，牛嫩肩肉，肉质结实而富有弹性，厚薄口感都很好，除了做牛排，还可以做火锅片，或者烧肉、炒肉，特别是中端以后部分油脂最多，若处理得好，口感也较好。

4.3.2 意大利面

最早的意大利面成型于公元13—14世纪，与现在人们所吃的意大利面最为相像。到文艺复兴时期后，意大利面的种类和酱汁也随着艺术逐渐丰富起来。

食用面团最初出现时的制造方法是将面粉团压成薄纸状，然后覆盖在食物上，放入焗炉内烹煮食用。其后，人们想到将面团切成小块状或条棒状的细长面条，而阿拉伯人想到了将面条风干储存的做法。

西红柿的出现及随后的品种改良，在意大利的那波利首次被人用作酱汁搭配面条，从此令面条大受欢迎，甚至连皇室贵族也备受吸引。正宗的意大利面是由铜造的模子压制而成，由于外形较粗厚而且凹凸不平，表面较容易黏上调味酱料，令吃起来的味道和口感更佳。

除了原味面条外，其他色彩缤纷的面条都是用蔬果混制而成的，如番红花面、黑墨鱼面及蛋黄面等。意大利南部的人喜爱食用干意粉，而新鲜意粉则在北部较为流行。一般来说，意粉多用作头菜，海鲜意粉配以白酒，而酱料浓的则配红酒。

1）历史

当年，罗马帝国为了解决人口多、粮食不易保存的难题，想出了把面粉揉成团、擀成薄饼再切条晒干的方法，从而发明了意大利面。最初的意大利面都是这样揉了切、切了晒，吃的时候和肉类、蔬菜一起放在焗炉里做，因此，当年意大利半岛上许多城市的街道、广场，随处可见抻面条、晾面条的人。据说最长的面条竟有800 m。不过由于意大利面最初是应付粮荒的产物，因此，青睐者多是穷人，但其美味很快就让所有阶层无法抵挡。

意大利面吃起来连汁带水，颇不方便。早期的人们都是用手指抓来食用，吃完后还意犹未尽地把沾着汁水的十指舔净。中世纪时，一些上层人士觉得这样的吃相不雅，绞尽脑汁发明了餐叉，可以把面条卷在4个叉齿上送进嘴里。餐叉的发明被认为是西方饮食进入文明时代的标志。从这个意义上讲，意大利面功不可没。

新大陆的发现开拓了人们的想象力，也给意大利面带来更多变化：两种从美洲舶来的植物——辣椒和西红柿被引入酱料。到19世纪末，意大利面著名的3大酱料体系：番茄底、鲜奶油底和橄榄油底完全形成，配以各种海鲜、蔬菜、水果、香料，形成复杂多变的酱料口味。面条本身也变化纷呈，有细长、扁平、螺旋、蝴蝶等多种形状，并通过添加南瓜、菠菜、葡萄等制成五颜六色的种类。可是谁会想到意大利面条最早是用脚揉面的？因为面团太大，用手实在揉不动。直到18世纪，讲卫生的那不勒斯国王费迪南多二世才请来巧匠，发明了揉面机。1740年，第一座面条工厂建成，广场晒面的大场面从此成为历史。意大利人对面条的喜爱似乎与生俱来，许多人把做面的独门秘方束之高阁，不肯轻易示人，甚至把意大利面秘方郑重地写进遗嘱。中世纪许多歌剧、小说里都提到面条。近代意大利民族英雄加里波第也曾用面条犒赏三军，甚至拿破仑在波河大进军中也拿"吃面"激励士气。

2）特色

意大利面种类繁多，其数量有500多种，再配上酱汁的组合变化，可做出上千种意大利面。

正宗的原料是意大利面具有上好口感的重要条件。除此之外，拌意大利面的酱也是比较重要的。一般情况下，意大利面酱分为红酱（Tomato Sauce）、青酱（Pesto Sauce）、白酱（Cream Sauce）和黑酱（Squid-Ink Sauce）。红酱是主要以番茄为主制成的酱汁；青酱是以罗勒、松子粒、橄榄油等制成的酱汁，其口味较为特殊与浓郁；白酱是以无盐奶油为主制成的酱汁，主要用于焗面、千层面及海鲜类的意大利面；黑酱是以墨鱼汁所制成的酱汁，其主要佐于墨鱼等海鲜意大利面。意大利面用的面粉和中国做面用的面粉不同，它用的是一种"硬杜林小麦"，久煮不糊。

地道的意大利面都很有咬劲，口感有点硬。意大利面在滚沸的水中汆烫时，一定要先加入一小匙的盐，约占水的1%，加入盐可以让面的质地更紧实有弹性，汆烫好后，若要让面条保持有劲，要拌少许橄榄油。同时若烫好的面没用完，也可拌好橄榄油让它稍微风干后拿去冷藏。

4.3.3 西班牙海鲜饭

西班牙海鲜饭是西餐三大名菜之一，与法国蜗牛、意大利面齐名。

海鲜饭原文叫Paella（可音译为巴埃亚），原产地为瓦伦西亚。瓦伦西亚是西班牙第三大城市，位于地中海东海岸。瓦伦西亚的大米文化历史久远，源于阿拉伯人统治西班牙时期，阿拉伯人通过丝绸之路将东方的稻米、火药、橙子等传入西班牙。瓦伦西亚是西班牙通往地中海的门户，地理战略位置十分重要，这里气候宜人、土壤肥沃，非常适合种植稻米和橙子。

最初的巴埃亚其实是用大米、鸡肉和蔬菜烹饪而成的一种菜肉饭，如今称为瓦伦西亚饭（Paella Valenciana），后来人们又在此基础上用各种不同的食材做了海鲜饭（Paella De Mariscos）、墨鱼汁饭或称黑米饭（Paella Negra）等。由于以海鲜为原料的巴埃亚最受欢迎，在各大旅游景点餐厅的点菜率最高，因此，人们便将Paella称为海鲜饭。

西班牙海鲜饭还有一大特色就是使用了西红花（Azafrán）。西红花原产于小亚细亚，埃及艳后时代这种香料被用于祭祀。阿拉伯人开发了西红花的药用价值并于公元10世纪将西红花的种植传入西班牙。后来西红花经西藏传入中国，被称为藏红花。西红花、海鲜和大米的黄金组合成就了西班牙海鲜饭的独一无二。

4.3.4 披萨

披萨饼（Pizza）又译作披萨，是一种发源于意大利的食品，在全球颇受欢迎。披萨饼的通常做法是在发酵的圆面饼上面覆盖番茄酱、奶酪和其他配料，并由烤炉烤制而成。奶酪通常用莫萨里拉干酪，也有混用几种奶酪的形式，包括帕马森干酪、罗马乳酪（Romano）、意大利乡村软酪（Ricotta）或蒙特瑞·杰克干酪（Monterey Jack）等。

其做法大致如下：先将称好的面粉加上自家绝密的配料和匀，在底盆上油，铺上一层由鲜美番茄混合纯天然香料秘制成的风味浓郁的披萨酱料，再撒上柔软的100%甲级莫扎里拉乳酪，放上海鲜、意式香肠、加拿大腌肉、火腿、五香肉粒、蘑菇、青椒、菠萝等经过精心挑选的新鲜馅料，最后放进烤炉在260 ℃下烘烤5～7 min，一个美味的披萨出炉了，值得注意的是：出炉即食、风味最佳。披萨按大小一般分为3种尺寸：6英寸（切成4块）、9英寸（切成6块）、12英寸（切成8块），按厚度分为厚薄两种。

具有意大利风味的披萨，已经超越语言与文化的障碍，成为全球通行的美食，受到各国消费者的喜爱。但这种美食究竟源于何时何地，现在却无从考证。有人认为，披萨来源于中国：当年意大利著名旅行家马可·波罗在中国旅行时最喜欢吃一种北方流行的葱油馅饼。回到意大利后他一直想能够再次品尝，但却不会烤制。一个星期天，他和朋友们在家中聚会，其中有一位来自那不勒斯的厨师，马可·波罗灵机一动，把那位厨师叫到身边，"如此这般"地描绘起中国北方的香葱馅饼来。那位厨师也兴致勃勃地按照马可·波罗所描绘的方法制作起来。但忙了半天，仍无法将馅料放入面团中。此时已快下午两点，大家已饥肠辘辘。于是马可·波罗提议就将馅料放在面饼上吃。大家吃后，都叫"好"。这位厨师回到那不勒斯后又做了几次，并配上了那不勒斯的乳酪和佐料，不料大受食客们的欢迎，从此"披萨"就流传开了。

1）品质要求

区分一种披萨饼是否正宗也就是看其饼底是如何成型的。目前，行业内公认的区分标准是：如果是意式披萨饼，必然是手抛披萨饼，饼底是由手抛成型，不需要机械加工，成品饼底呈正圆形，饼底平整，"翻边"均匀，"翻边"高2～3cm，宽2cm；如果是美式披萨饼，必然是铁盘披萨饼，饼底是由机械加工成型，成品饼底呈正圆形，饼底平整，"翻边"均匀，"翻边"高4～5cm，宽3cm。除此以外的饼底成型方法均可视为不正宗的做法，会引起成品外观不佳，口感欠缺。

上等的披萨要具备4个特质：新鲜饼皮、上等芝士、顶级披萨酱和新鲜的馅料。饼底一定要现做，面粉一般选用指定品牌，春冬两季用甲级小麦研磨而成的饼底会外层香脆、内层松软。纯正乳酪是披萨的灵魂，正宗的披萨一般都选用富含蛋白质、维生素、矿物质、钙质及低卡路里的进口芝士。披萨酱须由鲜美番茄混合纯天然香料秘制而成，具有风味浓郁的特点。

所有馅料必须新鲜，且都建议使用上等品种，以保证品质。成品披萨软硬适中，即使将其如"皮夹似的"折叠起来，外层也不会破裂。这便成为现在鉴定披萨手工优劣的重要依据之一。

目前使用的主要披萨饼制作技术为意大利手抛披萨饼制作技术。在饼底的成型过程中有手抛饼底的工艺。披萨饼师傅用手将饼底抛向空中，利用离心力将饼底旋转到需要的尺寸。此工艺观赏性非常强，客人会为披萨饼师傅的高超技术赞不绝口，是专业披萨饼店用以招揽顾客的好方法。

2）分类方法

（1）按大小分类

①6英寸披萨饼（Small Pizza），可供1～2人食用。

②9英寸披萨饼（Regular Pizza），可供2～3人食用。

③12英寸披萨饼（Large Pizza），可供4～5人食用。

（2）按饼底分类

①铁盘披萨饼（Pan Pizza）。

②手抛披萨饼（Hand-tossed Style Pizza）。

（3）按饼底的成型工艺分类

①机械加工成型饼底披萨饼。

②全手工加工成型饼底披萨饼。

（4）按烘烤器械分类

①电烤披萨饼。

②燃气烤披萨饼。

③木材炉烤披萨饼。

（5）按总体工艺分类

①意式披萨饼。

②美式披萨饼。

[实施和建议]

本任务在学习主菜牛排的同时，贯穿意面、海鲜饭、披萨的设计与制作，充分调动学生们学习西餐的积极性。

建议课时：12课时。

[学习评价]

本任务学习评价见表4.5。

表4.5　学习评价表

学生本人	量化标准（20分）		自评得分
成果	学习目标达成，侧重于"应知""应会" （优秀：16～20分；良好：12～15分）		
学生个人	量化标准（30分）		互评得分
成果	协助组长开展活动，合作完成任务，代表小组汇报		
学习小组	量化标准（50分）		师评得分
成果	完成任务的质量，成果展示的内容与表达 （优秀：40～50分；良好：30～39分）		
总分			

[巩固与提高]

1. 怎样鉴别牛排的成熟度？

2. 选购牛排有哪些窍门？

3. 中餐和西餐在主菜用料方面有什么不同？

4. 根据西餐主菜制作的方法，尝试制作一道西餐筵席常用的主菜。

[实训]

1 法式黑椒牛排

【用料规格】牛里脊肉200 g，红酒60 g，黄油20 g，法式黑椒汁60 g，老抽半小勺，盐半小勺，小苏打1/4小勺，土豆半个，西蓝花4小朵，圣女果1个，洋葱1/4个，盐1/3小勺，黑胡椒碎、香草碎各取适量。

【工艺流程】牛肉锤松→腌制→煎制→煎时蔬→摆盘

【制作方法】

1. 牛肉用松肉锤锤松。

2. 置于碗中，加入红酒、盐、小苏打腌制2 h。

3. 电饼铛内放入黄油，选择自主烹饪大火上盘关闭开始。

4. 下盘加热至200 ℃时，下入牛肉煎制，煎制的时间取决于生熟程度，一般三成熟两面各煎30 s，五成熟1 min，七成熟以上2～3 min。

5. 翻面再煎，即可将牛肉取出。

6. 土豆切块、西蓝花撕小朵、圣女果对切、洋葱切片。

7. 电饼铛重新加热，选择自主烹饪大火上盘关闭开始，下盘加热至200 ℃时，下入各种蔬菜煎熟，加少量盐、黑胡椒碎与香草碎炒匀。

8. 将煎好的蔬菜与牛排摆盘，黑椒汁加热后浇在牛排表面即可。

图4.20　法式黑椒牛排

【制作要点】

1. 煎牛排时，注意把握火候。

2. 烤制时蔬时，注意控制温度。

【成品特点】此菜色泽诱人，牛排细嫩。

② 煎澳洲小牛排

【用料规格】牛高汤100 g，牛排300 g，红薯2个，胡萝卜、鸡菇、小卷心菜、四季豆、牛奶、蒙特利牛排调料、黄油、橄榄油、迷迭香、白胡椒粉、盐、糖、黄原胶、番茄膏、葡萄酒各适量。

【工艺流程】制作红薯泥→煎牛排→做西拉酒汁→炒时蔬→摆盘

【制作方法】

1. 红薯泥

（1）红薯去皮，切块，放入烤箱蒸制。

（2）蒸好取出，放过滤筛过滤到奶锅中。

（3）加热黄油，倒入红薯泥，快速搅拌，加入牛奶，再加蜂蜜调味即可。

2. 炒时蔬

（1）将胡萝卜、鸡菇、小卷心菜、四季豆，初加工成形。

（2）在平底锅放入黄油，放入时蔬，后放入盐、白胡椒粉出锅。

3. 西拉酒汁

取适量牛高汤，锅里煮沸，倒入适量红酒，加入少量糖，放适量黄原胶，至稠状即可。

4. 煎牛排

（1）在牛排表面撒上蒙特利调料，滴几滴橄榄油，腌制。

（2）平底锅倒入少许油，放牛排煎制。

（3）翻一面后，放入迷迭香，黄油块，用熔化的黄油不停浇牛排，煎好后，醒几分钟，出锅装盘即成。

图4.21 煎澳洲小牛排

【制作要点】

1. 煎牛排时温度一定要高点，注意把握火候。

2. 蒙特利调料不可多放。

【成品特点】此菜色泽诱人食欲，牛排嫩而不腻。

3 香煎羊小排

【用料规格】羊小排2片，小土豆100 g，小番茄1个，洋葱40 g，橄榄油、黑胡椒、黑醋、盐、糖各适量。

【工艺流程】原料初加工→腌制羊排→煎制→调味→装盘

【制作方法】

1. 将羊排清洗干净后，用厨房纸巾吸干表面水分；用盐、黑胡椒粒、洋葱、橄榄油拌匀，腌制0.5 h左右。

2. 将剩下的小洋葱切末，放入小碗中；加入意大利黑醋、白糖、橄榄油搅拌均匀备用。

3. 将小土豆放在笼屉上蒸20 min，取出晾凉，将小土豆的皮剥掉，切块备用；选择中火，将平底锅预热；将剩下的橄榄油、腌好的羊排、土豆块分别放入两个盘中，开始煎制。

4. 羊排一面煎好后翻另一面继续煎，直至全熟，小土豆在煎制过程中要常翻动，直至表面金黄。

5. 将煎好的羊排放在盘中，将土豆块、小番茄摆在旁边，淋上洋葱汁即成。

图4.22 香煎羊小排

【制作要点】

1. 腌肉时，一定要把盐、黑胡椒粒均匀地抹在肉的表面。

2. 煎羊排时控制好温度。

【成品特点】羊排香嫩，口感丰富，营养全面。

4 羊腿肉瓤鸭肝配迷迭香汁

【用料规格】小羊腿肉1块，速冻鸭肝100 g，土豆1个，迷迭香、布朗少司、盐、胡椒粉、奶油、黄油、肉豆蔻各适量。

【工艺流程】原料初加工→制肉卷→制红酒迷迭香汁→装盘

【制作方法】

1. 肉卷的做法

（1）羊腿剔筋去骨，放些迷迭香叶子、蒜茸、盐和黑胡椒。将鸭肝卷在羊肉里面，用绳系紧，腌制30 min。

（2）在平底煎锅中放入3汤匙的橄榄油加热，在还没冒烟的情况下将羊腿入锅，不要来回翻动，煎制到棕黄色的焦状。以180 ℃的温度烤制15 min左右（烤制最终时间依肉卷的厚度、饥饿程度及个人对于表征的认识，综合考虑）。

（3）烤好后，将肉卷切开后，肉的中心部呈现出粉嫩，稍微带些血色是绝佳的火候。

2. 红酒迷迭香汁的做法

做汁之前先介绍一下布朗少司，这个汁是西餐汤汁中的基础汁，它是由牛骨、牛肉、胡萝卜、芹菜、洋葱、香叶、百里香、面粉、番茄酱、红酒熬制而成。多种调味汁都在其基础之下，演变而成。比如，蘑菇汁（在锅内炒熟各类蘑菇丁，加白兰地后倒入布朗汁）；红酒迷迭香汁（在布朗汁中加入红酒，放入迷迭香，红酒煮透而成）；红胡椒汁（用牛油炒香葱头、大蒜粒、红胡椒粒并加入白兰地、红酒后倒入布朗汁煮透而成）。

3. 肉卷切片，装盘，浇汁点缀即成。

图4.23　羊腿肉瓤鸭肝配迷迭香汁

【制作要点】

1. 卷肉时一定要卷紧。

2. 掌握布朗少司的制法。

【成品特点】此菜羊肉香嫩，酒香迷人。

5 蜜汁肋排

【用料规格】排骨一扇约700 g，蒜头3瓣，姜1小块，砂糖4大勺，盐一小撮，黑胡椒半小勺，生抽4大勺，料酒3大勺，蚝油2大勺，蜂蜜3大勺。

【工艺流程】原料初加工→腌制肋排→烤制→制酱、刷酱→装盘

【制作方法】

1. 排骨分为有肉的一面和覆有白膜的一面，用刀尖在白膜那一面戳一些小口，将烤箱预热。

2. 将蒜头和姜都处理成蓉，和砂糖混合在一起待用。

3. 在排骨两面均匀地撒上盐和黑胡椒；将姜蒜糖的混合物均匀地抹在排骨两面。

4. 将排骨用锡纸紧密地包起来，将有肉的那一面朝下放在烤盘中，烤箱中层烤1.5 h。

5. 在小锅内将调料所有配料混合开火加热，烧开后小火煮8～10 min至酱汁呈现黏稠状，即为叉烧酱，冷却至室温待用。

6. 将烤过1.5 h的排骨取出来，烤箱升高温度至170 ℃。

7. 将烤出来的肉汁倒掉，烤盘上垫锡纸，将排骨置于锡纸上，两面刷上完成的叉烧酱。

8. 将排骨有白膜的那一面朝下，放入烤箱烤10 min即成。

图4.24 蜜汁肋排

【制作要点】

1. 熬制酱汁要注意火候。

2. 腌制肋排要按照比例。

【成品特点】此菜焦香浓郁，内里汁液丰盈，肉质松软而又带着微微的咬劲。

6 煎鸭胸配香橙酱、波特酒汁

【用料规格】鸭胸1块，橙子2个，红酒100 mL，蒜1瓣，多香果1粒，洋葱末、迷迭香、黑胡椒、糖、油、柠檬汁、黄原胶各适量。

【工艺流程】原料初加工→熬香橙酱→熬波特酒汁→煎鸭胸→装盘

【制作方法】

1. 将鸭胸化冻，在皮面打上十字花刀（不切到肉）；加迷迭香、黑胡椒碎、蒜片、油腌制2 h以上。

2. 橙子挤汁，入锅熬煮加入1粒多香果，少许糖，煮至体积1/3时加入柠檬汁片刻后，再用黄原胶调浓稠度。

3. 红酒加工步骤同上，加洋葱熬制8 min即可。

4. 烤箱预热175 ℃左右；将腌制完的鸭胸放入平底锅里皮面朝下煎制（冷锅）；小火煎出皮下油脂约4 min，翻面煎1 min，四周煎封；入烤箱7 min左右；取出放置于温暖地方饧5 min，切配、装盘配香橙酱、波特酒汁即成。

图4.25　煎鸭胸配香橙酱、波特酒汁

【制作要点】

1. 把握橙酱浓稠度。

2. 煎鸭胸每一面都要煎至焦糖色。

【成品特点】

1. 鸭胸摆脱传统印象上粗糙的口感，汁水丰盈。

2. 搭配香橙酱，可以平衡鸭肉的油腻感。

7 盐烤西班牙大红虾

【用料规格】大红虾1只，番茄丁、西芹丁40 g，意大利风干火腿1片，浓缩黑醋汁15 g，洋葱1片，白葡萄酒醋1勺，盐、蜂蜜各适量。

【工艺流程】腌制番茄丁、西芹丁→红虾刀工处理→烤制→熬制黑醋→装盘

【制作方法】

1. 番茄、西芹去皮切丁，加白葡萄酒醋、盐糖、洋葱腌制。

2. 虾的处理：虾开背，去沙线，用铸铁锅，加入粗盐，埋入里面。180 ℃烤熟即可。

3. 浓缩黑醋汁：意大利黑醋加入蜂蜜，小火煮，煮到黏稠即可，装盘点缀即成。

图4.26　盐烤西班牙大红虾

【制作要点】

1. 红虾肉质不可烤得过老，要注意时间。

2. 黑醋汁要小火熬制。

【成品特点】

1. 虾肉的鲜嫩搭配上生火腿的甘、醇、香，黑醋汁可以减少海鲜的海腥味。

2. 蜜瓜与生火腿是经典搭配。

8 菇汁小牛肉

【用料规格】小牛肉500 g，时鲜蔬菜200 g，黑菌100 g，法国蘑菇100 g，土豆粉50 g，鸡蛋100 g，面包糠100 g，红葡萄酒30 g，黄汁20 g，盐5 g，胡椒3 g，洋葱100 g，百里香10 g，黄油30 g，牛奶100 g。

【工艺流程】腌制→制球→调汁→烤熟→炸球→装盘

【制作方法】

1. 腌制牛肉，放入精盐和胡椒，还有红酒、百里香，大约腌制2 h。

2. 各式蔬菜切成条，牛奶加入土豆粉，煮成豆泥做成球，黑菌切细包其中，蘸上蛋液后撒上面包糠。

3. 黄油炒香洋葱末，放入蘑菇和红酒，还有黄汁盐胡椒，烧开收浓再粉碎。

4. 牛肉扒炉扒上色，放入烤箱烤成熟。

5. 蔬菜焯水黄油炒，再放洋葱和精盐，土豆球炸金黄。

6. 牛肉批片来装盘，配上蔬菜土豆球，淋上蘑菇汁。

图4.27　菇汁小牛肉

【制作要点】

1. 烤肉注意调节温度。

2. 注意豆球的炸制时间

【成品特点】此菜肉质鲜嫩，口味浓香。

9 西式螺旋面

【用料规格】螺旋面500 g，番茄汁100 g，洋葱末20 g，蒜泥10 g，时鲜蔬菜粒（节瓜、胡萝卜、青椒、红椒等）100 g，橄榄油50 g，盐5 g，胡椒3 g。

【工艺流程】煮面→冷却→炒配料→装盘

【制作方法】

1. 开水煮制螺旋面，八分以后即捞出，冷水浸泡，沥水拌入橄榄油。

2. 炒锅烧热炒洋葱、蒜泥煸香，放入面条番茄汁，翻拌后出锅即成。

图4.28　西式螺旋面

【制作要点】

面条不宜煮太久，并且需要用冷水浸泡。

【成品特点】此菜面条爽滑色黄润，口味浓郁又鲜美。

10 意式番茄牛肉凉面

【用料规格】牛肉250 g，面条250 g，洋葱（白皮）30 g，九层塔30 g，番茄25 g，大蒜（白皮）5 g，番茄酱15 g，奶油15 g，奶酪15 g，鸡精5 g，白砂糖5 g，胡椒粉5 g，橄榄油2 g。

【工艺流程】煮面条→调制配料→调汁→装盘

【制作方法】

1. 面条烫熟泡冷水，直至不烫沥水分。

2. 蒜头、洋葱、九层塔切成碎末再炒香。

3. 牛肉绞碎，放入番茄酱，炒匀。

4. 加入高汤、鸡精、白糖和胡椒粉，中火煮约10 min，直至入味即可。

5. 番茄牛肉酱凉后，淋于面上即可。

6. 食时再淋鲜奶油，撒上奶酪、九层塔，即成。

图4.29　意式番茄牛肉凉面

【制作要点】

1. 面条要用冷水泡。

2. 配料调制要入味。

【成品特点】此菜清凉可口，味道香浓。

11 西班牙海鲜饭

【用料规格】米200 g、海鲜（青口、鱿鱼、虾、花蛤）、青豆、红甜椒、番茄、洋葱、蒜末、红甜椒粉、黄油、黑胡椒、盐各适量。

【工艺流程】原料初加工→炒制→炖饭→装盘

【制作方法】

1. 把洋葱和大蒜打碎，倒入橄榄油，炒香变色。

2. 倒入准备好的虾炒至变红，盛出虾后倒入鱿鱼，翻炒至出香味，放入米也炒香，放入藏红草、辣椒粉，炒匀。

3. 倒入番茄碎，在放好水和所有的调料后尝一下味道，用大火煮沸后转小火，5～10 min后可以放豌豆、青椒之类的蔬菜。

4. 最后3 min放入虾，然后放入贝类，煮制成熟即可。

图4.30 西班牙海鲜饭

【制作要点】

1. 米饭要炒透。

2. 海鲜不可提前放。

【成品特点】米饭鲜香，海鲜鲜嫩。

12 意大利海鲜饭

【用料规格】各式海鲜300 g，大米200 g，节瓜100 g，番茄100 g，洋葱末50 g，芫荽末20 g，蒜泥20 g，鱼汤100 g，芝士片50 g，黄油20 g，盐5 g，胡椒3 g，白葡萄酒10 mL。

【工艺流程】初加工→炒配料→焖制→装盘

【制作方法】

1. 各种海鲜先焯水，节瓜、番茄切细粒。

2. 黄油炒香洋葱末，放入蒜泥、海鲜，翻炒，加葡萄酒、大米、节瓜、番茄、鱼汤、精盐和胡椒。

3. 大火烧开，改小火，焖制入味，收汤汁。

4. 米饭装盘，撒上芝士、芫荽，即成。

图4.31 意大利海鲜饭

【制作要点】海鲜焯水要彻底，米饭焖制要入味。

【成品特点】米饭香糯口感好，海鲜质嫩口味佳。

13 明虾披萨

【用料规格】披萨坯1个（小麦富强粉400 g，小麦面粉200 g，酵母12 g，鸡蛋黄20 g），明虾6只，西芹35 g，意式香肠25 g，火腿20 g，熏肉20 g，洋葱25 g，奶酪25 g，香芹2 g，盐12 g，白砂糖25 g，橄榄油35 g，番茄酱25 g。

【工艺流程】烤面皮→加工配料→烤熟

【制作方法】

1. 烤盘抹油放面皮，移入预热烤箱中，上下火温度调制200 ℃，烘烤约需7 min，颜色金黄即取出。

2. 明虾取净肉腌制去腥，西芹洗净一剖为二，香肠火腿和熏肉，一齐用刀切小丁，洋葱切丁作备用。

3. 烤盘刷上一层油，放入饼皮抹茄酱。撒上明虾、番茄、香肠、火腿、熏肉、洋葱和香芹，再撒上奶酪丝。

4. 烤箱上下火调至200 ℃，披萨放入烤制8 min，奶酪表面呈金黄，即可取出。

图4.32　明虾披萨

【制作要点】烤盘底部要抹油，烤制温度要把握。

【成品特点】面饼酥香，配料鲜美。

14 鲜蛏披萨

【用料规格】鲜蛏肉200 g，披萨面饼500 g，洋葱丝50 g，青红椒丝50 g，蒜泥50 g，芝士50 g，番茄汁50 g，橄榄油20 g，盐5 g，胡椒3 g。

【工艺流程】初加工→铺配料→烘烤

【制作方法】

1. 海鲜改刀切小块，摩苏芝士刨成丝。

2. 蒜泥炒香橄榄油，加入洋葱青红椒，还有海鲜炒半熟，精盐、胡椒来调味。

3. 面饼浇上番茄汁，铺上海鲜等配料，最后撒上芝士丝。

4. 烤箱烤制200 ℃，面饼烤制20 min，烤制芝士成金黄。

图4.33　鲜蛏披萨

【制作要点】

1. 辅料铺时要均匀。

2. 把握好烘烤时间。

【成品特点】面饼酥脆口感好，海鲜丰富口味浓。

[评分标准]

"双百分"实训评价细则见表4.6。

表4.6 "双百分"实训评价细则

评价项目	评价内容	评价标准	分 值	说 明
实践操作过程评价（100%）	职业自检合格（15%）	工作服、帽穿戴整洁	3	符合职业要求
		不留长发、不蓄胡须	3	
		不留长指甲、不戴饰品、不化妆	3	
		工作刀具锋利无锈、齐全	3	
		工作用具清洁、整齐	3	
	工作程序规范（20%）	原料摆放整齐	4	符合技术操作规范
		操作先后有序	4	
		过程井然有序	4	
		操作技能娴熟	4	
		程序合理规范	4	
	操作清洁卫生（15%）	工作前洗手消毒	2	
		刀具砧板清洁卫生	2	
		熟制品操作戴手套、口罩	2	
		原料生熟分开	3	
		尝口使用专用匙（不回锅）	2	
		一次性专项使用抹布	2	
		餐用具清洁消毒	2	
	原料使用合理（20%）	选择原料合理	4	
		原料分割、加工正确	4	
		原料物尽其用	4	
		自行合理处理废脚料	4	
		充分利用下脚料	4	
	操作过程安全无事故（10%）	正确使用设备	3	
		合理操作工具	2	
		无刀伤、烫伤、划伤、电伤等	2	
		操作过程零事故	3	

续表

评价项目	评价内容	评价标准	分 值	说 明
实践操作过程评价（100%）	个人职业素养（20%）	操作时不大声喧哗	2	
		不做与工作无关的事	3	
		姿态端正	2	
		仪表、仪态端庄	2	
		团结、协作、互助	3	
		谦虚、好学、不耻下问	2	
		开拓创新意识强	3	
		遵守操作纪律	3	
实践操作成品评价（100%）	成品色泽（6%）	色彩鲜艳	3	
		光泽明亮	3	
	成品味道（20%）	香气浓郁	5	
		口味纯正	5	
		调味准确	5	
		特色鲜明	5	
	成品形态（10%）	形状饱满	4	
		刀工精细	3	
		装盘正确	3	
	成品质地（10%）	质感鲜明	5	
		质量上乘	5	
	成品数量（6%）	数量准确	3	
		比例恰当	3	
	盛器搭配合理（6%）	协调合理	6	
	作品创意（7%）	新颖独特	1	
		创新性强	3	
		特色明显	3	
	食用价值（10%）	自然原料	5	
		成品食用性强	5	
	营养价值（10%）	营养搭配合理	4	
		营养价值高	3	
		成品针对性强	3	

评价项目	评价内容	评价标准	分　值	说　明
实践操作成品评价（100%）	安全卫生（15%）	成品清洁卫生	5	
		不使用人工合成添加剂	10	

 # 任务4　西餐筵席配菜的设计与制作

[学习目标]

1. 了解配菜的作用。
2. 熟知配菜的使用和规则。
3. 掌握配菜与主菜的搭配原则。
4. 了解配菜的分类和烹调方法。
5. 了解西餐摆盘装饰的技术。

[学习要点]

1. 配菜与主菜的搭配原则。
2. 配菜的分类和烹调方法。
3. 西餐摆盘装饰的技术。

[相关知识]

配菜是指在菜肴的主料烹制完毕后装盘时，在主料旁边或另一个盘内配上一定比例的经过加工处理的蔬菜或米饭、面食等。它与主料搭配后，组合成一份完整的菜肴。配菜，是蔬菜类菜肴，可以安排在肉类菜肴之后，也可以与肉类菜肴同时上桌，因此，可以算为一道菜，或称为一种配菜。蔬菜类菜肴在西餐中称为沙拉，与主菜同时服务的沙拉，称为生蔬菜沙拉，一般用生菜、西红柿、黄瓜、芦笋等制作。沙拉的主要调味汁有醋油汁、法国汁、千岛汁、奶酪沙拉汁等。沙拉除了蔬菜之外，还有一类是用鱼、肉、蛋类制作的，这类沙拉一般不加味汁，在进餐顺序上可以作为头盘食用。还有一些蔬菜是熟食的，如花椰菜、煮菠菜、炸土豆条。熟食的蔬菜通常与主菜的肉食类菜肴一同摆放在餐盘中上桌，称为配菜。

4.4.1　配菜的作用

1）增加颜色，美化造型

配菜以土豆类、蔬菜类、谷物类菜肴为主。其中，蔬菜类配菜色彩艳丽，加工精细；谷物类配菜色彩庄重，和主菜搭配相得益彰，使菜肴整体美观。如黑胡椒牛排主料和沙司的色调单一，都呈褐色，这就需要配菜加以补充和完善，配以金黄色的土豆条、橙色的胡萝卜条等,可弥补主料的色调单一,使整体菜肴的色调显得和谐、悦目。

2)营养搭配,平衡膳食

菜肴的主料通常是动物性原料,配菜则一般是植物性原料。两者互相搭配,使菜肴既含丰富的蛋白质、脂肪,又含有丰富的维生素和矿物质,且肉菜属酸性食物,蔬菜大多属于碱性食物,因此,每份菜肴营养全面、搭配合理,能满足人体的需要,从而保障人体健康。

3)完善菜肴,增添风味

菜肴的主料通常是单一原料,但配菜的品种很多,通过配菜可完善整份菜肴的口味特点。而且主料通常是动物性原料,配菜大都为植物性原料,且口味比较清淡,这样与主料相配,使两类原料的颜色、香气、口味、形状和质地等具有鲜明的对比,从而使菜肴整体显得更加协调、完美。西餐菜肴中,对主菜应该配什么配菜,通常都有一定的讲究。如煎、煮鱼应配煮土豆;意式菜应配面条等。

4.4.2 配菜的使用和规则

配菜在使用上有很大的随意性,但一份完整的菜肴在风格上和色调上要统一、协调。常用的普通配菜有以下3种形式:

①以土豆和两种不同颜色的蔬菜为一组的配菜,如炸土豆条、煮豌豆可为一组配菜;烤土豆、炒菠菜、炒黄油菜花也可以为一组配菜。这样的组成形式是最常见的一种,大部分煎、炸、烤的肉类菜肴都采用这种配菜。

②以一种土豆制品单独使用的配菜。此种形式的配菜大都与菜肴的风味特点搭配合理,如煮鱼配土豆、法式羊肉串配里昂土豆。

③以少量米饭或面食单独使用的配菜。各种米饭大都用于带汁的菜肴,如咖喱鸡配黄油米饭;各种面食大都用于配意大利式菜肴,如意式烩牛肉配炒通心粉。

根据西餐烹饪的传统习惯,不同类型的菜肴配以不同形式的蔬菜。一般是水产类配土豆泥或煮土豆,其他可随意搭配;禽畜类菜肴中,烹调手段用煎、铁扒或平板炉的菜肴一般配土豆条、炸方块土豆、炒土豆片、煎土豆饼等,其他可随意搭配;禽畜类中白烩菜或红烩菜一般配煮土豆、唐白令土豆、土豆泥、雪花土豆、面条和米饭;炸的菜肴一般可配德式炒土豆、维也纳炒土豆;黄油鸡卷可配炸土豆丝;烤的菜肴一般配烤土豆,其他可随意搭配;有些特色菜肴的配菜是固定的,如马令古鸡配炸洋葱圈,麦西尼鸡配面条。

4.4.3 配菜与主菜的搭配

西餐菜肴与中餐菜肴一样,大多数都是由主料和配料组成。中餐菜肴的配料多与主料混合制作,而西餐的配料与主料大多数分开制作。单独的主料构不成完整意义上的菜肴,需要通过配菜补充,使主料和配菜在色、香、味、形、质、养等方面相互配合、相互映衬,达到完美的目的。因此,在配菜与主菜的搭配上应注意以下原则:

①选择配菜时,要注意食品原料之间颜色的搭配,使菜肴整齐、和谐。鲜明的颜色可以给人以美的感观和享受,每盘菜肴应有2~3种颜色,颜色单调会使菜肴呆板,颜色过多,则显得杂乱无章,不雅观。

②注意配料与主料数量之间的协调搭配，突出主料数量，主料占据餐盘的中心，不要让主料有过多的装饰，也不要装入大量土豆、蔬菜及谷物类食物，且配料数量永远少于主料。

③突出主料的本味，用不同风味的配菜不仅可以弥补主料味道的不足，而且可以起到解腻、帮助消化的作用，但不可盖过主料的风味。如炸鱼配以柠檬片，煎鱼可配些开胃的配菜等。

④配菜与主料的质地要恰当搭配。如土豆沙拉中放一些嫩黄瓜丁或嫩西芹丁，蔬菜汤中放烤面包片，肉饼等质地软的主料应以土豆泥为配菜。

⑤配菜的烹调方法要与主料相互搭配。如土豆烩羊肉配米饭等。

⑥配菜与主菜之间应保持适度空间，不要将每种食物都混杂地堆在一起，每种食物都应该有单独的空间，使其整体比例协调、匀称，方能达到最佳的视觉效果。

4.4.4　配菜的分类和烹调方法

1）配菜的分类

配菜的种类很多，一般有土豆类、蔬菜类和谷物类3大类。

①土豆类：以土豆为主要原料制作而成的各种制品。

②蔬菜类：品种主要有胡萝卜、芹菜、番茄、芦荟、菠菜、青椒、卷心菜、生菜、西蓝花、蘑菇、茄子、荷兰芹、黄瓜等。

③谷物类：品种主要有各种米饭、通心粉、玉米、蛋黄面、贝壳面、中东小米等。

2）配菜的烹调方法

①沸煮：西餐中使用较广泛的以水传热的烹调形式。这种烹调形式不仅能保持蔬菜原料的颜色，还能充分保留原料自身的鲜味及营养成分，使其具有清淡爽口的特点。如煮土豆、煮菜花、煮胡萝卜等。

②油煎：选用色泽鲜艳、汁多脆嫩的蔬菜，使用少量的油，在煎板上或煎锅里制成，如煎土豆、煎芦笋、煎蘑菇等。但某些蔬菜如番茄、茄子有时需要调味拍粉后再进行煎制。

③焖煮：先将原料与油拌炒，再加入适量的基础汤，用小火煮制成，如焖紫包菜、焖煮圆白菜、焖酸菜、焖红菜头等。

④烘烤：把原料放入烤箱内，烤焙至熟。烘烤的蔬菜有自然的香甜味，且能保持其营养价值，但要求以不影响其色泽为佳。如烤土豆、烤龙须菜用锡纸包裹烘烤。

⑤焗：把经过加工处理好的原料，直接放入烤箱或在原料上撒些奶酪末或面包屑放入焗炉内，将菜肴表面烤成金黄色。如焗西蓝花、焗意大利面条等。

⑥油炸：是将原料直接放入油中进行炸制或在原料表面裹上一层面糊炸制。油炸菜肴成熟速度快，有明显的脂香味，具有良好的风味。如炸薯条等。

4.4.5　西餐摆盘装饰技术

1）摆盘装饰的特点

（1）主次分明，协调搭配

西餐菜肴在装盘时，要注意菜肴中原料的主次关系，主料与配料层次分明、和谐统一，不能让配料超越或掩盖了作为中心的主料。

（2）造型美观，精致高雅

西餐的摆盘技艺一般有平面几何造型和立体造型两种，前者主要是利用点、线、面进行造型的方法，也是西餐最常用的装盘方法。立体造型的方法也是西餐摆盘常用的方法，是西餐装盘的一大特色。几何造型的目的是挖掘几何图形中的形式美，追求简洁、明快的装盘风格。立体造型则自然立体感强，展示了菜肴的空间美。

（3）讲究突破，回归自然

整齐划一，对称有序的装盘，会给人以秩序之感，是创造美的一种手法，但常常缺乏动感。西餐在装盘上往往采取各种手段打破这个常规，力图将美感与动感结合起来，使菜肴造型更加鲜活、美妙。此外，西餐在装盘、点缀时喜欢使用天然的花草树木作为点缀物，并且遵从点到为止的装饰理念，目的是回归自然。

2）摆盘装饰的形式

西餐的摆盘一般都是传统式的摆放。主菜在前，蔬菜、谷物类菜品和装饰配菜摆放在边缘。主菜摆放在盘子中央，简单的沙司或装饰物摆在一边或其上边。主菜放在中间，蔬菜按照图案精心地码在主菜周围，主要原料在中间，蔬菜随意地分布在周围，下面配沙司。

谷物类或蔬菜类食物摆在中间，主要食物成片斜放着靠在配菜上面，其他蔬菜、装饰物或沙司放在盘子四周。主菜、土豆类、蔬菜类、谷物类配菜和其他装饰配菜整齐地摆在盘子中央其他菜品的上部。沙司或其余的装饰配菜可摆在外圈。蔬菜在中间，有时浇上沙司。主菜加工成不同形状如片状、大扁平圆状、小块等，围绕在蔬菜外面。片状的主菜放在蔬菜垫盘上或蔬菜汁或面食上，若有装饰，将装饰摆在一边或周围。

3）摆盘装饰的注意事项

①配菜不可直接接触到盘子边缘。要根据规格选择足够大的餐盘，这样食物就不会接触盘边或从盘子边缘滑落出来。有时可淋一些辛料或剁碎的香菜或用一点沙司来点缀盘子的边缘，适量点缀可起画龙点睛的作用，但如果过量，则会使菜品的吸引力大打折扣。

②热食装热盘，即过温的餐盘，以便保持菜肴的温度；冷食上冷盘，即未加热的餐盘。

③通常配菜为谷物类时，摆放在主菜的左上方；配菜为蔬菜时，则摆放在主菜的右上方。无论配菜摆放在什么位置，主要食物要放在离就餐者最近的地方。

④不要每盘菜都加沙司或肉汁。有时将所有食物浇上汁会掩盖食物的颜色和形状。如果食物本身美观，应让客人看见它。可将汁浇在周围或下面，或仅盖住它的一部分。

⑤西餐配菜的装饰比中餐单纯、实用、力求简洁。摆盘要有组织地组合排列，避免过于精致、华丽。

⑥大盘装饰无须精致地准备。小盘摆放的许多原则都适用于大盘摆放，如要求整洁，颜色和形状的协调、统一，保持每种食品的独立。

⑦不要加不必要的装饰物。在许多场合，食物没有装饰物已经很漂亮了，而加上装饰物反而使盘中凌乱，破坏了餐盘的美观，同时也增加了成本。

⑧装饰物必须是可食、无毒的，与食物相得益彰，是应在整个菜盘的设计中通盘考虑而不是随便地堆在盘子上的。

⑨有时将配菜用一只碟来提供是必要的。这些配菜并不能增加盘子的对比效果，如烤土豆配一块肉或炸薯条配鸡或鱼，但是一个简单的装饰物可能会增加餐盘的颜色，并对口味的均衡有所帮助。

[实施和建议]

本任务在学习配菜基础知识的同时，重点讲解配菜与主菜的搭配原则、配菜的分类和烹调方法、西餐摆盘装饰技术。

建议课时：12课时。

[学习评价]

本任务学习评价见表4.7。

表4.7 学习评价表

学生本人	量化标准（20分）		自评得分
成果	学习目标达成，侧重于"应知""应会" （优秀：16～20分；良好：12～15分）		
学生个人	量化标准（30分）		互评得分
成果	协助组长开展活动，合作完成任务，代表小组汇报		
学习小组	量化标准（50分）		师评得分
成果	完成任务的质量，成果展示的内容与表达 （优秀：40～50分；良好：30～39分）		
总分			

[巩固与提高]

1. 配菜的作用是什么？
2. 配菜与主菜的搭配有哪些？
3. 西餐配菜摆盘装饰的注意事项有哪些？
4. 根据西餐配菜制作的方法，尝试制作一道西餐筵席常用的配菜。

[实训]

1 法式土豆条

【用料规格】土豆2个，盐3 g，胡椒粉2 g。

【工艺流程】土豆切条→炸制→复炸→装盘

【制作方法】

1. 将土豆切成长6～7 cm，粗0.6～0.8 cm的条。

2. 直接放入150 ℃的炸炉（或油锅）中，炸至淡黄色（或浅黄色）捞出。

3. 出菜前，再放入180 ℃的炸炉（或油锅）中复炸，炸至金黄色后捞出，沥去油，撒上盐，装盘即成。

图4.34　法式土豆条

【制作要点】

1. 土豆条不能切得太粗。

2. 把握好炸炉（或油锅）的温度。

【成品特点】此菜色泽金黄，口感酥脆。

2 意式土豆泥

【用料规格】土豆4个，纯牛奶1盒，黄油50 g，盐5 g，胡椒粉3 g。

【工艺流程】蒸土豆→捣泥→加料搅拌→装盘

【制作方法】

1. 将土豆切成不规则的块或片，上笼蒸熟。

2. 黄油放入牛奶中，加热备用。

3. 将土豆控去水分，趁热捣成泥状。

4. 加入牛奶、黄油，搅拌均匀直至成糊状，用盐、胡椒粉调味即成。

图4.35　意式土豆泥

【制作要点】

1. 土豆一定要蒸熟。

2. 土豆泥要搅拌均匀。

【成品特点】此菜色泽洁白，口感细腻。

3 黄油煎薯片

【用料规格】土豆2个，黄油50 g，盐3 g，胡椒粉2 g。

【工艺流程】土豆切片→炸制→炒制→装盘

【制作方法】

1. 将土豆去皮，两端切平，用旋刀法削成圆柱体，再切成0.2～0.3 cm厚的薄片。

2. 土豆片泡水后，沥去水，放入150 ℃的炸炉（或油锅）中，炸至淡黄色（或浅黄色）捞出。

3. 用黄油将土豆片炒制金黄色，撒上盐、胡椒粉调味，装盘即成。

图4.36　黄油煎薯片

【制作要点】

1. 土豆片不能切得太厚。

2. 把握好炸炉（或油锅）的温度。

【成品特点】此菜色泽金黄，口感酥脆。

4 咖喱菜花

【用料规格】菜花500 g，咖喱粉25 g，菜油、葱末、姜末、蒜末、清汤、盐等各适量。

【工艺流程】菜花水煮→炒制→煮制→装盘

【制作方法】

1. 将菜花摘成小朵，用水煮熟，沥去水，用盐拌匀入味。

2. 用菜油将葱末、姜末、蒜末炒香，加入咖喱粉炒香，再加入少许清汤用小火煮至汁浓，淋浇在菜花上，搅拌均匀，出锅装盘即成。

图4.37　咖喱菜花

【制作要点】菜花水煮时间不能太长。

【成品特点】色泽金黄，脆嫩爽口。

5 腌酸白菜

【用料规格】大白菜1颗，盐100 g，香叶5片，胡椒粒5 g，苹果2个。

【工艺流程】大白菜等切丝→腌制→发酵→装盘

【制作方法】

1. 将大白菜去外皮老叶、老根，洗净，切成0.5 cm左右的粗丝；苹果洗净也切成0.5 cm左右的粗丝。

2. 白菜丝用盐搅拌拌匀，然后一层白菜丝，一层苹果丝，码3～4层，盐和胡椒粒也分层撒上去，用碗压实，盖上重物，放在35～38 ℃的地方，发酵3～4 d，装盘即成。

图4.38　腌酸白菜

【制作要点】

1. 大白菜等料的丝不能切得太粗。

2. 控制好发酵的温度。

【成品特点】此菜酸香味浓，爽脆可口。

6 奶油烤蘑菇

【用料规格】鲜蘑菇250 g，黄油30 g，奶汁沙司30 g，奶油20 g，奶酪粉20 g，盐5 g，辣酱油10 g。

【工艺流程】鲜蘑菇切片→炒制→烤制→装盘

【制作方法】

1. 将鲜蘑菇切成0.2 cm厚的片。

2. 锅中放入黄油烧热，放鲜蘑菇片炒熟，加奶汁沙司、奶油、盐、辣酱油炒匀。

3. 装入烤盘，撒上奶酪粉，淋上黄油，放入上下火200 ℃的烤箱中烤制上色，装盘即成。

图4.39　奶油烤蘑菇

【制作要点】

1. 鲜蘑菇片不能切得太厚。

2. 把握好烤制的时间。

【成品特点】此菜色泽微黄，奶香浓郁，口感脆嫩。

7 烩茄子

【用料规格】茄子500 g，黄油20 g，洋葱50 g，培根2片，香叶2片，番茄1个，番茄沙司50 g，辣酱油10 g，基础汤100 g，盐5 g，胡椒粉3 g。

【工艺流程】原料初加工→炸制→烤制→装盘

【制作方法】

1. 将茄子洗净后切成2.5～3 cm见方的大丁，放入180 ℃左右的油锅中炸制上色；番茄去蒂，切大丁；培根切小块，洋葱切小丁。

2. 用黄油将培根、洋葱、香叶炒香，加入番茄丁、番茄沙司炒制上色，再加入鸡基础汤、茄丁，小火烧入味。

3. 用盐、胡椒粉、辣酱油调味，出锅装盘即成。

图4.40　烩茄子

【制作要点】

1. 茄子丁不要切太小。

2. 烩茄子一定要用小火。

【成品特点】此菜色泽诱人，口感软嫩。

8 菠菜泥

【用料规格】菠菜500 g，黄油15 g，奶油沙司50 g，洋葱末15 g，盐5 g，胡椒粉3 g。

【工艺流程】原料初加工→炒制→烧制→装盘

【制作方法】

1. 将菠菜去老叶、根，洗净后焯水挤去水分，剁碎备用。

2. 用黄油将洋葱炒香，加入奶油沙司、菠菜搅匀烧沸。

3. 用盐、胡椒粉调味，出锅装盘即成。

图4.41　菠菜泥

【制作要点】菠菜一定要经过焯水处理。

【成品特点】此菜色泽鲜艳，口感细腻。

[评分标准]

"双百分"实训评价细则见表4.8。

表4.8　　"双百分"实训评价细则

评价项目	评价内容	评价标准	分值	说明
实践操作过程评价（100%）	职业自检合格（15%）	工作服、帽穿戴整洁	3	符合职业要求
		不留长发、不蓄胡须	3	
		不留长指甲、不戴饰品、不化妆	3	
		工作刀具锋利无锈、齐全	3	
		工作用具清洁、整齐	3	
	工作程序规范（20%）	原料摆放整齐	4	符合技术操作规范
		操作先后有序	4	
		过程井然有序	4	
		操作技能娴熟	4	
		程序合理规范	4	
	操作清洁卫生（15%）	工作前洗手消毒	2	
		刀具砧板清洁卫生	2	
		熟制品操作戴手套、口罩	2	
		原料生熟分开	3	
		尝口使用专用匙（不回锅）	2	
		一次性专项使用抹布	2	
		餐用具清洁消毒	2	
	原料使用合理（20%）	选择原料合理	4	
		原料分割、加工正确	4	
		原料物尽其用	4	
		自行合理处理废脚料	4	
		充分利用下脚料	4	
	操作过程安全无事故（10%）	正确使用设备	3	
		合理操作工具	2	
		无刀伤、烫伤、划伤、电伤等	2	
		操作过程零事故	3	

评价项目	评价内容	评价标准	分 值	说 明
实践操作 过程评价 （100%）	个人职业素养 （20%）	操作时不大声喧哗	2	
		不做与工作无关的事	3	
		姿态端正	2	
		仪表、仪态端庄	2	
		团结、协作、互助	3	
		谦虚、好学、不耻下问	2	
		开拓创新意识强	3	
		遵守操作纪律	3	
实践操作 成品评价 （100%）	成品色泽 （6%）	色彩鲜艳	3	
		光泽明亮	3	
	成品味道 （20%）	香气浓郁	5	
		口味纯正	5	
		调味准确	5	
		特色鲜明	5	
	成品形态 （10%）	形状饱满	4	
		刀工精细	3	
		装盘正确	3	
	成品质地 （10%）	质感鲜明	5	
		质量上乘	5	
	成品数量 （6%）	数量准确	3	
		比例恰当	3	
	盛器搭配合理 （6%）	协调合理	6	
	作品创意 （7%）	新颖独特	1	
		创新性强	3	
		特色明显	3	
	食用价值 （10%）	自然原料	5	
		成品食用性强	5	
	营养价值 （10%）	营养搭配合理	4	
		营养价值高	3	
		成品针对性强	3	

续表

评价项目	评价内容	评价标准	分 值	说 明
实践操作成品评价（100%）	安全卫生（15%）	成品清洁卫生	5	
		不使用人工合成添加剂	10	

任务5　西餐筵席沙拉的设计与制作

[学习目标]

1. 熟知沙拉的分类。
2. 掌握制作沙拉时的注意事项。
3. 了解沙拉的吃法和配酱。

[学习要点]

1. 沙拉的分类。
2. 制作沙拉时的注意事项。

[相关知识]

沙拉（Salad）一词来源于拉丁语中的"沙（Sal）"，"沙"即盐的意思。沙拉是英语Salad的译音，我国北方习惯译作"沙拉"，上海译作"色拉"，广东、香港则译作"沙律"。如果将其意译为汉语，指的是凉拌菜。有时候也将拌制沙拉的各种沙司酱、调味汁称作沙拉。沙拉的原料选择范围很广，各种蔬菜、水果、海鲜、禽蛋、肉类等均可用于沙拉的制作。但要求原料新鲜细嫩，符合卫生要求。沙拉大都具有色泽鲜艳、外形美观、鲜嫩爽口、解腻开胃的特点。

沙拉是用各种凉透了的熟料或是可以直接食用的生料加工成较小的形状后，再加入调味品或浇上各种冷沙司或冷调味汁拌制而成。沙拉作为冷头盘，以清凉蔬菜为主，如生菜、西红柿、芦笋、茄子、青椒等，部分沙拉会以肉为辅料，如肉批、培根（熏火腿）、龙虾、虾仁、鸡丝、鸡肝、鹅肝，当然还少不了奶酪。

4.5.1　沙拉的分类

沙拉种类繁多，一般情况下，根据不同的分类方法又可分为多种。

1）按照不同的国家分类

西方各国均有代表性的沙拉，并深受世界各国人们的欢迎。如美国的华尔道夫沙拉、法国的法国沙拉和鸡肉沙拉等。

2）按照不同的调味方式分类

①清沙拉，主要指由单纯的原料经简单刀工处理后即可供客人食用的沙拉，一般不配

沙司。如生菜沙拉，即以干净的生菜切成丝后装盘即可。

②奶香味沙拉，主要指在制作过程中沙拉酱加入了鲜奶油，使得奶香浓郁，并伴有一定的甜味，深受喜欢甜食的人群青睐，如鸡肉苹果沙拉。

③辛辣味沙拉，主要指在制作过程中沙拉酱加入了蒜、葱、芥末等具有辛辣味的原料，如法国汁，调味汁中含有蒜、葱等，辛辣味较为浓郁，往往较多用于肉类沙拉，如白豆火腿沙拉。

3）按照原料的性质分类

①素沙拉，泛指一切蔬菜水果制作而成的沙拉，如法式生菜、蔬菜沙拉等。

②禽蛋肉沙拉，指由禽肉、各种蛋品和各种肉类中的一种或几种制作而成的沙拉，如鸡蛋沙拉、猪蹄沙拉等。

③鱼虾沙拉，主要指由各类海产、淡水鱼类、虾类及其他水产的一种或几种制作而成的沙拉，如明虾沙拉、虾蟹杯等。

④其他类沙拉，主要指由以上原料中的几种混合制作而成的沙拉，如厨师沙拉等。

4.5.2　制作沙拉时的注意事项

在制作沙拉时，根据对沙拉口味的需求，往往要注意以下4个方面：

①制作蔬菜沙拉时，叶菜一般要用手撕，以保证蔬菜的新鲜，并注意沥干水分，以保证沙拉酱的均匀拌制。

②制作水果沙拉时，可在沙拉酱中加入少许酸奶，使得味道更纯美，并具有奶香味。

③制作肉类沙拉时，可直接选用一些胡椒、蒜、葱、芥末等原料的沙拉酱，也可在色拉油沙拉中加入以上辛辣味的原料。

④制作海鲜类沙拉时，可在沙拉酱中加入一些柠檬汁、白兰地酒、白葡萄酒等，这样既可保持蔬菜的原有色彩，也可使沙拉的味道更鲜美。

4.5.3　沙拉的吃法

将大片的生菜叶用叉子切成小块，如果不好切可以刀叉并用。一次只切一块，不要一下子将整盘的沙拉都切成小块。

如果端上来的是大盘装的沙拉则使用沙拉叉。如果和主菜放在一起则要使用主菜叉来吃。如果沙拉是主菜和甜品之间的单独一道菜，通常要与奶酪和炸玉米片等一起食用。先取一两片面包放在你的沙拉盘上，再取两三片玉米片。奶酪和沙拉要用叉子食用，而玉米片则用手拿着吃。如果主菜沙拉配有沙拉酱，很难将整碗的沙拉都拌上沙拉酱，先将沙拉酱浇在一部分沙拉上，吃完这部分后再加酱。直到加到碗底的生菜叶部分，这样浇汁就容易多了。

4.5.4　沙拉的配酱

沙拉虽然是流行于世界各地的开胃菜，不过其配酱在不同的地方却各不相同。在美国，沙拉的配酱相对比较丰富，而且使用较为普遍；在西欧，传统的欧洲人更喜欢使用一种称为vinaigrette的传统沙拉酱，是由多种香料制成的；而以俄罗斯为代表的东欧国家，则

偏爱于食用蛋黄酱。在我国，沙拉酱的使用受东欧的影响比较大，通常食用蛋黄酱或者基于蛋黄酱二次加工的专门的沙拉酱。

[实施和建议]

本任务重点学习制作沙拉，以及掌握制作沙拉时的注意事项。

建议课时：12课时。

[学习评价]

本任务学习评价见表4.9。

表4.9　学习评价表

学生本人	量化标准（20分）	自评得分
成果	学习目标达成，侧重于"应知""应会" （优秀：16~20分；良好：12~15分）	
学生个人	量化标准（30分）	互评得分
成果	协助组长开展活动，合作完成任务，代表小组汇报	
学习小组	量化标准（50分）	师评得分
成果	完成任务的质量，成果展示的内容与表达 （优秀：40~50分；良好：30~39分）	
总分		

[巩固与提高]

1. 沙拉种类繁多，一般情况下是怎样分类的？
2. 制作沙拉时的注意事项有哪些？
3. 根据西餐沙拉制作的方法，尝试制作一道西餐筵席常用的沙拉。

[实训]

1 新派水果沙拉

【用料规格】火龙果（红心）50 g，猕猴桃50 g，芒果100 g，橙子50 g，紫薯（装饰），鸡蛋3只，色拉油330 mL，糖2勺，柠檬汁2份，芥末少许。

【工艺流程】制作蛋黄酱→水果刀工处理→装盘

【制作方法】

1. 蛋黄打入干净无水的碗里，加糖、芥末，用打蛋器顺一个方向打发。

2. 持续加入少许油，并用打蛋器搅打，使油和蛋黄完全融合。要有足够的耐心，每次加入的油一定不能太多，边加入边用打蛋器搅拌。随着油一点点地加入，蛋黄的体积膨胀、颜色变浅，呈浓稠状。

3. 缓缓加入柠檬汁，碗里的酱会变得稀一些，直到调整好酸甜度即可。

4. 紫薯切薄片，油炸至脆，以作装饰即成。

图4.42　新派水果沙拉

【制作要点】

1. 蛋黄搅打方向顺一个方向。

2. 油、柠檬汁、蛋黄三者的比例要掌握好。

【成品特点】此菜酱汁酸甜可口，水果色彩绚丽，营养丰富。

2 恺撒沙拉

【用料规格】生菜3片、芦笋3根、虾3只、吐司、培根、鳀鱼柳、蛋黄、白葡萄酒醋、黑椒碎、蒜瓣、橄榄油、帕玛森各适量。

【工艺流程】原料初加工（处理蔬菜）→调酱汁→处理虾、培根→装盘

【制作方法】

1. 将蒜瓣压成茸用油煸香，留出1/4的量待用；土司去边切成方丁，与蒜蓉拌匀后放入平底锅中，用小火烘煎至土司丁呈金黄色。

2. 将培根切成小片入锅煸香，将生菜撕成随意的片状，将白煮蛋分隔成4块，将干酪切成条状备用。

3. 蛋黄加入蒜茸、鳀鱼、白葡萄酒醋、黑椒碎、橄榄油、奶酪调匀，即为凯撒沙拉的酱汁。

4. 将生菜、土司丁和培根混合放在盘底，随后放上干酪和熟鸡蛋，撒上黑胡椒颗粒，淋上沙拉酱即可。

图4.43　恺撒沙拉

【制作要点】

1. 吐司一定要小火煎。

2. 注意鳀鱼的用量。

【成品特点】此菜色彩艳丽、口味爽口。

3 经典蔬菜沙拉

【用料规格】小黄瓜1根，胡萝卜1根，甜玉米1段，洋葱半个，大青椒半个，圣女果5

个，沙拉酱、盐各适量。

【工艺流程】原料刀工处理→熟处理→拌制

【制作方法】

1. 胡萝卜削皮后切成小丁，黄瓜用盐刷洗干净外皮后去籽切丁，甜玉米剥粒，洋葱切圈，大青椒切圈，圣女果对切。

2. 胡萝卜丁和甜玉米放进锅里煮熟，捞出沥干水分；黄瓜丁用凉白开浸泡一会儿。

3. 胡萝卜丁和玉米粒放凉后，跟黄瓜丁、洋葱圈、青椒等混合，放盐调味。

4. 加入沙拉酱，拌匀装盘即成。

图4.44　经典蔬菜沙拉

【制作要点】

1. 注重原料料形搭配。

2. 把握熟处理的时间。

【成品特点】此菜口感清爽、诱人食欲。

④ 意式鸡肉橙柚沙拉

【用料规格】鸡胸肉1块，鲜橙子1个，鲜雪柚1个，芝麻菜20 g，洋葱碎5 g，橄榄油15 mL，意式白酒醋10 mL，盐5 g，黑胡椒碎3 g，小胡桃仁20 g。

【工艺流程】原料初加工→煮鸡肉→制料汁→拌制装盘

【制作方法】

1. 鲜橙子和鲜雪柚去皮取肉，备用；鸡胸肉煮熟，撕成丝。

2. 洋葱碎、橄榄油、意式白酒醋、盐和黑胡椒碎混合搅匀，制成料汁。

3. 将鸡肉丝、橙子角、血柚角、芝麻菜、西芹薄片混合拌匀，盛入盘中，浇上适量料汁，撒上小胡桃仁即可。

图4.45　意式鸡肉橙柚沙拉

【制作要点】

1. 橙肉的量不要太少。

2. 浇汁一定要控制好量。

【成品特点】此菜色泽诱人、营养均衡。

5 龙虾配无花果沙拉

【用料规格】波士顿龙虾1只，土豆50 g，西式细香葱20 g，法汁1茶匙，红酒醋1茶匙，蛋黄酱1茶匙。

【工艺流程】原料初加工→煮制→装模具→点缀装盘

【制作方法】

1. 将龙虾放入沸水中煮熟后去壳，把取出的龙虾肉切成片。

2. 把切片的龙虾肉用红酒醋和蛋黄酱拌匀。

3. 土豆去皮后，放入沸水中煮熟。将煮熟的土豆切片，加入法汁拌匀。

4. 把拌好的土豆片和龙虾肉依次放入模具中，然后倒扣在盘子上。

5. 上桌前，用切好的无花果和细香葱作装饰。

图4.46　龙虾配无花果沙拉

【制作要点】

1. 龙虾要煮透。

2. 装模具的土豆片和龙虾肉一定要压实。

【成品特点】此菜造型美观，美味爽口。

6 鸡肉西芹沙拉

【用料规格】鸡脯肉300 g，西芹100 g，洋葱100 g，樱桃番茄100 g，鸡蛋100 g，红椒粒50 g，盐5 g，胡椒3 g，白葡萄酒30 mL。

【工艺流程】腌制→煎熟→加工配料→拌匀→装盘

【制作方法】

1. 腌制鸡脯，放入盐、胡椒、葡萄酒，还要放入红椒粒，然后腌制0.5 h，煎熟以后再冷却。

2. 西芹去皮摘老枝，开水焯熟后用冷水泡一会儿，捞出沥干备用。

3. 鸡胸用刀切成块，西芹切段葱切丝，樱桃番茄一剖为二。

4. 将所有原料混合，拌入醋汁就装盘。

5. 将鸡蛋煮熟一剖为二，摆放盘中作装饰。

图4.47　鸡肉西芹沙拉

【制作要点】西芹焯水保色泽，鸡胸煎制要成熟。

【成品特点】肉质香嫩，口味佳。

7 深夜食堂土豆沙拉

【用料规格】土豆1个，胡萝卜半根，小黄瓜半根，培根1片，丘比香甜色拉酱2勺。

【工艺流程】土豆做泥→培根炒制→胡萝卜煮制→拌匀→装盘

【制作方法】

1. 土豆连皮煮熟，冷却去皮，保鲜袋里用擀面杖擀泥。

2. 培根切丁，炒熟。

3. 胡萝卜煮熟，切丁；黄瓜切片；加入培根、沙拉酱拌匀装盘即成。

图4.48　深夜食堂土豆沙拉

【制作要点】土豆要煮透，才容易压泥。

【成品特点】土豆泥细腻爽口，口味佳。

8 什锦素沙拉

【用料规格】芦笋200 g，青椒50 g，红椒50 g，黄椒100 g，樱桃番茄100 g，刀豆100 g，紫包菜100 g，洋葱100 g，小红萝卜100 g，生菜100 g，油醋汁20 g。

【工艺流程】初加工→焯水→拌制→装盘

【制作方法】

1. 芦笋取尖作备用。

2. 青椒、红椒和黄椒，还有包菜、洋葱，一起切成丝。

3. 樱桃番茄一剖为二，小红萝卜切成片。

4. 刀豆、芦笋开水焯，以上原料齐混合，然后拌入油醋汁。

5. 装盘时用生菜来垫底，其他原料堆其上即成。

图4.49 什锦素沙拉

【制作要点】

1. 原料刀工要精细。

2. 醋汁拌制要均匀。

【成品特点】蔬菜脆嫩，口感爽口。

[评分标准]

"双百分"实训评价细则见表4.10。

表4.10 "双百分"实训评价细则

评价项目	评价内容	评价标准	分 值	说 明
实践操作过程评价（100%）	职业自检合格（15%）	工作服、帽穿戴整洁	3	符合职业要求
		不留长发、不蓄胡须	3	
		不留长指甲、不戴饰品、不化妆	3	
		工作刀具锋利无锈、齐全	3	
		工作用具清洁、整齐	3	
	工作程序规范（20%）	原料摆放整齐	4	符合技术操作规范
		操作先后有序	4	
		过程井然有序	4	
		操作技能娴熟	4	
		程序合理规范	4	
	操作清洁卫生（15%）	工作前洗手消毒	2	
		刀具砧板清洁卫生	2	
		熟制品操作戴手套、口罩	2	
		原料生熟分开	3	
		尝口使用专用匙（不回锅）	2	
		一次性专项使用抹布	2	
		餐用具清洁消毒	2	

续表

评价项目	评价内容	评价标准	分 值	说 明
实践操作过程评价（100%）	原料使用合理（20%）	选择原料合理	4	
		原料分割、加工正确	4	
		原料物尽其用	4	
		自行合理处理废脚料	4	
		充分利用下脚料	4	
	操作过程安全无事故（10%）	正确使用设备	3	
		合理操作工具	2	
		无刀伤、烫伤、划伤、电伤等	2	
		操作过程零事故	3	
	个人职业素养（20%）	操作时不大声喧哗	2	
		不做与工作无关的事	3	
		姿态端正	2	
		仪表、仪态端庄	2	
		团结、协作、互助	3	
		谦虚、好学、不耻下问	2	
		开拓创新意识强	3	
		遵守操作纪律	3	
实践操作成品评价（100%）	成品色泽（6%）	色彩鲜艳	3	
		光泽明亮	3	
	成品味道（20%）	香气浓郁	5	
		口味纯正	5	
		调味准确	5	
		特色鲜明	5	
	成品形态（10%）	形状饱满	4	
		刀工精细	3	
		装盘正确	3	
	成品质地（10%）	质感鲜明	5	
		质量上乘	5	
	成品数量（6%）	数量准确	3	
		比例恰当	3	

续表

评价项目	评价内容	评价标准	分 值	说 明
实践操作 成品评价 （100%）	盛器搭配合理 （6%）	协调合理	6	
	作品创意 （7%）	新颖独特	1	
		创新性强	3	
		特色明显	3	
	食用价值 （10%）	自然原料	5	
		成品食用性强	5	
	营养价值 （10%）	营养搭配合理	4	
		营养价值高	3	
		成品针对性强	3	
	安全卫生 （15%）	成品清洁卫生	5	
		不使用人工合成添加剂	10	

REFERENCES

参考文献

[1] 徐明.淮扬菜制作[M].重庆：重庆大学出版社，2014.
[2] 许磊.主题筵席设计与制作[M].南京：江苏教育出版社，2013.
[3] 茅建民.国外菜点制作教程[M].北京：中国轻工业出版社，2010.
[4] 李祥睿.西餐工艺[M].北京：中国纺织出版社，2008.
[5] 丁应林.宴会设计与管理[M].北京：中国纺织出版社，2008.